黄河环境流研究

刘晓燕 等 著

黄河水利出版社

·郑州·

内 容 提 要

河流的环境流是指在河流自然功能和社会功能基本均衡或协调发挥的前提下将其河道、水质和水生态维持在良好状态所需要的河川径流条件,包括流量及其过程、年径流量及关键期水量、径流连续性、水位和水温等要素。本书分析了黄河兰州以下河段的河道、水质和水生态特点,提出了现阶段健康黄河的评价指标及其量化标准;分别剖析了影响黄河河道、水质和水生态健康的主要水沙因素和基本满足各项自然功能要求的径流条件,分析了社会经济用水对黄河自然功能用水的约束,提出了维护黄河健康所应保障的各重要断面环境流量和环境水量。

本书可供从事生态环境需水、河流健康、水资源规划和水量调度、水文水资源、河床演变及水沙调控等方面研究、规划和管理的科技人员及高等院校相关专业师生阅读参考。

图书在版编目(CIP)数据

黄河环境流研究/刘晓燕等著. —郑州:黄河水利出版社,
2009.12

ISBN 978 – 7 – 80734 – 743 – 9

Ⅰ.①黄… Ⅱ.①刘… Ⅲ.①黄河 – 水资源管理 – 研究 Ⅳ.①TV213.4

中国版本图书馆 CIP 数据核字(2009)第 202373 号

出 版 社:黄河水利出版社
         地址:河南省郑州市顺河路黄委会综合楼 14 层   邮政编码:450003
发行单位:黄河水利出版社
         发行部电话:0371 – 66026940、66020550、66028024、66022620(传真)
         E-mail:hhslcbs@126.com
承印单位:河南省瑞光印务股份有限公司
开本:787 mm×1 092 mm 1/16
印张:12
字数:280 千字   印数:1—1 500
版次:2009 年 12 月第 1 版   印次:2009 年 12 月第 1 次印刷

定价:40.00 元

前 言

环境流或环境水流(Evironmental Flows)概念出现在 20 世纪下半期的西方国家。由于人类对河川径流的过度利用或干扰,世界上许多河流在近几十年来出现了空前的健康危机,包括主槽萎缩、河道断流、水质恶化、生态退化、海水入侵等,不仅影响河流生态系统的良性运行,更直接影响了人类健康和经济社会可持续发展,在此严峻背景下,人们提出了环境流、河流健康、人类与河流和谐相处等理念,其初衷是为无限扩张的人类用水设定一个不可逾越的界限,以恢复河流的生态、自净、水沙输送等自然功能,实现人类利益和其他生物群体利益的平衡、人类近期利益和远期利益的平衡。

由于河流所处的自然和社会背景不同,不同国家对环境流赋予了不同的内涵。在欧美国家,环境流是为保护水生生物栖息地、恢复和维持河流生态系统健康、保护水质、防止海水入侵等目的所需要的水量;世界自然保护联盟(IUCN)认为,环境流是指在用水矛盾突出且水量可以调控的河流维持其正常生态功能所需要的水量,该水量应能够保证下游地区环境、社会和经济利益;许多人更把其简单地理解为维持河流在健康状态所需要的水量。不过,尽管如上多种定义,但现有文献或案例在计算方法上却主要体现在河道内鱼类生态需水和陆域淡水湿地生态需水方面,尤以鱼类生态需水计算方法居多。

在我国,由于河流不仅面临人类活动开发利用水资源对自然生态系统造成的压力,而且还面临河床淤积、主槽萎缩等更多压力,故环境流的内涵往往更加宽泛,包括生态需水、水质需水和输沙需水等,其名称也多种多样,如生态环境需水量、生态需水量和环境需水量等。

尽管我国环境流研究起步较迟,但早在 1987 年,国务院就颁布了我国第一个大江大河的水量分配文件《黄河可供水量分配方案》(国办发[1987]61 号,以下简称"八七"分水方案)。该方案规定,鉴于黄河天然径流量只有 580 亿 m^3,在南水北调工程生效前,相关省(区)可利用的黄河水量不得超过 370 亿 m^3,黄河自身用水应达 210 亿 m^3。近 20 年来,"八七"分水方案一直是黄河水资源管理和调度的基本依据,并逐渐得到相关省(区)的一致认可;2006 年,国务院颁布的"黄河水量调度条例(国务院令第 472 号)进一步明确了方案的落实方法。在当时,这"210 亿 m^3"均被解释为黄河下游输沙用水,实际执行时按汛期 150 亿 m^3、非汛期 50 亿 m^3、下游自然损耗 10 亿 m^3,随降水变化丰增枯减。后来该水量的含义被扩展,被认为是现代意义的黄河生态环境用水量或环境流。

不过,"八七"分水方案并没有说明黄河各重要断面在不同时段应该保障的流量过程以及与之相应的黄河健康状况。为实施水量调度,2000 年,黄河水利委员会提出的《黄河重大问题和对策研究》将利津断面最小流量定为 50 m^3/s;2003 年,为应对特别枯水年水量调度困难,防止干流出现水文意义上的断流,黄河水利委员会在其制定的《黄河水量调度突发事件应急处置规定》中明确了干流各重要断面的断流预警流量,其中下河沿、石嘴山、头道拐、龙门、潼关、花园口、高村和利津断面的预警流量分别为 200 m^3/s、150 m^3/s、

50 m³/s、100 m³/s、50 m³/s、150 m³/s、120 m³/s 和 30 m³/s。1999 年以来，经过多方面艰苦努力，在天然来水持续偏枯情况下，黄河已连续 10 年未出现断流现象，彻底扭转了 20 世纪末期几乎年年断流的局面。不过，在高度肯定黄河水量统一调度成绩的同时，也有不少人对目前黄河各断面的流量控制标准提出质疑，认为在此小流量条件下的黄河几乎丧失了自然功能。在此背景下，为更好地落实"八七"分水方案和黄河水量调度条例，受国家"十一五"科技支撑计划和水利部水利科技创新计划的资助，启动了黄河环境流研究，本书即为该项研究成果的总结和提炼。

在深入分析河流的本质和功能、河流健康的涵义及影响因素的基础上，本书将河流的环境流界定为"在河流自然功能和社会功能基本均衡或协调发挥的前提下，能够将河流的水沙通道、水环境和水生态维持在良好状态所需的河川径流条件"，该径流条件应体现在流量及其过程、年径流量及关键期水量、径流连续性、水位和水温等方面，以充分体现河道、水质和水生态对径流条件的多方面需求。2005 年以来，针对黄河河情特点，项目组深入论证了现阶段黄河河道、水质和水生态健康的评价指标及其适宜标准，分别论证其对河川径流条件的要求，耦合提出了维持黄河良好自然功能的用水需求，经综合考虑黄河社会功能用水需求后，提出了黄河干流典型断面的流量/水量控制标准，作为现阶段黄河各断面环境流推荐意见，其目的在于为黄河水量实时调度和区域水资源配置等提供科技支撑。

5 年来，先后参加本项研究的人员有李小平、张原锋、张建军、申冠卿、侯素珍、黄锦辉、王卫红、可素娟、张学成、常晓辉、王道席、连煜、曲少军、王新功、张建中、张晓华、李勇、姜乃迁、裴勇、王瑞玲、张新海、尚红霞、常温花、任松长、蒋晓辉、张敏、马秀梅、郭宝群和孙东坡等 40 多人，在此深深感谢他们的努力和奉献。

作　者

2009 年 8 月

目 录

第1章 黄河河情概述

1.1 流域概况

1.1.1 自然地理

黄河发源于青藏高原巴颜喀拉山北麓海拔4 500 m的约古宗列盆地,流经青海、四川、甘肃、宁夏、内蒙古、陕西、山西、河南和山东等9省(区),在山东省垦利县注入渤海(见图1-1),干流全长5 464 km,流域面积79.5万 km²(含闭流区4.2万 km²)。

黄河流域地形分属三个台阶:海拔3 000 m以上的青藏高原、海拔1 000~2 000 m的黄土高原和海拔100 m以下的黄淮海平原。下游河床高悬于两岸地面之上4~6 m,是淮河流域和海河流域的分水岭。

流域内降水条件差异明显,总的趋势是由东南向西北递减(见图1-2),流域东南部的秦岭、伏牛山及泰山一带年降水量达800~1 000 mm,而流域西北部河套平原年降水量只有200 mm左右。流域上中游地区面积占流域总面积的97%,大多位于半干旱半湿润地区。根据1956~2000年45年系列,黄河流域多年平均降水量447 mm(含内流区),年降水量的70%集中在7~10月。

黄河流域现有一级支流111条,集水面积合计61.72万 km²,其中集水面积大于1万km²的一级支流有23条;天然径流量(1956~2000年系列)大于5亿 m³的一级支流12条,包括渭河、湟水、大通河、洮河、伊洛河、汾河、大汶河、北洛河、无定河、大夏河、沁河和窟野河等,其天然径流量之和约占黄河年径流量的51%。

黄河上中游和中下游的分界点分别为河口镇(头道拐附近)和桃花峪(花园口附近)。黄河各河段特征值和重要水文站分布分别见表1-1和图1-3。

黄河流经世界上面积最大的黄土高原。黄土高原土质疏松、坡陡沟深、植被稀疏、暴雨集中的自然特点决定其水土流失的必然性,而近两三千年来强烈的人类活动则使水土流失日益加剧。黄河流域黄土高原面积64万 km²,水土流失面积约占其总面积的70%(主要集中在中游河口镇—三门峡区间),其中年侵蚀模数大于8 000 t/(km²·a)的极强度水蚀面积8.5万 km²,占全国同类面积的64%;大于15 000 t/(km²·a)的剧烈水蚀面积3.67万 km²,占全国同类面积的89%。严重的水土流失,不仅使当地陷入贫困,更使黄河成为举世闻名的多沙河流,是导致黄河中下游高含沙洪水和下游河床高悬的根源,并限制了水资源的开发利用。

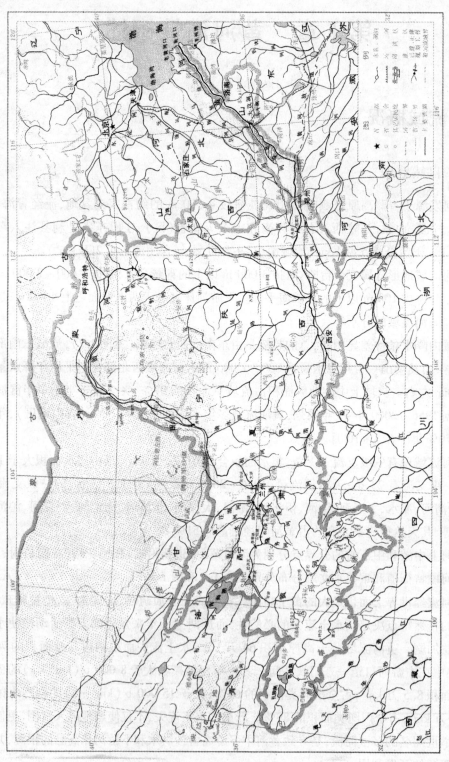

图 1-1　黄河流域简图

图 1-2　黄河流域多年平均降水量分布（1956～2000 年）

表 1-1 黄河干流各河段特征值

河段	起讫地点	流域面积（km²）	河长（km）	落差（m）	比降（‰）	汇入支流（条）
全河	河源—河口	794 712	5 463.6	4 480.0	8.2	76
上游	河源—头道拐	428 235	3 471.6	3 496.0	10.1	43
	1. 河源—玛多	20 930	269.7	265.0	9.8	3
	2. 玛多—龙羊峡	110 490	1 417.5	1 765.0	12.5	22
	3. 龙羊峡—下河沿	122 722	793.9	1 220.0	15.4	8
	4. 下河沿—头道拐	174 093	990.5	246.0	2.5	10
中游	头道拐—桃花峪	343 751	1 206.4	890.4	7.4	30
	1. 头道拐—禹门口	111 591	725.1	607.3	8.4	21
	2. 禹门口—小浪底	196 598	368.0	253.1	6.9	7
	3. 小浪底—桃花峪	35 562	113.3	30.0	2.6	2
下游	桃花峪—河口	22 726	785.6	93.6	1.2	3
	1. 桃花峪—高村	4 429	206.5	37.3	1.8	1
	2. 高村—陶城铺	6 099	165.4	19.8	1.2	1
	3. 陶城铺—宁海	11 694	321.7	29.0	0.9	1
	4. 宁海—河口	504	92.0	7.5	0.7	

注：1. 汇入支流是指流域面积在 1 000 km² 以上的一级支流。

2. 落差从约古宗列盆地上口计算。

3. 流域面积包括内流区。

4. 由于入海流路的延伸和摆动，宁海以下河长实际上为变数。

1.1.2 水沙特点

1.1.2.1 水少沙多、水沙异源

黄河 1919～1975 年系列年均天然径流量为 580 亿 m³（利津站），只有长江的 1/17；自然条件下，黄河水资源量主要受气候特别是降水变化而波动。近几十年来，由于部分地区地下水超采、黄土高原大规模水土流失治理等，一定程度上改变了流域下垫面的产汇流规律。为客观认识黄河水资源存量，2004 年以来，以 1956～2000 年实测资料为基础，并充分考虑流域下垫面变化和河道自然损失等因素，对黄河水资源进行了重新评价，审订黄河年均天然径流量为 535 亿 m³，平原区浅层地下水可开采量约为 112.3 亿 m³。

图 1-3　黄河重要水文断面分布

黄河流域兰州以上区域是黄河径流的主要来源区,该区面积约为全流域的28%,但天然径流量却占全河的62%;兰州—头道拐区间产流很少,河道蒸发渗漏强烈,宁蒙灌区引黄水量占全河的1/3以上。黄河中游流域面积约占全流域的46%,产流量占全河的37%;中游70%的径流来自渭河流域(含北洛河流域)和三门峡—花园口区间,该区面积只占中游的49%。

黄河多年平均天然输沙量16亿 t(1919~1969年干流陕县站实测资料),最大年输沙量达39.1亿 t(1933,陕县),汛期输沙量约占年输沙量的90%。干支流实测最大含沙量分别达941 kg/m³(1977,小浪底)和1 700 kg/m³(1958,温家川),为世界河流之最。

中游河口镇—三门峡区间面积约为全河的40%,产流量为全河的28%,但来沙量却占全河的90%。其中,河口镇—龙门区间的18条支流、泾河的马莲河上游和蒲河、北洛河刘家河以上的多沙粗沙区,面积7.86万 km²,不足黄河流域面积的10%,输沙量却占全河的63%,其中粒径大于0.05 mm的粗沙量占全河粗沙量的73%,对下游河道淤积影响最大。

1.1.2.2　水沙年内、年际变化大

干流和主要支流汛期7~10月径流量一般占全年的60%~70%(见图1-4),尤以支流更为集中。干流最大年径流量一般为最小年径流量的3.1~3.5倍,支流一般达5~12倍。自有实测资料以来,黄河相继出现了1922~1932年和1994~2002年两个连续长枯水段,其天然径流量分别只有368亿 m³和388亿 m³。

与径流分布相比,来沙量的年内分布更为集中(见图1-5)。黄河主要产沙支流的泥沙主要产生在7~9月。在未开展水土保持工作的20世纪50年代以前,潼关断面实测最大年输沙量达37.3亿 t,最小年输沙量只有4.83亿 t,相差7倍之多。

1.1.2.3　洪水威胁严重

对经济社会危害严重的黄河洪水主要有暴雨洪水和冰凌洪水两大类。

黄河洪水主要来自中游地区和上游兰州以上地区。兰州以上地区暴雨强度较小,洪水洪峰流量不大,但历时较长,天然情况下是黄河中下游洪水的重要基流。中游地区暴雨

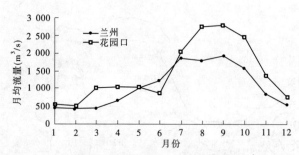

图 1-4 黄河典型断面径流量年内分布(1956~1985 年)

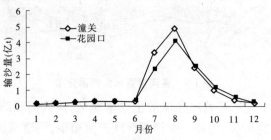

图 1-5 黄河典型断面输沙量年内分布(1950~1985 年)

频繁、强度大、历时短,形成的洪水具有洪峰高、历时短、陡涨陡落的特点,是黄河下游的主要致灾洪水。表 1-2 是黄河中下游典型历史洪水特征值。

表 1-2 黄河中下游典型历史洪水特征值

发生年份	潼关		花园口	
	洪峰流量(m³/s)	12 天洪量(亿 m³)	洪峰流量(m³/s)	12 天洪量(亿 m³)
1761	6 000	50	32 000	120
1843	36 000	119	33 000	136
1933	22 000	91.9	20 400	100.5
1954	4 460	36.1	15 000	76.9
1958	6 520	50.8	22 300	88.8
1982	4 710	28.1	15 300	65.2

注:1761 年和 1843 年洪水峰和量是通过洪水调查及清代所设水尺推算出来的。

黄河流域东西跨越 23 个经度,南北跨越 10 个纬度。冬季受西伯利亚和蒙古一带冷空气的影响,致河面结冰。春回大地时,低纬度河段的冰往往先于高纬度河段融化,大量冰块涌向尚未解冻的高纬度河段,易形成冰塞冰坝险情。在河道解冻开河期间,由于槽蓄水增量沿程释放形成的冰凌洪水主要发生在上游宁夏和内蒙古河段(以下简称宁蒙河段)、下游高村以下河段。冰凌洪水的特点是:凌汛流量不太大,但水位高,甚至会超过伏汛期;流量沿程递增,尤以内蒙古河段突出。

1.1.3 社会背景

几千年来,黄河中下游两岸的广大地区一直是我国先人们的重点活动区域,并曾长期是我国政治、经济和文化的中心,孕育了辉煌灿烂的华夏五千年文明。然而,黄河下游频繁摆动、决口和改道给人类生产与生活带来了很大不便。为了安居,人们修建了下游堤防,但堤防所致的悬河却使洪灾风险累积,一旦决口,水沙俱下,往往对区域人民群众生命财产安全和国民经济造成毁灭性灾害,掩埋于黄土之下的宋、明、清时代的繁华开封见证了洪水曾经的肆虐;1938 年,黄河花园口决口造成了 89 万人死亡、1 250 万人受灾、44 个县成为泽国。据统计,自公元前 602 年至 1938 年的 2 540 年间,黄河决溢共 1 590 次、改道 26 次,所谓"三年两决口、百年一改道"。因此,确保黄河下游防洪安全一直是国家安民兴邦的大事。

目前,在黄河下游洪水的影响区(约 12 万 km^2),居住着约 9 000 万人口,有耕地 733 万 hm^2,是我国重要的粮棉基地。区内建成了由陇海和京九铁路、连霍高速和京珠高速等数条高等级公路等构成的重要交通网络,建成了石油、煤炭、机械加工等工业基础设施,经济已经达到很高水平,因此决口后果更不堪设想。历史上,黄河下游频繁决口改道不仅给两岸人民带来灭顶之灾,还迫使数十万人变成滩区居民;一旦成为滩区居民,就不得不接受频繁受淹的事实。目前,黄河下游滩区内人口达 181 万人,耕地面积 25 万 hm^2。

黄河安危不仅关系到黄淮海平原地区的防洪安全,其水资源供给能力更是中国华北和西北地区国民经济可持续发展的关键因素。发生在 1632～1642 年的特大干旱促使了明王朝的灭亡,而 1922～1932 年的连续 11 年的特大干旱造成了易子而食的人间悲剧,更说明黄河水资源对保障社会稳定的重要意义。进入 21 世纪,我国提出到 2020 年国民经济要在 2000 年基础上翻两番、2050 年赶上中等发达国家水平的宏伟目标,黄河水资源保障程度无疑是本区域经济社会持续发展的关键环节。

据 2006 年统计资料,黄河流域人口 1.13 亿人,占全国人口的 8.8%;流域土地面积 7 933 万 hm^2,占全国国土面积的 8.3%;流域内外引黄灌区面积 800 万 hm^2,主要分布在宁蒙平原、汾渭盆地和下游黄淮海平原。黄河流域煤炭、稀土、石膏、石油、天然气和水电等资源丰富,其中煤炭资源约占全国的 46.5%,集中在蒙、晋、陕、宁、豫等省(区)。目前,黄河正以占全国河川径流量 2% 的水资源,承担着本流域和下游引黄灌区占全国 15% 耕地面积、12% 人口及 50 多座大中城市的供水任务,该区域恰是我国土地、矿产和能源十分丰富的地区,在国民经济发展的战略布局中具有十分重要的地位。

新中国成立以来,随着沿黄省(区)经济社会的快速发展,黄河水资源供需矛盾更日益突出。为缓解供水矛盾、合理利用黄河水资源,国务院于 1987 年颁布了我国第一个河流分水方案(见表 1-3),作为南水北调工程生效前有关省区用水的基本原则。该方案将黄河天然径流量(580 亿 m^3,1919～1975 年系列)的 370 亿 m^3 分配给沿黄省区,用于人类生产生活。1999 年,国务院授权黄河水利委员会依据该分水方案对全河水量实施统一调度;2006 年,针对黄河水量调度出现的新情况,国务院又颁布了《黄河水量调度条例》(中华人民共和国国务院令第 472 号),进一步明确了相关关键问题的解决原则。

表 1-3　南水北调生效前黄河可供水量的分配方案(国办发[1987]61 号文)

（单位:亿 m³）

省（区）	青海	四川	甘肃	宁夏	内蒙古	陕西	山西	河南	山东	河北、天津	合计
分水量	14.1	0.4	30.4	40.0	58.6	38.0	43.1	55.4	70.0	20.0	370.0

黄河水电资源丰富。目前,黄河干流已建和再建的大型水利枢纽 28 座,其中龙羊峡、刘家峡和小浪底三座水库总有效库容达 280 亿 m³。黄河龙羊峡以下河段已经是一条径流高度控制的河流。

1.2　水沙变化

1.2.1　径流变化

前文指出,黄河 1919～1975 年系列年均天然径流量为 580 亿 m³,自然条件下主要受气候特别是降水变化而波动。不过,近几十年来,由于人类用水量大幅度增加和流域产汇流条件改变等,黄河各主要断面的径流量已明显减少。

从 1950 年以来黄河典型断面实测径流变化情况可见图 1-6、表 1-4 和表 1-5,与 1950～1986 年相比,1987～2007 年头道拐和利津断面年径流量分别减少了 38% 和 64%,汛期水量分别减少 60% 和 66%;黄河上游径流减少幅度小于中下游。

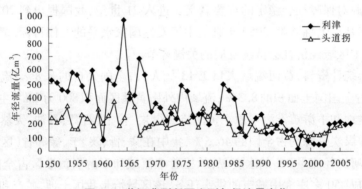

图 1-6　黄河典型断面实测年径流量变化

黄河径流变化的另一个直接表现就是始于 1972 年的断流:从 1972 年至 1999 年的 28 年中,有 22 年下游出现断流,其中 1997 年断流天数达到 226 天(利津断面)、断流河长达 704 km(见表 1-6)。

未来,黄河的径流情势主要取决于人类用水量发展和天然产水等两方面因素。

1.2.1.1　人类用水量发展趋势

几十年来黄河径流减少的首要原因显然是人类用水增加。

在 20 世纪 50 年代和 60 年代,人类耗用的黄河水量平均约 177 亿 m³/a;80 年代以

表 1-4   黄河中下游典型断面实测径流量变化

时段	实测年均径流量（亿 m³）			实测 7~10 月径流量（亿 m³）		
	潼关	花园口	利津	潼关	花园口	利津
1950~1959	431.2	479.9	480.4	258.2	294.3	298.6
1960~1969	444.0	505.9	501.1	264.1	287.7	294.5
1970~1979	357.4	381.6	311	196.0	214.1	187.7
1980~1989	369.2	411.7	285.8	208.6	241.6	189.7
1990~1999	248.8	256.9	140.8	108.5	116.3	86.2
2000~2008	210.8	231.5	141.8	94.8	89.4	81.6
1950~1986	406.2	454.5	412	237.9	267.0	252.0
1987~2008	240.9	257.4	146.7	110.0	114.7	88.7

表 1-5   黄河上游典型断面实测径流量变化

时段	实测年均径流量（亿 m³）			实测 7~10 月径流量（亿 m³）		
	下河沿	巴彦高勒	头道拐	下河沿	巴彦高勒	头道拐
1950~1959	313	287.7	246.3	189.7	177	148.2
1960~1969	354.2	273.3	266.4	216.1	170	164.5
1970~1979	314.4	230.9	229.6	164.4	120.8	122.4
1980~1989	328.7	231.4	237.4	175.9	122.3	130.1
1990~1999	248.5	155.6	158.8	99.7	53.5	58.8
2000~2008	238.6	153.6	144.2	113.8	52.8	52.7
1950~1986	326.3	261.9	248.5	190.7	153.2	147.7
1987~2008	244.9	153.6	155.3	110.3	56.5	59.7

表 1-6   20 世纪后期黄河下游断流情况

年份	最早断流日期（月-日）	断流次数	7~9 月断流天数	全年断流天数			断流河长（km）
				全日	间歇性	合计	
1972	04-23	3	0	15	4	19	310
1974	05-14	2	11	18	2	20	316
1975	05-31	2	11	11	2	13	278
1976	05-18	1	0	6	2	8	166
1978	06-03	4	0	5		5	104
1979	05-27	2	9	19	2	21	278

年份	最早断流日期（月-日）	断流次数	7~9月断流天数	全年断流天数			断流河长（km）
				全日	间歇性	合计	
1980	05-14	3	1	4	4	8	104
1981	05-17	5	0	26	10	36	662
1982	06-08	1	0	8	2	10	278
1983	06-26	1	0	3	2	5	104
1987	10.01	2	0	14	3	17	216
1988	06-27	2	1	3	2	5	150
1989	04-04	3	14	19	5	24	277
1991	05-15	2	0	13	3	16	131
1992	03-16	5	27	73	10	83	303
1993	02-13	5	0	49	11	60	278
1994	04-03	4	1	66	8	74	308
1995	03-04	3	23	117	5	122	683
1996	02-14	6	15	123	13	136	579
1997	02-07	13	76	202	24	226	704
1998	01-01	14	19	113	24	142	515
1999	02-06	1		32	2	34	278

后,人类耗水量平均达 290 亿 m^3/a,较前期增加 60% 以上(见图 1-7),其中上游用水增加幅度约 34%、中游增加 23%、下游增加 200%,即 62% 的耗水增加量来自下游。1997~2003 年,在黄河年均天然径流量只有约 358 亿 m^3 的情况下,人类消耗的河川径流量仍一直维持在 280 亿~300 亿 m^3/a,使河川径流利用程度高达 78%,远高于人类可用水比例;即使是用水控制较好的 2004~2007 年,人类耗水量也达同期黄河天然径流量的 58.5%。

不过,根据黄河水资源公报,2000 年以来黄河流域(含下游引黄灌区)总耗水量变化很小(见图 1-7 和图 1-8),而该区 GDP 却增加了 2 倍。形成此格局可能有四方面原因:一是用水条件约束,如山西省现状耗用黄河地表水量只有其分水指标的 1/3~1/4,原因在于引水条件差。随着引水技术改善,其未来用水量可能会有所增加。二是"八七"分水方案的约束,使一些用水需求大且无多余用水指标的省(区)无法继续增加用水。三是节能、节水、减排等国家产业政策的约束,如近年黄河流域西部省(区)新上火电厂全部采用了空冷技术,其百万千瓦耗水量可较湿冷机组降低 70%~80%。四是技术进步,包括节水灌溉技术和工业先进生产工艺的应用等。

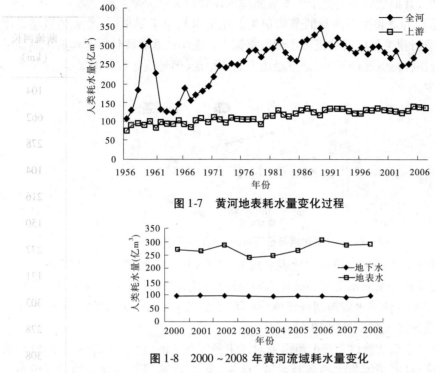

图 1-7 黄河地表耗水量变化过程

图 1-8 2000～2008 年黄河流域耗水量变化

展望未来,"八七"分水方案、国家产业政策和当地取水能力等约束条件仍将持续,用水效率也将随着技术进步而进一步提高,故黄河地表水耗用量虽还会继续增加,但增加幅度不会太大,并可能在 2030 年左右进入零增长阶段。

实际上,由于严格的环境保护法规、工业结构转变和先进生产工艺的应用等,一些发达国家也曾经历过一个用水量"增长—平稳—下降"的过程,如瑞典、日本、荷兰和美国的工业用水量等都在 20 世纪 70 年代以前迅速增长,70 年代中期达到用水高峰,之后进入平稳期,有的国家甚至出现用水量下降;日本和美国的农业用水量也在 20 世纪 80 年代以来进入零增长。我国经济发达省市近年来用水量增长也不明显,如北京市 2003 年以来年用水量基本稳定在 35 亿 m³ 左右,水资源丰沛的江苏省 2000 年以来年耗水量基本稳定在 240 亿 m³ 左右。

1.2.1.2 黄河产流量变化趋势

然而,即使未来相关区域人类用水能够控制在"八七"分水方案内,黄河河川径流量也将比现状进一步减少,其原因是:

(1)新建水库(含淤地坝)的蒸发渗漏损失。张学成等在《黄河流域水资源调查评价》中指出,至 2000 年,因流域水利工程建设引起的水面蒸发附加损失量约 10 亿 m³,因水土保持改变下垫面条件而减少的径流量约 10 亿 m³;该书对黄河干流现状水库(2005年)的蒸发和渗漏量进行了估算,认为其水面蒸发损失量已升至 14 亿 m³。2000 年完成的《黄河重大问题和对策研究》认为,因水土保持改变流域下垫面而导致的水量减少可能在 10 亿 m³ 左右。未来,干流至少还有十多座大型水库陆续生效,黄土高原约 1.5 万座骨干坝或拦沙库也将陆续建成(黄土高原现有骨干坝近 5 400 座),由此而来的蒸发渗漏损失是显而易见的,其值估计不会低于干支流水库的现状损失量。

(2)新增造林种草和生态修复的蒸腾损失。在干旱和半干旱地区,增大植被覆盖度所增加的水分蒸腾损失量已经被很多实测数据证实。图1-9是刘昌明院士在黄土高原的研究成果,随着森林覆盖度的增加,地下径流会有所增加,但地表径流逐渐减少,水资源总量也会明显减少。

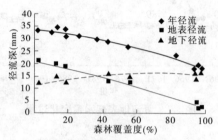

图1-9 森林覆盖度与径流深的关系(刘昌明,2009)

(3)煤炭和地下水开采也将导致地表水减少。2002年由山西省发展计划委员会组织完成的《山西省煤矿开采对水资源的破坏影响及评价》认为,每开采1 t煤将减少2.48 m^3水;张学成等的《黄河流域水资源调查评价》认为,现在因地下水开采改变地表水/地下水转换关系而导致的径流减少量约30亿 m^3。

目前,尚难以准确估算以上产汇流因素对未来径流形势的量化影响程度。2000年黄河水利委员会完成的"黄河重大问题及对策"认为,至2030水平年由此新增的径流量减少值大约为15亿 m^3,即黄河天然径流量会下降至520亿 m^3左右。

降水显然也是导致黄河20世纪90年代以来径流减少的重要自然因素,甚至是兰州以上径流减少的主要因素。不过,目前人们还难以对未来几十年的降水形势给出准确的预测。

综上分析,鉴于南水北调西线工程生效前相关省(区)耗水不会显著超过其分水指标(其中,头道拐断面以上地区的国家分配水量约127亿 m^3,花园口以上区域分水量约240亿 m^3),流域产汇流条件变化和各类蓄水工程蒸发损失等可能还将使天然径流量降低约15亿 m^3,进而推测2030年前正常降水情况下黄河三湖河口和花园口断面年径流量分别约204亿 m^3和270亿 ~295亿 m^3。

1.2.2 洪水变化

50多年来,黄河流域大中型水利枢纽的运用、人类活动对暴雨洪水关系的影响、人类用水增加以及气候变化等因素,已经使进入黄河下游的洪水量级发生了很大变化(见表1-7和图1-10):1950 ~1986年的37年间,花园口洪峰流量小于4 000 m^3/s和5 000 m^3/s的年份只有2年和7年;而1986 ~1999年的13年间,花园口洪峰流量小于4 000 m^3/s和5 000 m^3/s的年份分别达4年和8年,且洪峰流量大于5 000 m^3/s的8场洪水平均历时只有34 h(其中90年代4场历时只有24 h),即绝大部分泥沙是靠流量5 000 m^3/s以下的洪水输送。1997年以来,洪峰流量大于5 000 m^3/s的洪水在下游一次也没有发生。

表 1-7　花园口站各年代大于某流量级年均出现天数统计

时段	≥1 000 m³/s		≥1 500 m³/s		≥2 000 m³/s		≥3 000 m³/s		≥4 000 m³/s		≥5 000 m³/s	
	年	汛期	年	汛期	年	汛期	年	汛期	年	汛期	年	汛期
1950~1959	177	117	118	97	87	78	40	39	21	21	9.9	9.7
1960~1969	214	105	143	89	104	76	53	47	28	26	14	14
1970~1979	156	95	82	72	54	50	25	24	12	12	3.2	3.2
1980~1989	156	97	89	74	61	57	32	32	19	19	7	7
1990~1999	94	57	37	31	16	15	3.6	3.5	1.1	1.1	0.2	0.2

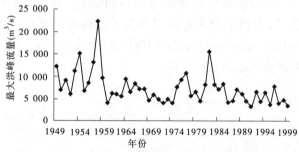

图 1-10　花园口断面历年最大洪峰流量变化

图 1-11 是 1950 年以来黄河内蒙古河段年最大洪峰流量变化过程。1986 年以前,该河段洪峰流量大体在 2 000~4 000 m³/s,平均洪峰流量约 3 000 m³/s。由于龙羊峡—青铜峡区间梯级水电站的联合调控和人类用水居高不下等因素,1987 年以来,日均洪峰流量 1 000~2 000 m³/s 已经成为内蒙古河段洪水的主体。大量级洪水的天数也大幅度减少:1985 年前,内蒙古河段流量大于 2 000 m³/s 的洪水平均每年发生 70 天,1986 年以后这样的洪水只在 1989 年发生一次。

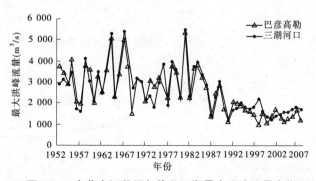

图 1-11　内蒙古河段历年伏秋汛期最大洪峰流量变化

龙羊峡水库和刘家峡水库汛期蓄水运用是宁蒙河段洪水减少的主要人为原因。图 1-12 分析了刘家峡水库和龙羊峡水库运用对入库洪水的调峰作用:刘家峡水库削峰量一般在 500 m³/s 左右;而龙羊峡水库则将各量级洪水洪峰流量均消减至 1 000 m³/s 以下;两库平均削减洪峰流量约 1 000 m³/s。

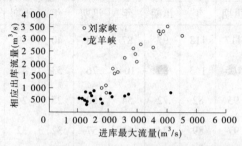

图 1-12　龙羊峡和刘家峡水库对入库洪水的调蓄作用

综合考虑干支流水库调控、人类用水和水保减水等因素,无论是下游,还是宁蒙河段,其未来洪水形势恐怕都难以恢复至其 1986 年以前的状况。在现状工程背景下,并考虑小浪底水库防洪运用方式,分析了未来花园口和头道拐两断面不同量级洪水的频率情况(见图 1-13 和图 1-14),认为日均洪峰流量 3 000 ~ 5 000 m³/s 和 1 500 ~ 2 500 m³/s 可能将分别成为下游和内蒙古河段洪水的主体。

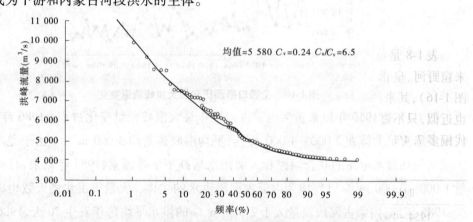

图 1-13　现状工程条件下花园口洪峰流量频率曲线图

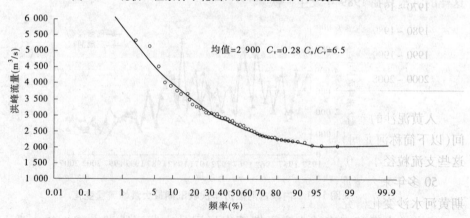

图 1-14　现状工程条件下头道拐洪峰流量频率曲线图(不含桃汛)

1.2.3　泥沙变化

黄河年均天然输沙量16亿t,不过近几十年来黄河输沙量已大幅减少(见图1-15):1950～1979年,潼关站年均来沙量14.74亿t,年均来水量416.2亿 m³,年平均含沙量35.4 kg/m³。而1980～2008年,该站年均输沙量只有6.45亿t,实测年均来水量278.5亿m³,年平均含沙量23.6 kg/m³,其中1997～2008年该站来沙量只有3.93亿t。

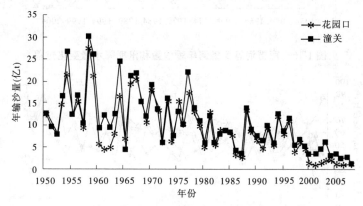

图1-15　1950年以来黄河中下游年输沙量变化

表1-8是黄河中游主要产沙支流在过去50多年的输沙量减少过程。其中,1999年以来窟野河、皇甫川、孤山川、秃尾河和佳芦河等5条支流年输沙量减少尤其突出(见图1-16),其来沙量只有20世纪60年代以前的10%;这样台阶式减少的情景在其他支流也近似,只不过沙量明显减少的出现时间更早。2007年,河龙间7～8月降水量比90年代偏多7.4%,但该区来沙量和来水量却分别偏少85.5%和60%。

表1-8　黄河中游主要产沙支流年输沙量变化　　　　　　　　　　(单位:亿 t)

时段	窟野河等5支流	无定河	渭河(含北洛河)
1954～1969	2.8	2.09	5.72
1970～1979	2.54	1.16	4.73
1980～1989	1.37	0.53	3.26
1990～1999	1.21	0.84	3.65
2000～2008	0.24	0.40	1.80

入黄泥沙的变化不仅反映在数量上,而且反映在粒径上。图1-17是河口镇—龙门区间(以下简称河龙间)典型粗沙支流近40年来的粒径变化情况,由图可见,1999年以来,这些支流粒径小于0.05 mm的粗泥沙比例较前期增加约1/3,即入黄泥沙显著变细。

50多年来入黄泥沙量的巨大变化是人类活动和气候变化共同作用的结果。据第二期黄河水沙变化研究基金成果《黄河水沙变化研究》,1950～1996年,水利水保工程等各种措施引起的年均减沙量为4.51亿t;若以1919～1959年为基准年,1960～1996年的水利水保措施年减沙量约为3.94亿t;若以20世纪五六十年代为基准年,则1970～1996年

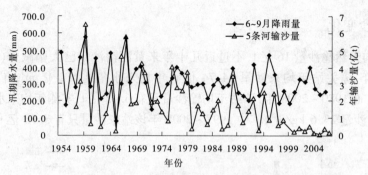

图 1-16 窟野河等 5 条河年输沙量和汛期降水量变化过程

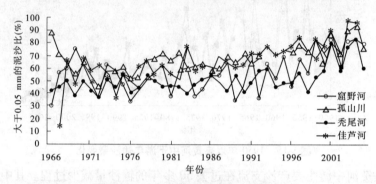

图 1-17 河龙间典型支流来沙粒径变化

龙门、河津、张家山、㳄头和咸阳五站年均减沙量为 3.075 亿 t。

姚文艺等人新近完成的国家"十一五"科技支撑计划"黄河流域水沙变化情势研究"课题采用传统的水保法和水文法,在认真核实近年来水利水保措施量的基础上,对 1997~2006 年水利水保工程的减沙作用进行了深入分析,估算的黄河中游水利水保工程减沙为 5.637 亿 t(水保法)和 6.62 亿 t(水文法),其中河龙间减沙量约 3.78 亿 t。李倬 2008 年发表的《黄河中游河口镇至龙门区间输沙量变化原因初步分析》认为,人类活动和降水变化对减沙影响的比例约 40∶60,由此推算河龙间人类活动减沙量应在 3.3 亿 t 左右,龙华河㳄四站约 5.11 t。如果不考虑上游水利水保的减沙作用,仅取姚文艺成果和李倬成果的平均值作为黄河流域水利水保工程的现状入黄泥沙减少量(5.62 亿 t),则龙华河㳄现状水平年(2006 年)来沙量约 11.8 亿 t,相应的潼关现状水平年来沙量约为 11.3 亿 t。

关于未来黄河来沙形势,2000 年完成的《黄河重大问题和对策研究》认为,2020 年、2030 年和 2050 年水平潼关来沙量可能分别在 10 亿 t、9 亿 t 和 8 亿 t。"黄河流域水沙变化情势研究"项目成果认为未来 50 年内,黄河流域降水将逐渐向平水和丰水演变,项目基于对未来 50 年黄河流域降水变化趋势和水利水保建设形势判断,采用水保法、SWAT 模型法和树木年轮法对未来黄河来沙形势进行了深入分析,认为 2020 年、2030 年和 2050 年水平黄河来沙量分别为 8.5 亿~9.3 亿 t、7.4 亿~12.7 亿 t 和 8.6 亿~12.1 亿 t。鉴于该问题的复杂性,综合考虑多方面因素,本书以下分析时对 2050 水平年以前的来沙量仍采纳《黄河重大问题和对策研究》的意见。

值得注意的是,一方面来沙量的大幅度减少并未改变黄河"水少沙多,水沙关系不协调"的特点,其中,1987～1999年潼关洪水的含沙量甚至有所增加(见表1-9);另一方面,下游来沙更集中在汛期(见表1-10)。

表1-9 潼关站不同时期洪水泥沙特征

| 时期 | 流量大于5 500 m³/s | | | 流量2 500～5 500 m³/s | | | 流量小于2 500 m³/s | | |
	水量 (亿m³)	沙量 (亿t)	含沙量 (kg/m³)	水量 (亿m³)	沙量 (亿t)	含沙量 (kg/m³)	水量 (亿m³)	沙量 (亿t)	含沙量 (kg/m³)
1950～1959	30.6	4.03	131.7	127.7	7.23	56.6	276.8	5.81	21.0
1960～1973	23.7	1.45	61.2	125	6.43	51.4	258.6	6.18	23.9
1974～1985	19.3	1.6	82.9	116	4	34.5	265.6	4.8	18.1
1986～1996	2.2	0.34	154.5	30	2.42	80.7	250.2	5.53	22.1
1997～2007	0	0	0	9.85	0.54	54.8	141.0	3.31	23.4

表1-10 黄河下游来沙量年内分配变化

| 时期 | 非汛期 | | 汛期 | | 年均沙量
(亿t) |
	来沙量(亿t)	百分比(%)	来沙量(亿t)	百分比(%)	
1950～1959	2.64	14.50	15.55	85.50	18.19
1960～1964	2.28	33.00	4.64	67.00	6.93
1965～1973	3.15	19.70	12.84	80.30	15.99
1974～1980	0.19	1.60	12.03	98.40	12.22
1981～1985	0.38	3.90	9.36	96.10	9.74
1986～1999	0.39	5.20	7.21	94.80	7.61
2000～2008	0.04	6.20	0.6	93.80	0.67

黄河上游来沙也大幅度减少,其中,兰州站年均输沙量由20世纪80年代以前的0.97亿t减少至80年代以后的0.413亿t,头道拐站年均输沙量则由80年代以前的1.49亿t减少至80年代以后的0.604亿t(见图1-18)。祖厉河、湟水和洮河等上游主要来沙支流的入黄沙量也明显减少,清水河和十大孔兑来沙则无明显趋势性变化,其中90年代中期以来清水河来沙还有所增加(见图1-19、图1-20)。

据输沙率法估算,1952～1959年和1986～2007年,黄河内蒙古河段年均冲淤分别为0.7亿～0.9亿t(因缺乏20世纪50年代十大孔兑水文资料或河道断面淤积量测量资料,故难以精确估算)和0.5亿～0.6亿t、宁夏河段年均冲淤量分别约0.4亿t和0.06亿t;1967～2006年,黄河宁蒙河段引水引沙量变化不大(见表1-11),一直维持在水量约120亿m³、沙量0.30亿～0.34亿t水平。可见,导致黄河宁蒙河段来沙减少的主要因素应为干支流水利枢纽拦沙、降水减少和水保措施减沙等。

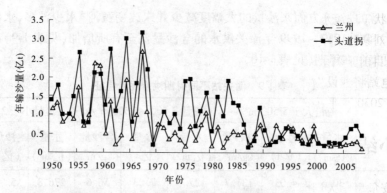

图 1-18 1950~2008 年黄河上游年输沙量变化

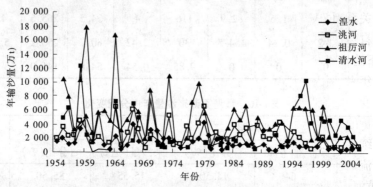

图 1-19 上游主要支流来沙变化

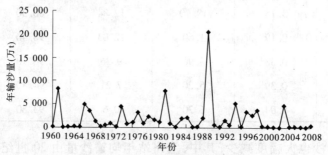

图 1-20 十大孔兑来沙变化

表 1-11 宁蒙河段各时段引水引沙量

时段	汛期		年	
	引水量(亿 m³)	引沙量(亿 t)	引水量(亿 m³)	引沙量(亿 t)
1961~1967	53.9	0.285	90.4	0.346
1967~1986	64.5	0.254	118.9	0.304
1987~2006	63.5	0.312	120.0	0.334

2000~2007 年,祖厉河、洮河和湟水的年均入黄沙量由 1969 年以前的 1.22 亿 t 减少至 0.34 亿 t,借鉴水利水保措施投入不多的清水河流域拦沙情况和中游减沙作用分析成

果,估计现状三支流水利水保措施减沙作用在 0.45 亿 ~ 0.5 亿 t 以上。

目前,刘家峡水库已基本没有拦沙能力,龙羊峡水库仍可在未来 300 多年内继续发挥拦沙作用(目前其剩余死库容约 50 亿 m³,按年均淤积 0.2 亿 t 计),2030 年以前还有更多干支流水电站将建设生效;祖厉河、洮河和湟水等支流的水土保持力度仍将进一步加大。因此,估计 2030 水平年进入内蒙古巴彦高勒断面的泥沙量难以超过 0.9 亿 ~ 1 亿 t。

1.3　小结

黄河安危事关大局。目前,其防洪安全关系到约 13 万 km² 近 1 亿人口的安危,供水安全关系到全国 15% 的耕地、12% 的人口和 50 多座大中城市的经济社会发展,流域生态和环境质量关系到 79 万 km² 区域经济社会的可持续发展。

黄河的自然特点是水少沙多、水沙异源、水沙年内和年际分布不均、暴雨洪水和冰凌洪水严重、下游悬河发育。

近几十年来,因人类用水增加、干支流水库调控、下垫面条件改变等,黄河水沙条件已发生重大改变。径流改变突出反映在年径流量和汛期径流量的减少,洪水改变突出反映在洪峰和洪量的削减,泥沙改变突出反映在来沙量减少,干流 28 座大型拦河工程则改变了径流的连续性。目前,黄河不仅是一条水资源严重紧缺的河流,也已经成为一条径流高度调控的河流。

未来,黄河天然径流量可能会进一步减少,2030 水平年三湖河口和花园口断面年径流量估计分别约 204 亿 m³ 和 270 亿 ~ 295 亿 m³;洪水形势不会比现在有显著改变,日均洪峰流量 3 000 ~ 5 000 m³/s 和 1 500 ~ 2 500 m³/s 左右可能将分别成为下游和内蒙古河段洪水的主体;2020 年、2030 年和 2050 年水平黄河潼关来沙量可能分别在 10 亿 t、9 亿 t 和 8 亿 t,巴彦高勒断面来沙量可能不会超过 0.9 亿 ~ 1 亿 t。

以上资讯是黄河环境流研究的重要背景。

第2章 环境流内涵分析

2.1 环境流概念产生背景

2.1.1 河流生存状况变迁

河流一直在人类演化和文明的进程中扮演着重要角色。人类童年的第一行脚印,就印迹在河流岸边。早期人类为了用水方便,傍河而居;为了方便交通,便发明了在水中航行的船只;而河流定期发生的洪水泛滥则使土地肥力增强,使人类在生产力水平低下的情况下能够收获粮食,繁衍生息。历史上许多灿烂的文明更是因河而生并依河而兴:定期泛滥的尼罗河洪水给下游两岸土地带来层层沃土,使古埃及人在公元前5 000多年前就进入了农耕文明时期;幼发拉底河和底格里斯河中下游的美索不达米亚平原孕育了苏美尔文明和古巴比伦的繁荣;得益于印度河和恒河的水资源及两岸肥沃的土地,开启了古印度农耕文明和城市文明;黄河流域水利、气候以及耕作条件的最佳结合,使之成为中华民族和华夏文明的摇篮。一旦河流健康发生危机,以河流为依托的生态系统也失去了存在的基础。

人类生活所需要的水、食物和原材料都来自人类居住地周围的自然环境。然而,自然界的资源很多时候难以直接为人类所利用,且自然状态下的河流时常给人类带来灾害。迫于生存和发展的压力,人类不得不改变流域的下垫面并排放废气(水),如清除自然植被、砍伐森林、开采矿料、修建水库堤防、建造水渠、发展工业等,以得到水、食物、原材料、产品和社会服务。不过,由于生产力水平限制,不同时期人类改造自然的规模和程度大不相同。

在生产力水平极为低下的原始社会,古人对大自然心存敬畏,他们"逐水草而居",被动地依附于自然。每逢水旱灾害,不得不乞灵上天恩典,把河流尊奉为神灵顶礼膜拜。这一时期,人类与河流处于原始的不自觉的和谐状态。

进入农耕文明时期,随着青铜器、铁器的相继使用,人类开始有条件兴建一些水利工程,对河流洪水有了一定的控制能力,但改变河流环境的能力仍然非常有限。

进入工业革命时期,随着人口增加、生产力水平提高和工农业迅猛发展,人类利用科学技术来控制、改造和驾驭自然的能力大大加强,致使"人定胜天"思想逐步占据了主导地位,大力控制河流的活动从此展开,包括对河流水资源实行掠夺式开发、控制洪水甚或消灭洪水等。人类改造自然的活动在20世纪前后变得尤其强烈,包括大规模水库和堤防建设、水资源大量开发利用、耕地面积急剧扩张、农药和化肥大规模应用、工业化程度大幅度提高等,从而使洪水得到基本控制、水资源得到高效利用、经济得到高速发展。但与此同时,人类对河流的过度干扰也产生了一系列负面影响:围垦河流两岸的洪泛土地,从而割断河流与两岸陆地的联系,并侵占洪水的蓄泄空间;大量引水到河道以外,从而使河流生态系统受损;筑坝壅高或拦截河水,从而阻拦或改变河水的流路,并改变了河流的水文情势;利用河流排泄废水,从而改变河流的水质。结果,世界上很多河流都出现了空前的健康危机。

发源于非洲卢旺达高地的尼罗河,流经非洲 9 个国家并注入地中海,流域面积 287 万 km²,全长 7 088 km,是世界第一长河,阿斯旺大坝处的年均天然径流量 840 亿 m³。除尼罗河三角洲地区外,阿斯旺大坝以下地区的年均降水量只有 50 mm 左右。尼罗河下游自古就有利用定期泛滥且挟带肥沃泥土的洪水进行淤灌土地的传统,灿烂的古埃及文明由此而生。近代西方帝国入侵者一改埃及延续数千年的引洪淤灌方式,帮助埃及发展了井井有条的现代灌渠体系,阿斯旺大坝的建成更使水资源利用的条件大为改善,从而使埃及农业产量得到大幅度提高。但与此同时,尼罗河入海水量则由每年 320 亿 m³ 减少到 20 亿 m³,三角洲土地则向着严重的盐碱化方向发展,三角洲海岸线也由于缺少泥沙补充而出现蚀退,约 30 种尼罗河鱼类已经灭绝。

印度河发源于喜马拉雅山西麓的中国西藏境内,其中下游是古印度文明的摇篮、现巴基斯坦和印度的生命之河。印度河干流全长 2 900 km,年均径流量 2 070 亿 m³,流域面积 103 万 km²。印度河下游地区降雨稀少(约 300 mm),但那里是巴基斯坦和印度的灌溉农业区。像尼罗河一样,印度河流域历史上也有利用洪水漫灌土地的传统灌溉方式。19 世纪,英国人把下游灌区改造成了世界上最完美的灌区,从而使当时印度最落后的地方变成最富裕的地方。但过度的灌溉不仅使灌区土地严重盐碱化,而且让曾经孕育了灿烂文明的印度河断流。印度河河口曾经是绵延几百千米的沼泽,那里是野生动物的天堂;半个世纪前,印度河每年还有几个月有水进入河口,可现在,沼泽已经萎缩了一半,数万公顷红树林和耕地已经消失在大海的波浪下。人们说,如果谈哪个国家因过度利用水资源而得到的好处和报应,那就是巴基斯坦。印度河带给巴基斯坦的不仅是璀璨的古代文明和现代盐碱化,今天的印度河还是印巴两国争执的导火索。

科罗拉多河发源于落基山脉科罗拉多山西侧,流经美国的科罗拉多、犹他、亚利桑纳、内华达、加利福尼亚等州,最后在墨西哥北部汇入加利福尼亚湾,全长 2 320 km(其中河口段 145 km 在墨西哥境内),流域面积 64 万 km²,是北美洲西部的主要河流。科罗拉多河中下游地区降雨稀少,但那里恰是北美灌溉农业区,是该地区经济发展的支柱。20 世纪初,人们单纯从经济发展角度认为应该将科罗拉多河的洪水完全控制,并吃干喝净其径流。1922 年,美国 7 个州的代表共同拟定了科罗拉多河协议,协议将科罗拉多河划分为上、下两个区域,规定了每个区域拥有 92.5 亿 m³ 的水资源使用权,同时为了保持平衡还将 18.5 亿 m³ 的水资源留给了下游的墨西哥,协议未考虑河流的环境用水。1933 年,胡佛大坝的修建开始了河流水资源的大规模开发,在此之后又先后兴建了 14 座控制性水库和 32 项灌溉工程,使该河在美国境内的水库总库容达 740 亿 m³,约是美国境内年平均径流量 208 亿 m³ 的 3.6 倍。一系列大型水库的修建、大型灌区的运行和河水的反复使用,导致河流的自然洪水过程基本不再出现,农田出现严重盐碱化,河道发生萎缩,沿河湿地面积大幅度减少,不少野生生物濒临灭绝,受此影响最大的是墨西哥境内的河口段,进入这里的水由于盐度过高而已经完全不能使用,1993 年后则一直处于断流状态,导致海水入侵。2004 年,美国河流协会将科罗拉多河列为美国十大濒危河流之首。

位于美国和墨西哥交界的格兰德河命运同样让人担忧。格兰德河发源于美国科拉拉多州,全长3 034 km,流域面积47万 km²(美国和墨西哥各占一半)。历史上,格兰德河曾经常泛滥,河床不断改道南移,引发两国矛盾,直至1963年两国把河床固化才使此问题解决。如今,水库和灌溉已经使河流洪水泛滥成为人们传说中的记忆,中下游渠化的河床内缓缓流过的棕色细流,分明在昭示着河流生命的枯竭。

20世纪60年代以前,咸海的面积还抵得上比利时和荷兰面积的总和那么大,拥有10 000亿 m³的水量和生机勃勃的生物,咸海的鱼可供6万捕捞大军的生计。阿姆河(全长2 540 km,年均径流量630亿 m³,流域面积46.5万 km²)和锡尔河(全长3 020 km,年均径流量336亿 m³,流域面积22万 km²)是注入咸海的主要河流。在20世纪,这两条河都在前苏联境内,其共同特点是中下游平原区均为干旱地区,年均降水量只有100～200 mm。20世纪60年代后,苏联专家指导沿河人们建造了规模宏大的引水工程,把河水全部用于灌溉沙漠中种植的棉花,其年取水量约1 000亿 m³,结果,那里成了世界上最重要的棉花生产基地,而两条河则先后断流。人们说,没有哪里能像咸海流域可以让人们活生生地感受河流的死亡过程了:土地盐碱化、咸海鱼群消失、风暴卷起地表盐碱而导致呼吸道疾病患者锐升、饮用水告罄。由于两条大河的枯竭,咸海已不再具有它以前的形状,而是分裂成几块,面积缩小3/4,原来的海域已经变成白茫茫沙漠或盐滩。联合国认为,咸海的消失是20世纪人类看到的最大环境灾难。

墨累河干流全长2 590 km,年均径流量227亿 m³,是澳大利亚最重要的河流,在澳大利亚经济社会发展中有举足轻重的地位。自然情况下的洪水季节,其洪水会漫过河槽,沿河形成一个容量近50亿 m³的天然滞洪区,之后在640 km以外的下游重新进入主河道,从而形成了沿墨累河中下游的沼泽,为澳大利亚的图腾"桉树"在那里生活提供了良好条件。但由于灌溉农业使用了近80%的河水,使洪水彻底消失,河口几乎没有水进入大海,那大片死亡的桉树和枯萎的湿地则在述说着墨累河健康生命的枯竭!同时,过度的灌溉还造成了大面积土地盐碱化。

中国的很多江河也面临着相似的厄运:黄河、淮河、海河、辽河、塔里木河、黑河……大多数的北方河流都处于"有河皆干、有水皆污"的状态;水质污染、海水倒灌,南方一些河流的危机程度同样触目惊心。

世界上出现危机的河流远不止以上案例。1999年11月,联合国环境计划署组织对流域面积最大的25条世界大河进行调查后指出,世界大江大河水质均欠佳,多数河流水量日益减少,而污染程度则日渐加重,随之出现的各种生命危机,包括河源衰退、河槽淤塞、河床萎缩、河道断流、湿地退化、水质污染、尾闾消失等。调查认为,在这些世界级大河当中,只有南美洲的亚马孙河、非洲的刚果河还能够算上健康,健康的原因主要是因处于所谓欠发达地区、人口压力较小而幸免于难。可见,在人们陶醉于征服自然的胜利时,自然界正在对人类的征服进行着无情的报复。

事实上,在20世纪前90年的很多国家政治领导人脑海中,水资源就是用来开发利用的,很少有人想到环境的可持续性:1908年,望着奔腾流入尼罗河的世界第二大湖——维多利亚湖,丘吉尔发出"这么大的力量就这样白白浪费了……这样一个控制非洲的自然力量的杠杆没有把握住"的感叹;20年后,斯大林为白白流入伏尔加河、顿河的水资源感到遗憾,从而开启了大兴水利灌溉项目与大坝建设的时代。直到近 20 多年,大多数的政治家们才意识到过度用水的危害。

2.1.2 环境流的提出和发展

人类过度用水在河道内直接表现为流量减少、水位降低、洪水减少或消失、水流阻断、水质污染等多方面,这些无疑对河流的水生生态系统造成严重影响,包括鱼类种类和数量的减少、土著鱼类消失、外来物种入侵、与河流水体紧密联系的湿地萎缩等。不过,在人类历史的很长时期,人们对生态安全的认识是模糊的。直到 20 世纪后半期,频繁发生的极端天气事件、全球气候变暖、大批物种迅速灭绝或濒临灭绝、许多具有药用价值的植物濒临消失等一系列生态灾害事件,才使人们意识到自然界其他生物和其他生态单元(如湿地)存在的重要价值,人类只不过是地球生态系统中千万生物的一员,人类和其他生物应该可持续地共享河流带来的福祉。当河流不再拥有往日的自然功能,依赖河流生存发展的人类社会便走到了崩溃的边缘。

人类对河流的伤害及其由此而付出的沉重代价也警示人们,河流的抗干预能力是有限的,一旦超过其阈值,河流就会以自己的方式对人类进行无情的报复。在河流一次次强烈报复中,人们不得不重新审视自己的价值观,促使其重新思考和评价近百年来对待河流及其生态系统的态度和方式。在基本满足人类需求的同时,努力保护河流生态系统,已经成为当今世界各国流域管理者的共识,并成为西方发达国家评价河流健康的主要指标,其目的是希望该系统中生物群落之食物链得以正常运行、生物群落得以正常演替。

要维护河流生态健康,核心在于使人类、河流和其他生物群共享河流的水资源,从而催生了环境流概念,目的在于为无限扩张的人类用水设定一个不可逾越的界限,以恢复河流的生态、自净、水沙输送等自然功能,实现人类利益和其他群体利益的平衡、人类近期利益和远期利益的平衡。1976 年,美国渔业学会组织召开了具有里程碑意义的河道内需水研讨会(Instream Flow Workshop),之后环境流研究大规模开展。

不过,世界各国对环境流的叫法不尽相同:北美国家多将其称为 Instream Flow,澳大利亚和南非多将其称为 Environmental Flow 或 Environmental Water,欧洲有些国家则将其称为 Reserved Flow,我国对其称谓更多样,如生态环境需水量、生态需水量和环境需水量等。2007 年,国际环境流大会(International Environmental Flows Conference)在布里斯班召开,之后 Environmental Flows 的称谓似乎已被更多的人接受;在 2008 年郑州召开的 Environmental Flows Workshop 上,考虑到 Environmental Flow 不仅有流量含意,也有水量、水位、水温和径流连续性等多方面含意,故多数专家倾向于将 Environmental Flow 的中文译名定为环境流或环境水流。

由于河流所处的自然和社会背景不同,不同国家也对环境流赋予了不同的内涵。在欧美国家,环境流是为保护河流生物栖息地、恢复和维持河流生态系统健康、保护水质、防止海水入侵等目的所需要的水量;世界自然保护联盟(IUCN)认为,环境流是指在用水矛盾突出且水量可以调控的河流维持其正常生态功能所需要的水量,该水量应能够保证下游地区环境、社会和经济利益;大自然保护协会(TNC)将环境流定义为维持淡水生态系统的物种、功能和弹性所需要的径流条件,包括数量和历时等,以及维持河流下游依水生存的人类生计用水;2007年国际环境流大会通过的布里斯班宣言指出:环境流是维持河流、湖泊、河口地区生态环境健康和生态服务价值,符合一定水质、水量和时空分布要求的河川径流过程;许多人更把环境流简单地理解为维持河流在健康状态所需要的水量。在我国,由于河流不仅面临人类活动开发利用水资源对自然生态系统造成的压力,而且还面临河床淤积、主槽萎缩等更多的压力,故河流环境流的内涵往往更加宽泛,包括生态需水、水质需水和输沙需水等。

尽管如上多种环境流定义和称谓,但由于环境流的产生主要是为了河流水生生态恢复,因此现有的国外研究文献或应用案例介绍的数以百计的计算方法上大多体现在河道内鱼类生态需水和陆域淡水湿地生态需水方面,尤以鱼类生态需水的计算方法居多。许多文献将现有的环境流计算方法大体分为基于历史水文观测数据的水文学法、水力学法、基于生态观测资料的栖息地法和整体分析法等。

Tennant法是水文学法中最流行的方法,因简单易操作而被全世界几十个国家采纳。1976年,美国科学家Donald Tennant根据自己20年来收集的美国诸多河流的生物数据和水文数据,分析河流的流速、水深、河宽等鱼类栖息地参数与流量的关系发现:栖息地参数在流量从0增大至年均流量的10%期间变化最快,故认为年均天然流量的10%是大多数水生生物短期生存的最小瞬时流量;从年均天然流量的20%增至60%,流速和水深等栖息地参数均可达到水生生物较满意的生存条件,进而提出了著名的Tennant法。该方法将河流年均流量的某百分比作为河流的生态流量,其中百分比的选择取决于人们对河流生态价值的期望和河流的实际径流条件,如10%是水生生物勉强幸存的流量,春夏季40%和冬秋季20%可提供水生生物一个较好的生存环境质量,60%可为水生生物提供理想的生存环境。不过,该方法没有考虑洪水和天然流态丰枯变化对水生生物的重要作用,因此提出的流量并不能真正满足鱼类要求。之后,尽管Fraser等建议将其"年均流量百分数"改进成"天然状况下实测月均流量的百分数",但仍不能反映洪水要素。该方法适宜用来确定河川径流利用程度的宏观控制标准,如国内外广为人知的"河流水资源开发利用率不得超过60%"。不过,许多国家在采用该方法确定生态流量时往往直接取年均流量的10%,即把河流的"最差生态状况"作为河流生态健康的标准,其负面后果可想而知,而且也违背了Tennant法的原义。

与Tennant法相比,其他水文学方法,如90%保证率法、95%保证率法或7Q10法等,其生态学概念不够清晰。此类方法把河流90%~95%以上时间出现的流量作为环境流量,但不清楚这样的径流条件对水生生态系统的作用大小。现在看来,此类方法实际上更适宜用于河流水质控制:用该方法计算的流量结果可作为在河流纳污能力计算的基流,从而确保河流水质在90%~95%以上的时段达标。

水力学方法的核心是建立流量与水深、河宽、湿周和流速等水力因子的关系,进而寻求关系拐点,这类方法尤以湿周法为代表。湿周法认为底栖生物量对鱼类生长至关重要,因此要维持一定规模的鱼类种类和数量,必须保障一定规模的湿周,为此将河流的"流量—湿周曲线"的拐点流量作为环境流量。该方法虽然比较适于河床冲淤变化不大、底栖生物量较丰富的宽浅河流,但显然也忽视了洪水和天然流态丰枯变化对水生生物的重要作用。与其他水力学法相比,Richter法扩大了水文参数的数量,它不仅考虑了流量因素,而且考虑到流量变幅、流量时空分布、洪水频率和历时等因素,进而计算出河流水文特征值的中间标准,然而如何建立起众多水文因素与生态系统要素的关系仍是一个非常困难的问题。

栖息地法最初也产生于20世纪70年代的美国,1984年提出的PHABSIM成为栖息地法的典型代表。栖息地是指动植物的物理生存环境,栖息地法的核心是建立各径流条件因子与栖息地质量因子的关系曲线,进而寻求可导致栖息地质量快速下降的径流状况拐点。栖息地法实际可视为水力学法的延伸和改进,其区别在于它建立了河流的水力因子(如湿周、水深和河宽等)与栖息地质量的关系,从而使成果更富有生态学意义。该方法依靠长期观测积累的各种鱼类及其饵料(包括浮游生物或植物)在不同生长期所需要的河流水深、流速、水面宽、湿周等水力要素,建立鱼类等水生生物的生境因子与河流流量及其持续时间的关系,进而得出生态需水。不过,该方法往往需要大量长期而系统的生态观测资料,而目前我国很多河流仅有个别典型鱼类的零星观测数据,因而限制了该法的直接应用;而且,科学甄别水力因子和栖息地质量因子,并正确建立它们之间的关系,更是采用该方法的难点。

据R. E. Tharme统计,水力学法和栖息地法是北美洲应用最多的方法,采用水文学法的国家则更为广泛。图2-1可以大体反映以上各类方法的原理和缺陷。

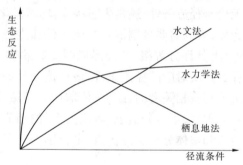

图2-1 环境流各类计算方法原理示意图

90年代以后,人们逐渐意识到,由于河流健康内容更广泛,且影响河流健康的因素很多,故单纯依靠水文学家或生态学家进行环境流研究是不合适的,它需要多学科相互配合,而且忽视鱼类的生物饵料的栖息地保护也不能有效保护鱼类,进而催生了整体分析法、建块法和功能分析法,该类方法要求研究组由水文专家、地质或地貌专家、泥沙专家、生物学家等组成,他们分别从不同的角度提出对环境流的建议,然后进行综合平衡和协调,最终提出一个各方面均基本满意的径流过程。该法原理与栖息地法十分相似,但强调环境流应更接近河流的自然流态,并反映河流多方面的用水需求。90年代后期至21世纪初,整体分析法逐渐成为南非和澳大利亚等国家确定环境流的主流方法。

鉴于人类对河流生态系统及其与河川径流条件的关系认识仍然十分有限,近年来,适应性调整成为国外环境流研究的重要原则。实际上,美国和南非等早先提出的IFIM法和DRIFT法已增加了实践检验和修正的环节。

深入分析各方法的原理可见,目前人们发展的上百种方法其思路大体相似,认为河川径流状况与水生生物生存状况之间存在着正相关关系,导致过去河流生态退化的主要因素是流量或流速等水力要素,并假定当河流低于某种流量或水位时水生生物将无法生存。然而,影响水生生态健康的径流因素很多,包括洪水频率及其历时、流速、栖息地规模、流量丰枯变化、水温和水质,它们对水生生物的影响很多时候不是线性关系;而且,现有的方法都没有把以上因素全考虑在内,丰富、全面、系统和科学的生态与水文观测资料匮乏问题更制约了以上方法的应用;与环境流相对应的生态保护目标不明确则是很多方法忽视的问题,这对用水矛盾十分突出的河流是无法回避的问题,因为那里没有人同意牺牲经济社会发展而返回河流的自然状态。

2007 年,以整体分析法为基础发展起来的 ELOHA 方法(Ecological Limits of Hydrologic Alteration)被布里斯班国际环境流大会重点推介,并越来越被广泛接受。该方法不仅关注河流中的鱼类,而且也关注其食物链上的其他水生生物;不仅关注流量、水量和水位等常规水文要素,而且关注洪水、枯水和水质等其他径流因素;研究团队不仅有水文、生态、泥沙等专家学者,也吸纳河流水资源的利益相关者介入以合理确定河流生态的保护目标,并判断环境流成果的合理性和可操作性。该方法的核心是:通过建立河川径流条件与水生生物生存状态的响应关系,进而给出一定生态保护目标下的径流条件,其中,表征鱼类生存状态的因素可以是鱼类的种类、数量和栖息地质量等,表征河川径流条件的因子包括流量、水深、流速、湿周、水位、洪水频率和水温等,这些与栖息地法和整体分析法相似。不过,与之显著不同的是:无论是径流条件,还是生态状况,均需概化成一个无量纲的但可体现其好坏等级的数值。为此,人们需要分别识别径流条件和生态状态在过去的几十年或上百年的变化程度,分别给出其评分等级,从而形成图 2-2 那样的曲线。这样,人们可以根据希望的生态恢复目标查找所对应的径流条件,该径流条件即为环境流;其中,生态目标的确定很大程度上取决于利益相关者的社会价值取向。显然,该方法关注到全世界多数河流缺乏生态观测资料的现实,不过分追求"响应关系"的细节,更重视"变化程度";方法不仅充分吸纳了栖息地法和整体分析法的优点,更特别关注了环境流与河流生态保护目标的呼应。

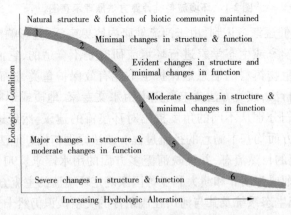

图 2-2　河流生态需水计算的 ELOHA 方法

洪泛区湿地的生态需水也是河流环境流研究的重要领域。100 多年以前,澳大利亚的 Barmah-Millewa 的 Moira 湿地和桉树林都是靠墨累河的洪水滋养,但一系列蓄水和引水工程的运用使那里的野生动植物遭受了巨大打击。为改善其生存状况,澳大利亚科学家观测分析了桉树和其他重要野生生物在不同生长期对墨累河洪水的需求,如适宜的淹没时机、淹没水深、持续时间等,提出了改进墨累河径流调控的建议。随着下泄流量的加大,大白鹭和鳕鱼重新在这里繁殖,桉树也焕发出勃勃生机。

从各家对环境流的定义可见,鱼类生态需水和湿地生态需水并非环境流的全部,满足景观、水质、河床和航运等多方面要求的径流条件也是环境流的重要内容。然而,目前国外这方面的学术文献很少。

相比之下,我国科学家对环境流研究的范围更宽,尤其在冲积性河流输沙需水、河流自净需水和淡水湿地生态需水等方面卓有成就,对此,本书将在后面章节结合黄河各自然功能需水计算时阐述。除河流环境流研究外,我国还对内陆河尾闾绿洲、湖泊和流域天然植被的生态需水进行了大量研究,因与本书主题有所偏差,故不赘述。

随着环境流研究的深入和成熟,其成果已经被越来越多地接受和应用。

2002年,墨累河流域部长级委员会投资1.5亿澳元启动了"生命之墨累河"计划,通过增加河川的环境流和洪水淹没几率,改善沿墨累河的重要森林、湖泊、洪泛区湿地、河口和河流水域的生态状况;已运行近百年的雪山调水工程的默瓦母巴渡槽被关闭,其目的在于增加调水河流——雪河的径流量。

1998年通过的南非新水法首次在法律中建立了河流的保留流量概念,为彻底转变人类与河流的关系奠定了法律基础。之后,南非又陆续出台水法的指导纲要,并在格如河、赛比河等境内河流进行了一系列的河流健康恢复实践,即通过改变水库运用方式、加大水库泄量,为生态系统分配水资源等方式,为濒危鱼类产卵和生存等提供条件。

为拯救科罗拉多河,美国目前正在研究科罗拉多河分水协议的修改问题,其思路包括:增加环境用水份额,讨论签署新的用水协议,要求保留适当的环境用水流量,该部分水量下游不得引用;研究人工模拟洪水,防止下游河道萎缩,改善下游河道环境;继续兴建污水处理工程。

其他更多的国家则以规划、协议或法律等方式规定了河流的可利用水量。

2.2　河流的功能

尽管目前人们对环境流的称谓和表达不太一致,但若认真比较各家定义就会发现,实际上人们是把环境流作为维护河流健康所需要的径流条件,只不过对河流健康的内涵和标准认识不一致。由于河流健康是人类对河流生存状态或河流功能发挥的认可程度,因此要全面认识环境流内涵,需从河流的本质和功能、河流健康内涵及其标准入手。

水循环是地球上最重要、最活跃的物质循环之一。地球上的水以液态、固态和气态分布于海洋、陆地、大气与生物体中,构成了地球的水圈。在太阳辐射的作用下,地球水圈中的水被蒸发成水汽并随气流运动输送至各地形成降水,一部分降水被蒸发,一部分降水下渗形成土壤水和地下径流,还有一部分降水形成地表径流,这样一个不断蒸发、水汽输送、凝结降水、蒸发下渗、地表径流和地下径流形成的往复循环过程,构成水循环,河流则是自然界水循环及地表过程变化综合作用的结果。

由干流和支流组成的河流水系是陆地水循环的主要路径,是陆地和海洋进行物质与能量交换的主要通道。对于诸如黄河这样的较大外流河，河流水系内连续而适量的河川径流使"海洋—大气—河川—海洋"之间的水循环得以连续，使"大气水—地表水—土壤水—地下水—大气水"之间的水转换得以保持，使陆地和海洋之间的物质与能量交换得以完成；容纳水流的河床和基本完整的水系使地表径流能够在不改变水循环主要路径情况下完成从溪流到支流、干流和大海的循环过程，使依赖于河川径流的生态系统得以维持。可见，连续而适量的水流、基本稳定的河床和基本完整的水系是反映河流自然属性的基本要素。

在完全没有人类干预情况下，河流主要有以下功能：

（1）物质输送功能。伴随着河流水系中不断进行的水循环，河流利用其水流动力和相对稳定的路径，完成从支流到干流再到大海的物质搬运功能，包括径流和洪水的输送、泥沙输送、营养或有毒物质输送等，从而使水循环得以维持、洪水得以宣泄、泥沙得以安置，也使居住在河流下游的水生生物得到水分和营养补充。水流输送物质的能力主要取决于自身赋存的动能，即取决于河川径流的水量和流速。水沙输送是河流物质输送功能的主要方面，故而常把物质输送功能等同于水沙输送功能。在人烟稀少的远古时期，河流可以自由择其路径实现其水沙输送功能，如黄河下游两岸的华北大平原都曾是黄河水沙的宣泄路径或承泄地。

（2）能量传递和转换功能。在沿河流水系的水循环过程中，水通过水面蒸发、水汽输送、降水、蒸发、下渗和径流等环节进行着能量转换与水资源更新。在没有人类影响的自然状态下，降水形成径流后水体中赋存的能量被消耗于沿程河床形态的塑造和泥沙等物质的搬运。

（3）河床塑造功能。在重力作用下，地表径流沿着一定方向和路径流动，经地表径流的长期侵蚀，地面被冲出沟壑并形成溪流，众多溪流汇集则成河流，脉络相通的大小河流构成河流水系。由此可见，河床形态实际是河流实现其水沙输送功能和能量传递功能的产物，维持河流一定造床功能的目的就在于维持河流通畅的河床，以顺利实现其水沙输送功能。因此，可以将河床塑造功能视为河流水沙输送功能和能量传递功能的外延。

（4）自净功能。经过水体的物理、化学和生物作用，使入河污染物的浓度和毒性随着时间的推移在向下游流动的过程中自然降解，称之为水体的自净作用。其自净过程包括稀释、扩散、沉降等物理过程，沉淀、氧化还原、分解化合、吸附凝聚等化学或物理化学过程，以及生物的吸收、降解等生物化学过程。水体自净作用的大小不仅取决于污染物的性质、浓度和排放方式，还取决于水域大小、水流条件和作用时间等。因此，在一定河段和一定流量情况下，河流水域的自净能力（也称纳污能力或水环境容量）是有限的。

（5）生态功能，即维持河流生态系统运行的功能。河流以水流为纽带，构成一个连通而完整的生态系统，具有栖息地、廊道、过滤和屏蔽等生态功能。所谓栖息地功能，是指植物和动物能够正常地生活、生长、觅食、繁殖的区域，为生物和生物群落提供生命基础。河流的廊道功能反映在河流为生物提供能量、营养物质和生物流动的通路。所谓过滤功能主要体现在对污染物的过滤器作用，而屏障功能表现在提供一个与土地利用、植物群落以及动物之间的自然边界。河流以其源源不断的水流和丰富多样的河床为河流生态系统中的动物、植物和微生物创造了良好的生境，而生机勃勃的河流生态系统是构成地球生态系统的重要环节,对人类社会经济的可持续发展也具有十分重要的意义。河流的水量、水质和河床形态等是影响河流生态系统健康的重要因素。

以上功能与人类是否存在没有任何关系,因此可称为河流的自然功能,是河流的自然属性。在以上自然功能中,水沙输送是河流承载水循环和传递能量的重要外在形式,因此是河流最基本的功能,河床塑造、自净和生态功能是水沙输送功能的外延。

自产生人类社会以来,随着人类利用和改造自然能力的提高,充分利用河流的自然功能,人们又给河流开发出更多的功能,包括:

(1)防洪功能。洪水是威胁人类生存的主要自然灾害之一。千百年来,人类利用河流的水沙输送功能集中宣泄或蓄存洪水,保护自身的生存环境,从而给河流赋予防洪功能,堤防和河势控制工程的修建则使河流泄洪功能进一步增强。河流的防洪功能显然取决于河床的大小及其形态。

(2)供水功能。水是地球上所有生命体的重要组成部分,而河流是人类获取水的主要途径,因此远古时期的人类就依河而居;现代社会的工业化、城镇化和农业规模化更使河流成为人类的主要水源地。河流对人类的供水范围一般在河流生态系统之外。由于人类改造自然的能力、创造力和对自然界的适应能力往往远大于其他生物,因此可以更主动地控制河流供水功能的发挥程度,从而影响处于被动地位的河流生态系统。

(3)发电和航运功能。水流从地势较高的源区向下游流淌,被赋存了一定的能量,并使水流具有负载重物的能量,从而完成其能量交换过程。数千年来,人类利用河流的能量交换功能发展航运、开发水电,从而使河流的能量交换和传递功能具有了更明确的内涵,并使之产生了社会和经济价值。

(4)净化环境功能。人类可以采取多种措施处理废弃物、净化生存环境,其中,利用河流的环境净化功能直接排污入河可能是比较经济便捷的措施。不过,在农耕文明时期,由于人类引用河流水资源量和排入江河废弃物量都不大,因此不会显著影响大江大河的水体质量。但随着工业化和城镇化程度的提高、人类引水量和污水排放量的加大、农药和化肥的大量使用,使入河污染物超过了河流的自净能力,致使水质严重恶化。实际上,由此导致的人类疾病激增已经成为当今中国面临的重大问题。

(5)景观功能。景观功能是河流水沙输送功能和生态功能的重要外延,川流不息的水沙、河流生态系统所形成的多彩景观、水流塑造出的峡谷河床等使人类身心得以愉悦。

(6)文化传承功能。河流作为人类文明的摇篮和纽带,还具有传承文明和文化的功能,如古老的中华文明就依附于黄河诞生并绵延数千年。

总之,河流水系在不断的水沙输送和能量交换过程中,逐渐改变着河床的形态、搬运或稀释入河物质(包括船、污染物质和营养物质),为沿河人类提供服务,进而派生出河流的防洪功能、供水功能、发电和航运功能等,这些功能可统称为河流的社会功能,其大小与其流量和河道形态等因素有关。能够安全排泄一定量级洪水和保障沿河人类生活用水显然是人类对河流最基本的需求,因此可视为河流最重要的社会功能。

河流的社会功能是河流对人类社会经济系统支撑能力的体现,是人类维护河流健康的初衷和意义所在;河流的自然功能是河流生命活力的重要标志,并最终影响人类经济社会的可持续发展。人类赋予河流以社会功能,但人类活动加大和人类价值取向不当又使自然功能逐渐弱化,最终制约其社会功能的正常发挥,影响人类经济社会的可持续发展。以黄河为例,1986～2006 年,在黄河天然径流量只有约 450 亿 m^3 情况下,人类消耗的黄河水量却一直维持在 290 亿～300 亿 m^3,与此同时,重点河段的洪水量级削减了 40%～70%,入黄污染物总量增加了 1 倍,结果使黄河输沙功能、生态功能和自净功能等大幅度降低,由此引起的主槽萎缩、二级悬河加剧、断流频繁、水质和生态恶化等问题不仅严重损害了河流自身,更是严重制约了区域国民经济可持续发展。

不过,河流的自然功能和社会功能之间有时并无严格的界线,如水沙输送功能、自净功能、生态功能等既是河流的自然功能,同时也对人类经济社会可持续发展、人类自身健康和精神生活等具有重要意义。而属于社会功能范畴的水沙安全排泄功能,对河流生态系统安全同样具有重要意义,从这个意义上讲,维持河流安全和通畅的河床,保护河流水沙输送功能,是人类和自然共同的需要。

同时,河流的社会服务功能和自然功能也存在相互制约的关系。以黄河为例,人类为了实现防洪安全而修筑了堤防和河势控制工程,加之大量用水,带来了悬河、二级悬河和主槽萎缩等问题,进而使河流的水沙输送功能严重受损,同时也加大了未来防洪的风险;人类对黄河供水功能、发电功能和航运功能的过度开发,必然使其自净功能、生态功能甚至水沙输送功能严重受损,最终影响自身的健康和发展。

2.3 河流健康的科学内涵

2.3.1 河流健康的内涵

由于河流健康反映的是人类对河流功能发挥的认可程度,因此健康河流原则上应该是同时拥有理想的社会功能和自然功能的河流,但在人类经济社会已经高度发展的今天,对世界上大多数河流而言,期望河流各项功能都达到理想状态几乎是不可能的。以黄河为例,早在 2 000 多年前的春秋时期,黄河下游就有了堤防,从而改变了黄河水沙运动和河道冲淤的天然规律;新中国成立以来,为适应经济社会的快速发展,黄河的水沙被人类进一步约束;至 20 世纪 90 年代,其地表径流利用率达 70% 以上,洪水量级削减约 50% 以上。可见,黄河早已不是一条天然河流,企图恢复其天然河性和河流生态系统、真正回归河流的自然状态既不可能也不现实。因此,河流健康的目标只能是一个妥协的目标,它既要考虑维持河流自然功能的需要,也要考虑相关区域人类生存和发展对洪水泥沙安全排泄、水资源供给等社会服务功能的需要。没有前者,人类未来的可持续发展就要受到制约;没有后者,维护河流健康就失去实际意义,从而也难以得到公众的理解和支持。

另外,由于人类所处的经济社会环境在不断变化,对自然界的认识在不断进步,人类对河流功能的价值取向存在明显的时段特征,因此河流健康的具体内涵和判断标准也必然不断变化,在不同时期或不同地区,河流健康的内涵无不折射出人类社会经济发展和自然环境保护的矛盾,折射出人类在相应背景下的价值取向。从较早期人类无视河流自身及其生态系统的需求,到人类对自己干预河流行为的反思、反叛,再到生态利益和人类自身利益的兼顾,正标志着人类对河流价值取向的转变。

所谓健康的河流,是指在相应时期其社会功能与自然功能能够基本均衡或协调发挥的河流,表现在河流的自然功能能够维持在可接受的良好水平,并能够为相关区域经济社会提供可持续的支持。如果人们过分地强调河流的社会服务功能,则河流环境(特别是河流生态系统和河床)就会遭到破坏,最终也会影响到人类自身的生存环境;但如果过分强调河流的自然功能、追求河流的纯天然状态,一旦特大洪水或极端干旱来临时,人类将无法生存和发展,河流生态系统同样也将遭到破坏。因此,现阶段河流健康的标准只能是一个妥协的、可兼顾各方面利益的标准,河流健康也只能是相对意义上的健康。

由于"维护河流健康"或"人类与河流和谐相处"等新理念是在因人类对河流社会服务功能的过度开发而导致自然功能衰退并严重制约社会经济可持续发展的背景下提出的,其目的是恢复或部分恢复河流的自然功能,因此河流健康的标志应是指在一定时期内河流自然功能和社会功能基本均衡或协调发挥情况下河流自然功能的表现状态。

分析河流的本质及其自然功能可知:拥有基本稳定和通畅的水沙通道(即河道)是顺利完成水循环过程、保障河流水沙输送功能和能量传递功能的基本条件,也是河床塑造功能基本正常的标志;良好的水质和河流生态显然是自净功能和生态功能基本正常的标志。因此,在普遍意义上,河流健康的标志是:在河流自然功能和社会功能均衡或协调发挥情况下,河流具有通畅稳定的河道、良好的水质和可持续的河流生态系统,从而使河流表现出良好的自然功能。简而言之,一条健康的河流应该具有健康的水通道、水环境和水生态。

水资源的可更新能力常被人们视为河流健康的重要体现,不过,在河流生态系统和人类用水基本得到保障的情况下,其水资源更新能力和水循环显然也处于正常状态。

生态功能是河流自然功能之一,因此河流生态系统健康也是河流健康的重要内容之一,但并非全部。

由此可见,健康的河流必然是能够与人类社会和谐相处的河流,河流健康程度是人类对河流自然功能和社会功能是否均衡发挥的认可程度,是人类一定时期河流价值观的体现。因此,对那些基本不承担社会功能的河流,或远离人类社会干预、基本不影响人类生存和发展的河流,研究其健康与否是没有意义的。

流域是完整的自然地理单元,是经济、社会和环境的复合体,其内部各种要素相互关联,河流水系中周而复始的水循环把流域内的土地利用、资源利用、经济活动和生态系统等多种活动联系在一起。为满足人们在某一地区的某一方面需求所采取的活动,以及为维护河流健康所采取的单方面措施,都可能会对关系河流健康的其他方面产生不利或有利影响。河流健康状况显然是全流域及其相关地区人类活动和气候变化在河流内的反映,因此流域健康程度与河流健康有着密切的关系。

不过,河流健康并不等于流域健康。流域生态系统是由河流水系及其集水区陆地和各类生物的整体,人类显然是流域生态系统的重要组成部分。事实上,对地球上绝大多数流域生态系统而言,人类及其所创造的建筑物、人工种植(饲养)的植物和动物等明显占据优势地位,人类用水是流域生态系统用水的重要组成部分,流域生态系统已经是自然生态单元和人工生态单元的高度混和体。由此可见,流域健康的内涵和标准与目前提倡的和谐社会建设的目标是基本一致的,它不仅涉及人类与自然的关系,也涉及人与人、人与社会的关系,这样的范畴显然与人们提出河流健康的初衷有较大差别。而维护河流健康的初衷和重点是调整人类与河流的关系,人类与河流的关系只是人类与流域自然环境关系的一个方面,因此将河流健康等同于流域健康是不合适的。实际上,当河流的干流处于健康状态时,其支流和全流域不一定都处于健康状态。

通畅稳定的河道并不意味着不发生河床淤积或冲刷,而是指河道应具有适宜的形状和大小,使之基本满足水沙输送和能量传递功能的要求,并兼顾人类对泄洪滞洪的要求、水生生物对栖息地的要求。以黄河为例,由于黄河天然水沙关系不协调,其来沙量远大于水流的输沙能力,即使是人类活动很小的3 000多年前,黄河下游河道也一直处于淤积—抬升—摆动—改道的自然循环中。黄土高原的水土流失是其独特的地理和气候条件、数千年来日益加剧的人类活动共同作用的结果,未来的黄河仍将是一条多沙河流,与此同时,人类耗水量却难以大幅度削减。因此,虽然人们可以通过修建水库或拦沙库在短期内实现下游河道不淤积抬高,但长期看,淤积抬升仍是黄河下游难以逆转的自然规律,将河床冲淤平衡或水沙平衡作为健康黄河的标准是不现实的。人们只能通过调整河床的淤积量及其空间分布,努力保障河床的形态和大小基本满足洪水泥沙安全输送的要求。

良好的水质不仅反映出河流自净功能大小,而且也是保障河流生态系统健康的必要条件,更对人类社会具有十分重要的意义。良好的水质并非表示将河流水质恢复到自然状态,而是通过控制入河排污量不超过河流的纳污能力,以维持河流水质基本满足人类和河流水生生物对水质的要求。入河污染物排放量增加几乎是所有步入工业文明国家的副产品,为此人们发明了一系列污水处理技术和工艺。即使如此,由于中国大部分地区的社会经济总体上处于起步阶段,大幅度削减入黄排污量和严格控制取用水量都将是非常艰巨的任务,因此未来不同时期的水质目标实际上应是相应时期可接受的妥协目标。

在人类活动已经十分强烈的今天,将河流生态系统恢复到原始状态既不可能也不可取,即使部分恢复也需要人们牺牲部分既得利益并付出很大代价,这是因为河流生态系统中最需要保护的景观与物种的可能规模在很大程度上取决于河流可能提供的水质状况和径流条件,而在枯水年,人类与其他生物对河流水量的要求往往存在尖锐矛盾。其实,河流生态系统本身也始终处于不断演替中,所谓生态系统平衡或稳定总是相对的和暂时的。即使在发达的西方国家,确定河流生态系统保护目标也是科学研究与社会选择的综合产物,如澳大利亚墨累河流域尽管有3万多处湿地,其中加入RAMSAR公约的湿地16处,但目前实施的"生命之累河计划"最优先考虑补水保护的只是其中的6处重要生态单元,它是流域内利益相关者共同协商的结果;澳大利亚雪河生态系统健康的目标则是社区群众和联邦政府通过反复讨价还价而得出的结论。

维护河流健康的目的并非单纯追求河流自然功能的恢复和扩大,而是通过自然功能的恢复,使其自然功能和社会功能得到均衡或协调发挥,以河流自然功能的可持续利用保障人类经济社会的可持续发展,实现人类与河流的和谐相处。如通畅稳定的河床不仅是河流拥有正常水循环功能、水沙输送功能、能量传递功能和河床塑造功能的集中体现,同时也是人类防御洪水、发展航运、方便供水的必要条件;维护良好的水质更是维护人类和河流生物健康生存的共同需要。

维护河流健康,实现人类、河流和其他生物群共享河流水资源,实际上是流域利益相关者的利益再调整过程,核心是在不过多损害河流自身利益的前提下,通过改进流域水、土地和相关资源的管理与开发方式,使经济、社会和生态的综合效益最大化。综合效益最大化的过程,往往是以牺牲某些利益相关者的局部利益为代价。因此,实践维护河流健康的治河新理念,必须通过流域水资源一体化管理(Integrated Water Resources Management),使流域内人类活动与河流健康保护和谐起来。所谓流域水资源一体化管理,是指在流域尺度上,通过跨部门与跨地区的协调管理,以公平的方式,在不损害重要生态系统可持续的条件下,促进水、土及相关资源的协调开发与管理,以使经济和社会效益最大化的过程。这里的"一体化"不仅要体现自然系统中各方面关系的协调,如综合考虑淡水区和近海海域、土地和水资源、绿水和蓝水、地表水和地下水、水量和水质、上游和下游等之间的关系,也要综合考虑人类社会系统中各方面关系的协调,如不同部门之间、不同行业之间、不同群体之间的关系。

2.3.2 河流健康的标准

如上节所述,河流健康修复的目标可以概括为:使河流的自然功能和社会功能得到均衡或协调发挥,以可持续的河流自然功能保障人类经济社会的可持续发展,最终实现人类与河流的和谐相处。不过,为使维护河流健康的理念在河流管理中得到应用,必须要对此目标进行进一步细化和解译,给出可科学表征河流健康程度的指标及其标准,以及不同时期或不同河段河流健康评价的方法。

河流健康既然是指在河流自然功能和社会功能基本均衡情况下河流自然功能的表现状态,其指标就应是能够基本反映河流自然功能状态的因子,包括河道、水质和河流生态等。不过,由于河流的自然特点和社会背景各不相同,健康指标的种类和数量等应因河而异。

河道健康指标的种类和数量的选择主要取决于相应河段表征水沙输送与河床塑造功能的需要,包括河道形态和大小等。不过,并非所有的河流或河段都需要考虑河道健康指标,需要考虑河道健康指标的河流,应该是那些河床形状和大小对水沙条件变化敏感,进而将影响水沙输送功能的实现和人类经济社会安全的冲积性河流。岩基河床的形状和大小可变性很小,可不将河床参数作为河流健康指标,如黄河兰州以上河段。有些河流虽是冲积性河床,河床的形状和大小对其上游水沙条件的响应也非常敏感,不过,河床的这些变化基本不会给人类或其他生物带来负面影响,也可不将河道指标作为河流健康指示因子。有些河流水生生物很丰富,且河床的蜿蜒性、河床物质组成、岸坡的稳定性和渠化程度等对水生生物的生存质量影响显著,可从生物栖息地角度选择可表征栖息地质量的河床指标作为表征水生生物栖息地质量的指标,如河岸稳定性、河岸固化程度、河床宽或水面率、河床与周围自然生态的连通程度、河床的固化程度、河长变化率等,但它实际上是实现河流生态系统健康的条件,只能作为河流生态健康的二级指标。实际上,河道最主要和最基本的自然功能是水沙输送,生态功能和自净功能等只是其外延,因此表征河道健康的指标应主要为直接影响水沙输送功能的河床形态和大小等几何因子,具体取决于相应河段表征水沙输送和河床塑造等自然功能的需要。

面对黄河及其支流渭河等多沙河流的特殊背景,我国学者大多注意到将通畅稳定的河道作为河流健康的指标,不过在其量化值分析方面探讨较少,如赵彦伟等注意到黄河河槽通畅的重要意义,但没有给出量化指标;冯普林提出将平滩流量作为渭河健康的重要标志,并给出了目标值,但没有给出选择该目标值的科学依据和社会背景。

表征河流生态功能的指标也应因河而异。如对生物多样性丰富并拥有珍稀动物(如鱼类)的河流,表征其生态功能状况的因子不仅要有体现反映生态系统健康的普通参数,如指示性物种的丰度、生物多样性、生态系统完整性等,还可能要包括反映珍稀鱼类的生存情况,如莱茵河的"鲑鱼2000"计划。据生态学理论,保护河流生态系统,就是恢复其固有的生物多样性和丰富性,其衡量标志是活力、弹性力和组织,但由于活力、弹性力和组织的量化方法仍待探索,故现实社会常选择某些指示物种的生存状况作为生态系统健康的标志,如塔里木河的胡杨林、东南沿海的红树林、四川和陕南的大熊猫、长江的白鳍豚、莱茵河的鲑鱼、墨累河的鳕鱼等;有时选择某些重要生境,如扎龙湿地、澳大利亚大堡礁和世界各地的原始森林等,其目的是通过保护珍稀或土著物种的产卵场、觅食场、越冬场和洄游(活动)通道等,逐渐实现一定时空尺度的生态系统完整性和生物多样性。原则上,列入国家重要野生动植物保护名录、国家濒危物种名录和国际候鸟保护协议等文件的重要物种栖息地,以及受国家法律保护的自然保护区和 RAMSAR 湿地等,应列入河流生态保护的对象。

水质指标主要取决于河流所在国家或地区所执行的河流水质评价规范或标准。由于世界各国大多都颁布了适于本国国情的地表水水质评价标准,故选择表征河流水质状况的因子相对简单。目前,我国执行的地表水环境质量标准将水质分为五类,包含89个评价项目。现阶段,尤以 COD 和氨氮是评价河流污染程度的最重要因子。

河流健康指标虽然是反映河流自然功能状况的因子,但由于河流健康标志是其自然功能和社会功能基本均衡发挥情况下河流自然功能的表现状态,因此河流健康指标的量化标准确定应是河流自然功能与社会功能平衡后的结果,一方面要充分考虑维持河流自然功能的需要,另一方面要充分考虑人类社会对河流社会服务功能的要求。最终通过平衡河流的自然功能和社会服务功能的需求,提出科学且现实的健康标准。

如所谓通畅稳定的河道,不仅要考虑维持河流水沙输送和河床塑造功能的需要,还要考虑人类对防洪安全的需要,并充分考虑未来水沙条件和河床边界条件下维持河床一定断面形态的可能性。只有通过必要性和可能性两方面的科学论证,才能提出未来一定时期内"良好河道"的量化标准。

确定良好水质的量化指标,不仅要考虑水生生物和人类的健康需要,还要考虑河流的径流条件和人类控制入河污染物的能力。

所谓良好的河流生态,主要是人类用水与河流生态系统中的生物用水之间的博弈、人类用地与水生生物用地之间的博弈,是人类生态价值观在一定时期内的体现。

由此可见,河流健康的标准实际是人类与自然相互妥协后的结果,它既是科学的选择,也是社会的选择。

限于不同的社会经济背景和对自然界的认识水平,人类对河流自然功能和社会服务功能的价值取向存在一定差距,加上河流自然特点不同,不同河流或相同河流在不同时段等都会有不同的健康标准;对不同时段或不同社会背景的河流,其健康标准实际上是人类的社会选择或价值取向的体现,因此河流健康的标准是动态的、与时俱进的。

河流健康的标准不一定都要完全定量化,这不仅由于科学技术发展的限制,而且在于兼顾健康标准的可操作性。例如,尽管生态学家已经对生态系统健康的指标和标准进行了很多的研究,但现实生产实践中世界各国仍主要采用定性标准,如莱因河将"2000 年鲑鱼回到莱因河上游产卵"作为河流生态系统良好的标准;澳大利亚和日本等国家一般利用"Benchmark river(参照河流)"或"natural river(天然河流)"作为河流生态健康的标准,而"天然河流"的标准往往是通过公众讨论确定;我国绝大多数湿地保护区规划往往笼统地将"实现生态系统良性运行"作为健康标准。

对每个健康指标,仅给出一个固定的量化标准往往不符合现实,如我国很多河流都把Ⅲ类作为良好水质的标准,但水质劣于Ⅲ类并非完全不能接受,只有当水质劣于Ⅴ类时水体才真正失去使用功能。因此,每个河流健康指标的标准尽可能有一定的变动范围,如适宜标准和最低标准。

在水资源供需矛盾日益尖锐、流域水土流失和入河污染物等短期内难以有效控制的现实背景下,世界上许多河流的健康标准都将是自然功能和社会功能相互妥协的结果,但这样的妥协应该是有底线的。河流社会功能让步的底线是相关区域内人类生存的基本条件。而河流自然功能让步的底线则是基本保障河流水沙输送功能和河流生物生存的最低条件。与之相应,可确定出河流健康的低限指标。对于很多人类活动剧烈的河流,其健康状态可能在许多时间将处于健康指标和低限指标之间。

2.4 河流环境流内涵

河流可以有不同的健康状态,其决定因素是流域气候和下垫面条件。气候是决定河流形成和发展、流域水文特征的重要因素,而下垫面条件影响流域的产流产沙和汇流输沙。气候和下垫面条件的改变,一方面源自大气和地球运动的自然规律,另一方面来自人类活动影响。在没有人类干预的自然状态下或远古时期,一条河流及其与之联系的生态系统的成长、发育、兴衰和消亡等,都是很自然的事情;而人类活动对河流的不当干预,则可能加速河流的衰亡。因此,人类需要深入认识河床、水质和河流生态的维持机理,以尽可能减少对河流的不当干预,实现河流自然功能和社会功能的协调发挥。

河床演变受制于水沙条件和河床边界条件,其中河床边界条件(包括坡降、糙率、宽度和宽深比等)的影响最终也体现在相应断面的水沙条件改变。河流水沙条件与河床演变的关系已经被大量的研究所证明。在重力作用下,水流从上游流向下游。在此过程中,水体势能不断转化成动能(主要表现为水流流速的增加),水体动能又不断被消耗于河床形态塑造和泥沙等物质的搬运。可见,河床形态塑造是水流以其动能克服阻力做功的结果,其中,流速和水量是影响形态塑造的主要动力因子,含沙量和河床边壁糙率是影响水流塑床的主要阻力因子,因此任何改变水流的流速和水量或直接提取能量的活动、增减水流含沙量等活动都可能使河床形态发生改变。

污染物进入河流水体后,通过一系列物理、化学和生物因素的共同作用,将其分离或分解,使入河污染物浓度和毒性自然降低,水体基本上或完全恢复到原来的水质状态,这种现象称为水体的自净。按其净化机制可分为物理净化、化学净化和生物自净三类。物理净化即通过天然水体的稀释、扩散、沉淀和挥发等作用,使污染物浓度降低;天然水体通过氧化、还原、酸碱反应、分解、凝聚、中和等作用，使污染物存在形态发生变化、浓度降低的过程叫做化学净化；生物自净是指天然水体中的污染物经生物吸收和降解而发生浓度降低或消失的过程。由此可见，对于特定地区的河流，水体的化学性质和水生生物种群是一定的，河流水体质量主要取决于两方面因素：①河川径流条件，包括流量、季节、泥沙含量等；②入河污染物的种类、粒度、数量、形态和排放位置等。由此可见，保护河流水质需要从控制人类引水和控制入河排污两方面努力。

影响河流生态系统健康的因素包括：①水流条件，包括河流的水循环状态或降水、流量、流速、流态、水位和水温等，它是生态系统中生命的基础元素；②碳、氮、磷等重要营养物质条件，它们分别是生态系统的骨架元素、代谢元素和信息元素；③湿地附近的土地利用方式，它直接影响湿地的规模和结构；④水体和空气质量，它对生物的生存环境具有重要影响；⑤气候变化；⑥外来生物物种入侵；⑦河流泥沙通量；⑧河床渠化、硬化和节点化，它使河流生物栖息地环境发生改变。由此可见，当人类耗用了河流的绝大部分水量、改变了径流的季节分配和流速、污染了水体、干扰了河床形态、改变河流的来沙量，河流生态系统必然受到严重伤害。

从以上对河流健康的主要影响因素分析可见，河流水系中连续而适量的河川径流是维护河流健康的关键环节，它使"海洋—大气—河川—海洋"之间的水循环得以连续，使"大气水—地表水—土壤水—地下水—大气水"之间的水转换得以保持，使陆地和海洋之间的物质与能量交换得以完成，使地表径流能够在不改变水循环主要路径情况下完成从溪流到支流、干流和大海的循环过程，使河流拥有输沙能力和自净能力，使依赖于河川径流的生态系统得以维持。正是有了水体在河川、海洋和大气间的持续循环或流动，有了地表水、地下水、土壤水和降水之间的持续转换与密切联系，才有了河床和河流水系的产生、河流生态系统的发育和繁衍、河流社会功能的正常发挥。人类过多抽取河川径流和开发水电、不当的调控洪水和泥沙、过多向河流排污和过多改变关键物种栖息地环境的活动，均会对河流健康造成严重伤害。

所谓连续而适量的河川径流，是指在维持河流自然功能和社会功能基本均衡或协调发挥的前提下，能够将河流的水沙通道、水质和水生态维持在良好状态所需要的河川径流条件，体现在流量及其过程、年径流量及关键期水量、径流连续性、水位和水温等多方面，本书将此称做河流的环境流。换句话说，环境流是维护河流健康所需要的径流条件，具体体现为水沙通道、水环境和水生态维护对径流条件需求的耦合。基于我国防洪减灾和水资源配置、水生生态保护和水质保护等方面的管理职责分属多个部门的现实，保障环境流显然是流域机构保障河流健康的核心内容，也是维护河流自然功能的关键环节。

在有些国家，以娱乐为目的的景观需水和以获取经济社会效益为目的的航运需水也被视为环境流的组成部分，但它们实质上属于河流的社会功能需水，而环境流是维护良好自然功能所需要的径流条件，故景观和航运需水不应纳入环境流中。

对于实施水量调度的河流，某断面的环境流并不等于水量调度的控制流量/水量。水量调度时河流各断面的控制流量/水量应是环境流和社会功能用水的耦合，后者包括生活及工农业用水、景观用水和航运用水等。以黄河为例，若下游花园口断面3月份的环境流量为 $320\ \mathrm{m^3/s}$，而该月花园口以下生活及工农业用水为 $535\ \mathrm{m^3/s}$、花园口景观用水为不小于350 m³/s,则实际调度时花园口断面控制流量为三者的外包线,即535 m³/s,该流量显然可以满足多方面的功能要求。

2.5 环境流确定方法

由环境流的内涵可见,要确定一条河流的环境流,应采取以下步骤:

第一,必须首先明确所谓水沙通道、水环境和水生态在良好状态的量化标准,即河流健康的评价指标及其量化标准。河流的自然特点和社会背景不同,其健康标准也不尽相同,相关方法和原则已在上节阐述。

第二,分析河流自然功能现状,识别可能导致各项自然功能下降的主要径流要素,选择符合本河流特点的自然功能需水计算方法。原则上,应分别建立河流的各健康指标与河川径流条件的响应关系,如河流的水生生物繁衍生息与径流条件的响应关系、洪泛区湿地规模和结构等与河川径流条件的关系、河床形态与径流条件的关系、河流水质与径流条件的关系等,进而给出满足健康要求的径流条件量值。

河流的环境流并非河流的"最小流量"或"平均流量",而是一个可以基本满足水生态、水环境和河道通畅稳定等多方面需求的径流过程,包括流量及其过程、年径流总量及关键期径流量、水位等涵义。因此,确定环境流的关键在于确定天然流态中哪些水流要素对获得明确的河流健康目标至关重要,例如,对于鱼类繁衍生息,漫滩洪水的历时往往比流量更重要;而对于河槽减淤,漫滩洪水的流量大小可能更重要。

第三,对河流各项自然功能的需水进行耦合分析,给出河流自然功能维护对各河段径流条件的需求。原则上,各时段环境流耦合成果应取河流各项自然功能需水的外包线。

第四,分析河流的社会功能需水及其对自然功能用水的限制或约束条件,经综合平衡,提出河流不同河段的环境流建议,并交河流水资源的利益相关者讨论。作为实现河流良好河道和良好水质以及良好生态、保障河流自然功能和社会功能均衡或协调发挥的必要条件,河流环境流的确定不仅要统筹考虑维持通畅稳定的河道、良好水质和可持续的河流生态系统对河川径流的要求,而且要统筹考虑人类生产生活对河川径流的要求,并注意顺应河流自身的水文规律(如河流上下段的水流连续和水量平衡)。当河流的天然径流量不能同时满足人类和自然对河川径流的要求时,双方均应作出让步。

第五,分析现状河流自然功能受损的主要原因,尤其是径流原因,给出有利于河流健康修复的径流调控建议。

第六,环境流成果投入生产应用后,要对其应用效果进行同步监测,从而修正早先提出的环境流建议。

并非所有河流或河流的所有河段均需要考虑其环境流。从研究环境流的实际意义角度,只有用水矛盾突出,且人类有可能对河川径流进行调控的河段,才是河流环境流研究时应重点关注的河段。以黄河干流为例,环境流研究应重点关注兰州以下河段。

环境流研究的组织方式也应有别于普通研究项目。由于河流健康的标准是河流自然功能与社会服务功能平衡后的结果,且落实环境流必然涉及人类用水的限制,因此河流环境流的确定必须吸纳多学科、多部门研究者介入,并充分和广泛听取社会各方面的利益相关者意见。在澳大利亚、南非和美国等国家,环境流的研究最初主要由生态学家发起,后来广泛融合了水文学家水资源管理者和法律工作者等,从而使环境流的计算结果不仅有明确的生态学意义,而且更可操作。

2.6　小结

全球性的河流健康危机催生了环境流概念。经过近30多年来的探索和发展,目前环境流的计算方法正日臻成熟,环境流理念已得到广泛接受和应用。

本研究认为,河流水系是陆地水循环的主要路径,是陆地和海洋进行物质和能量交换的主要通道。水沙输送、能量传递、河床塑造、自净和生态是河流的自然功能,防洪、供水、发电、航运、净化环境、景观和文化传承等是河流的社会功能。所谓健康河流,是指在相应时期其社会功能与自然功能能够均衡或协调发挥的河流,表现在河流自然功能能够维持在可接受的良好水平,并能够为相关区域经济社会提供可持续的支持。河流健康的标志是其自然功能和社会功能基本均衡发挥情况下其自然功能的表现状态,包括通畅稳定的河道、良好的水质和可持续的河流生态系统,从而使河流表现出良好的自然功能。河流健康是河流自然功能与社会功能平衡后的结果,其确定过程一方面要充分考虑维持河流自然功能的需要,另一方面要充分考虑人类社会对河流社会服务功能的要求。对不同时段或不同社会背景的河流,其健康标准实际上是人类的社会选择或价值取向的体现,因此河流健康的标准是动态的、与时俱进的。

河流水系中连续而适量的河川径流是维护河流健康的关键环节,该河川径流即为河流的环境流(Environmental Flows),它是指在维持河流自然功能和社会功能基本均衡发挥的前提下,能够将河流的河床、水质和生态维持在良好状态所需要的河川径流条件,包括环境流量、环境水量、环境水位、环境水温和径流连续性等相关内容。

要确定一条河流或一个河段的环境流,首先要确定河流健康的指标及其量化标准,之后需要分别建立各健康指标与河川径流条件的响应关系并给出满足健康标准要求的径流量值;接下来,要对各项自然功能需水进行耦合分析,并分析河流的社会功能需水及其对自然功能用水的约束作用,经综合平衡和生产应用修正后即可提出该河流的环境流。

环境流研究涉及多学科,其成果应用往往意味着人类用水的减少或传统用水方式的调整,因此环境流研究需要多学科协作攻关,需要法律和社会等要素的考量。

实际水量调度时,河流各断面的控制流量/水量应是环境流和社会功能用水的耦合。

基于以上对河流的功能、河流健康和河流环境流内涵的认识,本书将针对黄河特点,并充分考虑"八七"分水方案的严肃性,论证提出可基本实现河流自然功能与社会功能均衡发挥的黄河各重要断面环境流要求。总体思路是:首先基于河道、水质和生态等相关方面的特点和现状等,论证现阶段河道通畅稳定、水质良好和可持续的河流生态系统的评价指标及其量化标准;然后识别影响河道、水质和生态状况的主要径流因子及其响应关系,进而分别提出达健康标准所需径流条件;耦合分析各自然功能的用水要求,充分考虑经济社会用水对自然功能用水的约束,提出黄河各重要断面环境流;跟踪环境流成果应用情况并对其进行修正。

第3章 河道健康对径流条件的要求

3.1 河道特点和现状

3.1.1 下游

黄河流域独特的自然环境和社会背景赋予黄河"水少沙多、水沙异源、水沙关系不协调"的自然特点,并必然导致地处平原的黄河下游"善淤、善决、善徙"。在远古时期,黄河下游河道一直处于自由摆动状态,河床的形态和位置也变化不定,洪水和泥沙可以在广大的华北平原自由漫溢和沉积。不过,那时的人类"择丘陵而处之"以避水害、"逐水草而居"以取水利,下游平原地区因人迹罕至,虽洪水泛滥,但仍无水患之忧。黄河也正是靠频繁决口和改道,实现了巨量泥沙的安置。

随着人口逐渐增加,人类逐渐在黄河下游两岸平原居住,为此必须处理好洪水问题。因此,至少从大禹治水开始,黄河下游两岸的人们一直在与洪水抗争,并从春秋时期开始用堤防应对洪水。堤防约束了洪水,压缩了洪水泛滥的范围,使原来的黄河洪泛区变成了耕地和城镇,但也限制了泥沙淤积的范围,最终使黄河下游变成地上悬河。

黄河下游桃花峪至东坝头(铜瓦厢)河段为明清故道,已有500多年的行河历史,是典型的游荡性河段;东坝头以下河段是1855年铜瓦厢决口改道后夺大清河入渤海形成的,至1884年两岸堤防基本建成。复杂的历史不仅给下游河道带来180多万滩区居民,而且赋予黄河下游河道上宽下窄、堤内有堤的特点:东坝头—陶城铺以上河段堤距5~20 km,而陶城铺以下河段堤距一般只有1~2 km,局部河段仅0.5 km;下游河道不仅有以保护两岸平原为目的的堤防工程,而且河道内还有以控制河势、保护滩地为主要目的的河势控制工程,包括控导工程和生产堤。不过,与顶面略高于滩面且间断修建的控导工程相比,生产堤往往高出滩面1~3 m,且连续闭合,与堤防十分相似。

黄河下游河床是典型的复式冲积性河床(见图3-1),其河床形态与来水来沙条件密切相关。控导工程或生产堤以内的区域一般称做河槽,由嫩滩和主槽组成,嫩滩冲淤变化极为频繁,主槽是水沙的主要通道,90%~95%时段内的水沙和洪水期70%~90%的水沙量实际上主要靠主槽输送;生产堤至大堤之间称做滩区,其面积占河道面积的84%,对水沙输送的作用主要体现为滞洪沉沙,排洪作用相对较小。

自然条件下,进入黄河下游的泥沙约1/4淤积在河床,3/4输送至利津以下的河口地区。下游淤积泥沙在滩地和河槽的比例为7:3。近20多年来,由于进入下游水沙条件改变和河势约束工程的影响等,使河床淤积情况发生了重大改变:1986~1999年,下游淤积量约达来沙量的1/3,且淤积泥沙的70%发生在河槽,河槽淤积量几乎达20世纪50年代的2倍,从而使主槽日益萎缩,二级悬河日益严重。

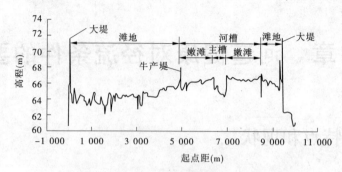

图 3-1 黄河下游河床典型剖面图(杨小寨断面,1999 年)

主槽萎缩主要反映在主槽宽度缩小、河底高程升高、断面面积逐渐缩小。目前,黄河下游高村以上主槽宽度已较 1985 年前平均缩窄 40%~70%(见表 3-1),断面面积减少约 50%,河槽平均淤高 1.73 m,从而使河槽在水位与滩面齐平时的过流能力(以下称为平滩流量)降低,同流量水位升高。至 2002 年汛前,下游平滩流量已经由 20 世纪 50 年代和 60 年代的 7 000~9 000 m³/s 下降到 2002 年汛前的 2 000~3 500 m³/s(见图 3-2),花园口和高村 1950~1999 年 3 000 m³/s 流量水位则分别抬高 2.5 m 和 4 m(见图 3-3);2002 年,花园口站 3 000 m³/s 水位较 1986 年同流量水位抬升 1.2 m。主槽的严重萎缩,必然导致河道水沙输送能力下降,淤积程度进一步加大,洪灾风险增加。1996 年,花园口站洪峰流量 7 600 m³/s 时的水位比 1958 年 22 300 m³/s 洪水相应的水位还高 0.91 m,从而使滩区百万人受灾,20 万 hm² 耕地被淹。

表 3-1 黄河下游主要断面主槽宽度变化

年份	花园口	夹河滩	高村	利津
1958 年	1 260 m	1 300 m	1 100 m	560 m
1982 年	1 000 m/21%	1 200 m/8%	600 m/45%	500 m/11%
2002 年	520 m/69%	650 m/50%	500 m/55%	340 m/39%

注:1982 年和 2002 年表中数字左边为河宽,右边为相对于 1958 年的缩窄程度。

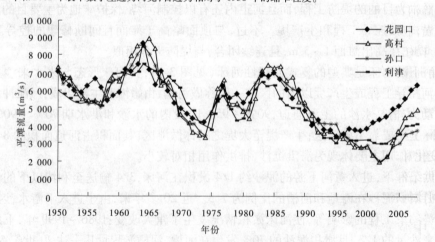

图 3-2 1950~2002 年黄河下游平滩流量变化过程

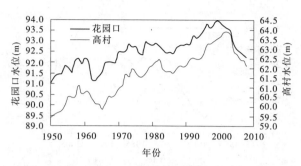

图 3-3　1950~1999 黄河下游 3 000 m³/s 水位变化

二级悬河是指河道中出现的"槽高、滩低、堤根洼"现象,其危害在于易诱发滚河或横河,洪水漫滩后直冲大堤,并形成顺堤行洪,加大堤防冲决和溃决的可能性。关于二级悬河的记载最早出现在 20 世纪 70 年代初,至 20 世纪末二级悬河状况几乎已延伸到整个黄河下游,其滩唇高程与临河滩面高程之差一般在 1~2 m,最大达 4 m 以上,尤以东坝头—陶城铺河段最为严重,其滩面横比降达纵比降的 5~10 倍以上(见表 3-2)。黄河下游滩区内居住着 181 万居民,故二级悬河加剧不仅威胁下游两岸保护区的社会安全,而且严重影响滩区人们的安居。

表 3-2　黄河下游滩区特征值

河段	左岸滩宽(km)	左岸横比降(‰)	右岸滩宽(km)	右岸横比降(‰)	河道纵比降(‰)
铁谢—东坝头	4.9	3.3	3.80	不明显	2.3
东坝头—高村	5.5	5.2	4.85	5.84	1.5
高村—陶城铺	4.2	9.8	2.86	10.39	1.17
陶城铺以下	2.2	27.8	2.12	14.36	1.0

自 1855 年形成的黄河现行河口三角洲至今已 155 年。1949 年以前,进入河口的泥沙是以频繁改道的形式处理的,结果形成了以宁海为顶点的黄河大三角洲。1949 年以后,为保障河口地区发展,通过有计划的人工干涉使改道点下移至渔洼。与其他江河的河口相比,黄河河口海洋动力相对较弱,潮差小(0.61~1.13 m),感潮段短(15~30 km),堆积性强(年均约造陆 26 km²),摆动改道频繁,考证认为,1855 年铜瓦厢决口改道以来,在河口三角洲扇面轴点附近发生的改道有 9 次。在决口改道初期,陶城铺以下河段逐渐冲深展宽,河口地区不存在淤积和决溢问题;1877 年以后,由于堤防的修建,在巨量泥沙下排、海洋动力外输不及情况下,河口严重淤积延伸,河床逐渐变成地上河,河口尾闾从此进入"淤积—延伸—摆动—改道"的循环中。1976 年人工改道清水沟流路入海以来,由于水沙条件变化和人工干预措施的共同作用,使流路延伸速度放缓,至今已行河 33 年;不过,直至 20 世纪末,河槽淤积速度并未放缓,泺口以下 3 000 m³/s 的水位一直抬升(见图 3-4),说明该河段河槽淤积仍在继续。

3.1.2　中游

黄河中游的晋陕峡谷河段和三门峡—白鹤河段均为岩基河床,千百年来河床形态变

图 3-4　黄河河口段 3 000 m³/s 流量之水位变化

化不大,故本书重点关注属冲积性河床的龙门—三门峡河段。

历史上,小北干流龙门—三门峡河段一直处于淤积抬升状态,但滩槽基本同步抬升,且速度缓慢。同黄河下游形似,该河段河势也游荡多变,有"三十年河东,三十年河西"之说。1988 年在山西永济市城西 15 km 出土的古代黄河蒲津渡铁牛和铁人(铸于唐开元十二年,公元 724 年)的变迁是该河段黄河河床淤积和游荡特性的生动注释。历史上的小北干流河段一直是黄河洪水泥沙的自动调整区。

20 世纪,该河段两岸民众多因修建以限制河势摆动为目的的河道工程而发生纠纷。20 世纪 80 年代以后,为避免此类水事纠纷,国家对该河段统一规划并续建了河势控导工程。由于水沙条件和水沙约束条件的改变,1986 年以来,小北干流河段滩槽淤积分布发生变化,出现了河槽淤积抬高速度大于滩地的现象,并逐渐表现出悬河的症状。不过,由于该河段两岸有天然制约,黄河滩区居民聚落点很少,故河床冲淤变化对两岸居民影响不太大。

1960 年以来,由于三门峡水库运用和来水来沙条件的改变,使位于小北干流末端汇流区的潼关河段严重淤积,对渭河下游防洪构成严重威胁,潼关高程(指潼关断面流量 1 000 m³/s 相应的水位)成为黄河中游备受人们关注的河段。同小北干流其他河段类似,潼关河段历史上也呈缓慢抬升状态,多种方法估算的年均抬升速度为 2.5 ~ 3.5 cm,至三门峡水库建库运行前(1960 年 9 月),潼关高程为 323.4 m。三门峡水库建成蓄水运用初期,受回水影响,潼关高程大幅度淤积抬高,1969 年 6 月甚至达到 328.7 m,比建库前抬高 5.01 m。随着三门峡水库两次改建和运用方式的改变,潼关高程逐渐下降,1973 年汛后降至 326.64 m,之后在相当长一段时期内,潼关高程相对稳定,渭河下游和三门峡水库也基本冲淤平衡。1986 年以后,黄河和渭河水沙条件的变化使潼关高程再次上升,至 2002 年 10 月达 328.78 m(见图 3-5)。潼关高程的居高不下严重影响渭河下游洪水泥沙的宣泄,威胁相关区域人类社会安全。

3.1.3　上游

黄河上游下河沿以上主要为岩基河床,千百年来河床形态变化不大。下河沿—头道拐河段(俗称宁蒙河段)除局部河段有基岩出露外,大部分属于随来水来沙变化的冲积性河道,也是黄河凌汛威胁严重的河段和自古就有引黄灌溉传统的河段。不过,与黄河中下游相比,宁蒙河段来水来沙条件较好,因此该河段历史上处于微淤,其中 20 世纪 50 年代

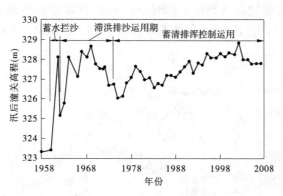

图 3-5　潼关高程变化过程

宁夏和内蒙古河段淤积分别为 0.4 亿 t 和 0.7 亿 ~ 0.9 亿 t。此外,其滩地虽也有大片农田,但几乎没有人类聚居点。

随着上游梯级大型水利枢纽投入运用,特别是 1987 年以后龙羊峡水库对汛期径流过程的调平作用和上游主要产水区降水减少等,使进入宁夏和内蒙古河段的水沙条件发生巨大变化,导致宁蒙河段河床形态发生很大变化,其中宁夏和内蒙古河段年均淤积量虽只有 0.06 亿 t 和 0.5 亿 ~ 0.6 亿 t,但因漫滩洪水减少使淤积物大多集中在河槽,致使河道同流量($1\ 000\ \mathrm{m}^3/\mathrm{s}$)水位抬高(见图 3-6)。从同流量水位变化情况(见图 3-7)可见,主槽萎缩主要发生在内蒙古巴彦高勒—头道拐河段。

图 3-6　三湖河口断面同流量水位($1\ 000\ \mathrm{m}^3/\mathrm{s}$)年际变化过程

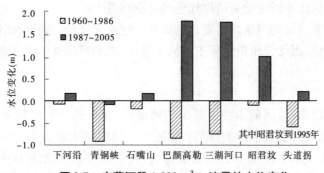

图 3-7　宁蒙河段 $1\ 000\ \mathrm{m}^3/\mathrm{s}$ 流量的水位变化

图 3-8 是内蒙古河段典型断面平滩流量的变化过程。由图可见,1990 年以前,三湖河

口断面平滩流量一直变化在 3 500 ~ 5 000 m³/s,昭君坟断面平滩流量一直在 2 500 ~ 3 500 m³/s。1990 年以后,各断面平滩流量急剧下降,至 2000 ~ 2002 年达最低点,只有 1 000 ~ 1 500 m³/s。

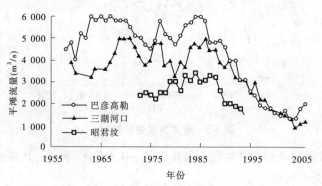

图 3-8　内蒙古河段平滩流量年际变化过程

　　1986 年以来的宁蒙河段主槽萎缩已经给沿岸经济社会带来很大影响,主要表现为凌汛期高水位时间大幅度延长和伏秋汛期小流量高水位。三湖河口河段 1986 年以前凌汛期水位高于 1 020.00 m 的持续时间年均 1.14 天,而 1999 ~ 2007 年凌汛期该水位的持续时间年均达 57 天;巴彦高勒断面水位高于 1 052 m 的天数也由 1986 年前的平均 17 天增加到 65 ~ 75 天。长时间的高水位给防凌安全带来很大的压力。

3.2　河道健康指标选择

　　水沙输送是河流最基本的自然功能,因此一条健康的河流必须首先是一条水沙高效和安全输送的通道,即河道通畅稳定。然而,正如前文分析所指出的,并非所有河流或所有河段都需要考虑河道健康问题。只有那些形状和大小对水沙条件变化敏感,进而将影响水沙输送功能的实现和人类经济社会安全的冲积性河流,才应该对其河道健康程度给予特别关注。分析黄河不同河段的自然特点和社会经济背景可见,全河属冲积性河床的河段包括下游河段、宁蒙河段和禹门口—潼关河段等三个河段,其中尤以黄河下游、宁蒙河段和潼关河段的河床冲淤变化对沿岸社会经济影响重大。

　　黄河下游和宁蒙河段的河床均是复式断面冲积性河床,由河槽和滩地组成,其中河槽又由主槽和嫩滩组成,因此健康指标应主要从主槽、滩地和河床整体等三方面考虑。

3.2.1　主槽

　　在绝大部分时段内,黄河的水沙主要由主槽输送,频繁的冲淤变化主要发生在主槽内,因此主槽的形态和大小对水沙条件尤其敏感。主槽内河床阻力小、流速大,是黄河排洪输沙的主体,中小洪水水沙基本上从主槽通过,大洪水时其排洪能力一般占全断面的 80% 以上,输沙则几乎全部依靠主槽,故维持主槽一定的排洪输沙能力,对保障整个河道的排洪输沙功能至关重要。主槽的排洪输沙能力主要与主槽的宽度、深度、断面面积、宽深比、坡降和边壁糙率等因子有关。

根据水流连续方程和曼宁公式,流量可表达为:

$$Q = AV = \frac{A}{n}h^{2/3}J^{1/2}$$ (3-1)

式中:Q 为流量;A 为横断面面积;V 为流速;h 为主槽深度;J 为纵比降;n 为主槽边壁糙率。

平滩流量是主槽在水位与滩面齐平情况下的过流能力。从式(3-1)可见,平滩流量是一个能够综合反映主槽横断面面积、主槽深度、坡降和边壁糙率的表征因子,且易操作、社会认知度高,故本书选择平滩流量作为表征黄河冲积性河段健康主槽形态和大小的指标。需要强调的是,这里的"平滩流量"并非反映流量大小的因子,而是一个用于反映主槽横断面形态、大小和边壁糙度的因子。

随着主槽平滩流量的增加,主槽的宽度和深度一般同步变化,但不同河段的变化规律有所不同。实测资料表明,对花园口断面,主槽断面扩大的过程中既有展宽也有冲深,而高村以下断面,主槽扩大是以冲深为主、展宽为辅,这取决于相应河段的河床边界条件。虽然人们一直期望追求一个较为窄深的河槽,但实际上只要平滩流量得到增大,主槽深度也就随之增大。

因此,从指标的独立性角度,本书仅考虑将平滩流量和主槽宽度作为河流健康的特征指标。

3.2.2 滩地

黄河滩地虽然不是水沙输送的主要通道,但它可以通过滞洪和沉沙保障主槽水沙的顺利输送。目前,滩地不健康问题主要反映在下游的"二级悬河"现象,其危害不仅反映在对大堤的冲决风险,更对滩区181万群众的生产和生活构成很大威胁。考虑到研究河流健康的现实意义,这里仅以下游滩地为重点研究对象。消除下游"二级悬河",对其水沙输送功能、河床塑造功能、泄洪和滞洪功能的正常发挥等,具有重要意义。

通常,用于表征"二级悬河"的因子包括滩槽高差(指滩面平均高程与河槽平均高程之差,见图3-9)、二级悬差(指滩唇高程与临堤滩面平均高程之差,见图3-10)和滩地横比降(指二级悬差与滩地宽度的比率)等。

黄河流经约束在两岸堤防内的比降平缓的下游平原时,泥沙大量落淤使河床逐渐高出两岸地面成为悬河,其特征是河床平均高程高出堤外地面3~5 m。由于河势约束条件和水沙条件的改变,河床淤积泥沙的部位目前更集中在河槽附近,致使河槽平均高程逐渐高于滩地平均高程。滩槽高差越小,说明漫滩洪水时主流改道的几率越大,所以人们常把"槽高、滩低、堤根洼"作为二级悬差的基本写照。

滩槽高差反映的是滩地与河槽高差的对比,与人们通常印象中悬差概念相呼应。"槽高、滩低、堤根洼"现象的存在将改变黄河下游发生漫滩洪水情况下的正常水沙输送方式和路径,威胁大堤的安全,增大滩区民众受灾频率和程度。因此,使滩面平均高程高于中水河槽平均高程显然应作为滩地良好形态的主要标志。

二级悬差和滩地横比降都是直接反映滩地形态的因子。显然,不同二级悬差下漫滩洪水可能产生的顺堤流速和滩地淹没深度等与滩地宽度、滩地横比降和滩地糙率有关,因

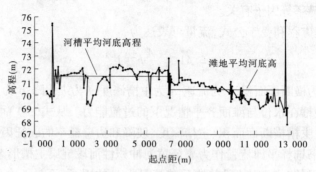

图 3-9　滩槽高差示意图

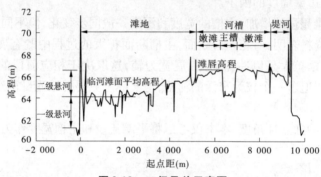

图 3-10　二级悬差示意图

此二级悬差和滩地横比降并非相互独立因子,且二级悬差的内涵更丰富,故本书仅选择二级悬差作为表征滩地形态的因子。

黄河下游需要考虑二级悬河问题的河段主要为陶城铺以上河段,其滩地面积约达河道面积的80%,滩地宽度平均4~5 km,一旦洪水漫滩,容易形成滚河或水流直冲大堤。陶城铺以下河段较窄,其滩地宽度一般在0.5~2 km,即使洪水漫滩也不易形成滚河或水流直冲大堤,故不需考虑其二级悬河问题。

宁蒙河段目前尚未发现二级悬河现象,故暂不考虑其健康指标选择问题。

3.2.3　河床

在平滩流量、主槽宽度、滩槽高差和二级悬差一定情况下,河床淤积程度也是反映河道的水沙输送和河床塑造等功能的重要因子,而河床淤积程度最终体现为河道的排洪输沙能力。理论上,河床高于两岸地面的悬河也不应该称为健康河流,否则有可能改变水沙输送和水循环的路径。然而,对于多沙的堆积性河流,只要有堤防存在,往往很难避免悬河发育;黄河下游和宁蒙河段两岸人口稠密、经济社会发达,黄河堤防已经成为保障相关区域经济社会稳定和发展的生命线。既然维护河流健康的目的是"通过河流自然功能的恢复,使其自然功能和社会功能得到均衡发挥,以维持河流社会功能的可持续利用,保障人类经济社会的可持续发展",因此抛开人类安全谈河流健康是没有意义的,现阶段人们只能接受悬河现实,并通过加固堤防等措施减轻悬河风险。

小北干流河段虽也是冲积性河段,但其两岸为高地包围,滩地居民很少,河床冲淤对国民经济影响相对较小,在功能上主要定位为黄河洪水泥沙调整的重要空间,故不将其河道形态和大小因子作为该河段健康指标。

1960年三门峡水库投入运用后,潼关高程及由此引发的渭河下游防洪等问题引起了全社会的普遍关注。但考虑到该河段位于三门峡库区,而库区的功能并非水沙输送通道,故在此不予考虑。

综上所述,根据黄河的自然特点和社会背景,认为黄河下游和宁蒙河段是黄河健康研究应重点关注的河段,平滩流量、主槽宽度、二级悬差和滩槽高差可作为反映黄河河床形态和大小的指标。以下通过研究实现其自然功能和社会功能对河床形态及大小的需求,本着两方面功能均衡发挥的原则,分析其现阶段健康指标的量化标准。

3.3　河道健康标准分析

3.3.1　下游河槽

历史上,黄河下游各典型断面平滩流量变化在 2 700 ~ 9 000 m³/s(见图3-2),平均5 500 ~ 5 700 m³/s。其中,20世纪50年代各典型断面平均值在6 000 ~ 6 200 m³/s,90年代平均值在3 500 ~ 4 000 m³/s。目前,关于黄河下游主槽萎缩的过程和危害已开展过许多研究,本节重点回答健康河槽的平滩流量标准是什么。

众所周知,黄河下游堆积性强烈,由此带来的悬河和二级悬河是下游面临的最大问题,充分利用河道输沙入海、减少河床淤积尤为重要。在一般意义上,水沙输送是河流最基本的自然功能,而对于黄河下游,泥沙和洪水的输送功能更为突出。河槽既然是黄河下游排洪输沙的主体,且断面形态和大小深受水沙条件影响,则河槽应具备的断面特征值"平滩流量"应主要取决于高效输沙的要求,并能够与未来洪水条件相适应;同时,河槽断面的形态和大小还应该基本满足防御大洪水的要求,以体现黄河应具有的社会功能。本节拟以此思路对小浪底水库拦沙期结束前黄河下游健康河槽的量化标准进行分析。

3.3.1.1　高效输沙对河槽的要求

为论证高效输沙对河槽的要求,首先对河槽塑造的机理进行初步分析。

在重力作用下,水流从上游流向下游。随着河水流动,河流水体能量不断发生变化:一方面,水体势能不断转化成动能。在自然状态下,由于蒸发和渗漏等自然损失量一般不大,因此这种能量的转换主要表现为流速增加。另一方面,水体动能又不断被消耗于河床形态塑造和泥沙等物质的搬运,结果使水流动能损耗,这种损耗主要表现为水流速度减小。河流在某断面的流速则取决于以上两方面的平衡。因此,对一定断面的河床,水流的造床能力显然与水流的动能成正比、与河床阻力和含沙量成反比。动能的基本表达式是:

$$E = MV^2/2 \qquad\qquad (3-2)$$

式中 E、V 和 M 分别表示动能、流速和水流质量。可见,在水量一定情况下,提高水流流速对河槽塑造尤其重要。根据张瑞瑾先生提出的挟沙能力公式 $S_* = K\left(\dfrac{V^3}{gR\omega}\right)^\alpha$,水流的挟沙能力与流速的高次方成正比。

根据曼宁公式 $V = \frac{1}{n} R^{2/3} J^{1/2}$，在糙率 n 和坡降 J 不变的情况下，由于非漫滩情况下的水力半径 R 随流量增大而增大，故其流速应随流量的增大而增大。然而，对于黄河下游这样的冲积性河床，其河槽实际上也是一个包括主槽和嫩滩的小型复式断面（见图 3-1），故在一场洪水过程中，河床糙率往往随流量的增大而增大，坡降则往往随流量增大而减小，从而使流速的递增幅度变缓，加之水流的动能系由其势能转化而来，而动能在河床塑造和泥沙搬运等做功过程不断损耗等因素，结果使特定断面的水流流速并不随流量增加而同速率增大；尽管洪水水位与滩唇齐平时的流速仍为最大流速，但当流量大于某一量级（即流速增量的"拐点"）后，流速随流量增加而增加的幅度将变得很小。如图 3-11 和图 3-12 所示是利用实测资料点绘的黄河下游高村和利津断面在不同时期的非漫滩洪水流量与河槽平均流速的关系图，由图可清晰反映该拐点流量的存在。

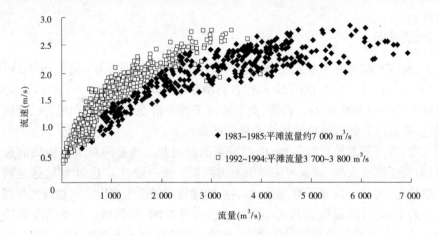

图 3-11　高村断面不同时期非漫滩洪水流量—流速关系

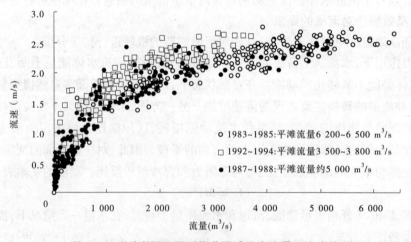

图 3-12　利津断面不同时期非漫滩洪水流量—流速关系

由于水流的挟沙能力与流速的高次方成正比，故推测在非漫滩情况下，尽管略小于平滩流量的洪水具有最大的输沙或冲刷效率,但当洪水流量大于"拐点"流量后,其输沙或冲刷效率(即单位水量的输沙或冲刷量)已十分接近最优值,之后流量继续增加其效率应不会有明显提高。

图 3-13 和图 3-15 是下游各断面分别处于冲刷期(1983～1985 年,此期下游平滩流量大体在 6 500～7 000 m³/s)和淤积期(1992～1994 年,此期下游平滩流量大体在 3 500～4 200 m³/s)的非漫滩洪水流量—流速关系图。由图可见,当洪水流量分别达到 4 500～5 000 m³/s 和 2 500～3 000 m³/s 时(相当于相应时期平滩流量的 60%～70%),相应的洪水流速即可达其系列最大平均流速的 95% 以上。由于水流的挟沙能力与流速的高次方成正比,故推测在非漫滩情况下,尽管平滩流量的洪水具有最大的输沙或冲刷效率,但当洪水流量大于 4 500～5 000 m³/s 或 2 500～3 000 m³/s 后,其输沙或冲刷效率(即单位水量的输沙或冲刷量)便十分接近最优值,之后流量继续增加其效率应不会有明显提高。该推论可以通过实测资料证实(见图 3-14、图 3-16)。

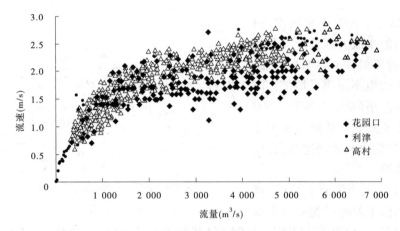

图 3-13　1983～1985 年下游典型断面非漫滩洪水的流量—流速关系

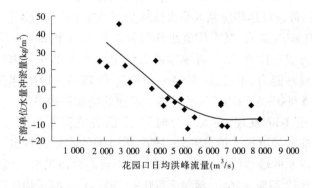

图 3-14　1983～1985 年下游冲刷效率与洪水流量的关系

从以上各图可发现:无论背景系列的平滩流量多大,在流量 0～2 500 m³/s 范围内,流速几乎都随流量增大而直线增大;当流量达 2 500 m³/s 左右时,其平均流速均可达其系列最大平均流速的 80%～90%;流量超过 2 500 m³/s 左右,流速的增速明显放缓。对于流

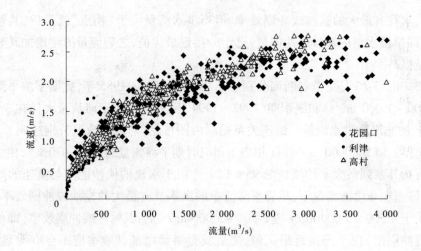

图 3-15 1992～1994 年下游典型断面非漫滩洪水的流量—流速关系

量与平滩流量相差不大的中常洪水,由于大于平滩流量的水流大部分漫滩至嫩滩或滩地,主槽过流量并不会明显增加。故相应的输沙能力也不会明显增加。因此,当主槽萎缩至平滩流量小于 2 500 m³/s 时,如果洪水流量与平滩流量相差不大,主槽的输沙能力必然快速降低,从而进一步加速萎缩。

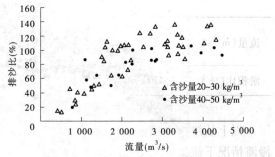

图 3-16 1992～1994 年下游排沙比与洪水流量的关系

进一步选择河床冲淤性质接近、河道边界条件相似但平滩流量相差较大的 1966～1970 年、1976～1978 年和 1992～1994 年(其平滩流量分别为 6 500～7 000 m³/s、5 000～5 500 m³/s 和 3 500～3 800 m³/s)的利津断面,分析其非漫滩洪水流量—流速关系(见图 3-17)可见:流速可达相应系列最大流速 95% 左右的"拐点流量"分别为 4 700～5 000 m³/s 和 2 700 m³/s 左右,其平均流速分别为 2.55 m/s 和 2.4 m/s。若以水流挟沙能力与流速的 3 次方成正比计,则前者挟沙能力约比后者大 20%。由此可见,扩大主槽断面可显著提高其输沙能力;不过,从 1966～1970 年和 1976～1978 年两时期情况看,至少在平滩流量大于 5 000～5 500 m³/s 后其最大流速的增加甚微。

比较图 3-11～图 3-17 发现,在大部分时期,下游各典型断面流量达 3 500～4 000 m³/s 时其流速即可非常接近最大值,1965～1999 年以来的实测资料也证明了这一点:分析不同量级非漫滩洪水的输沙能力表明(见表 3-3,不含高含沙洪水),流量 2 000 m³/s 以下时下游河槽淤积比达 22%～56%,流量 2 500～3 500 m³/s 时淤积比变化不大,流量大于 3 500～4 000 m³/s 时即可基本实现冲淤平衡甚或冲刷。由此可见,要使下游河槽具有良好的输沙能力,其平滩流量应大于 3 500～4 000 m³/s。

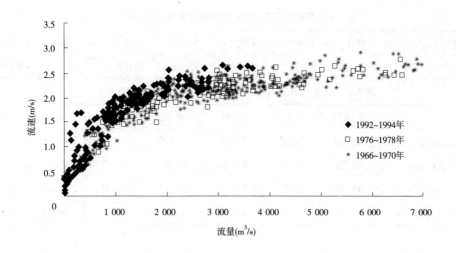

图 3-17　利津断面不同时期流量—流速关系

表 3-3　黄河下游不同量级非漫滩洪水的淤积比

流量(m³/s)	<1 000	1 000 ~ 1 500	1 500 ~ 2 000	2 000 ~ 2 500	2 500 ~ 3 000	3 000 ~ 3 500	3 500 ~ 4 000	4 000 ~ 4 500
淤积比(%)	56.70	33.10	22.30	17.30	10.10	9.80	1.10	-8.90

以上从维护主槽输沙功能角度,论证了黄河下游主槽断面的适宜规模,认为:由于非漫滩情况下流量 3 500 ~ 5 000 m³/s 时其输沙效率可基本达到最高值,因此要使主槽成为一条高效输沙的通道,必然要求其过流能力(即平滩流量)达 3 500 ~ 5 000 m³/s 以上。若主槽是一条高效输沙的通道,必将大大减轻其淤积,进而有利于河势稳定。

3.3.1.2　保障防洪安全对河槽的要求

保障防洪安全是黄河下游河道最重要的社会功能,河槽作为排洪输沙的主体,其低限过流能力(平滩流量)大小直接影响下游防洪安全。

为认识不同平滩流量对河道排泄大洪水的影响,利用黄河下游二维水沙数学模型,比较了不同平滩流量情况下花园口发生流量 22 000 m³/s 设防洪水时的洪水水位情况(见表 3-4,该洪水是花园口断面的设防洪水)。从计算结果看,随平滩流量增加,花园口发生 22 000 m³/s 洪水时的洪水水位一直呈降低之势;但当平滩流量大于 4 000 m³/s 以后,水位降低幅度变缓,如 6 000 m³/s 相应的洪水水位仅比平滩流量 4 000 m³/s 相应的水位低 21 cm。黄河下游现状堤防系按防御 22 000 m³/s 洪水并超高 2 ~ 3 m 设计(见表 3-5),因此 10 ~ 20 cm 的水位差应在堤防防御能力之内。得出这样的认识并不奇怪,因为大洪水期间主槽的排洪输沙量不仅包括主槽内水位平滩以下的过流量,而且包括主槽平滩以上对应的水体。现实的黄河下游河道断面比主槽断面大得多,因此当主槽断面达到一定大小后,对防御大洪水影响不大。河道排洪能力的进一步提高,则主要取决于堤防的高度和强度。

表3-4　花园口不同平滩流量相应的大洪水水位

平滩流量(m³/s)	2 000	3 000	4 000	5 000	6 000	7 000	8 000
水位(m)	96.15	95.73	95.48	95.36	95.27	95.15	95.04

表3-5　黄河下游主要控制断面堤防防御能力(2005年)

项目	花园口	夹河滩	高村	孙口	艾山	泺口	利津
设防流量(m³/s)	22 000	21 500	20 000	17 500	11 000	11 000	11 000
相应水位(m)	95.25	79.29	65.46	52.07	45.57	35.31	16.97
左岸堤顶高程(m)	99.48	83.56	68.62	55.52	49.22	38.47	19.15
右岸堤顶高程(m)	99.51	82.56	69.04	54.92		38.03	19.56

在大漫滩洪水期间,若主槽断面过小,可能因主流向滩地摆动而诱发滚河。为此,分析了高村河段发生设防大洪水期间滩地过流量与平滩流量的关系(见图3-18),发现当平滩流量超过4 000 m³/s左右后,滩地过流量的增加幅度明显减小。

考虑到现状堤防的安全度普遍增强,且在大漫滩洪水期间下游主槽断面一般会在洪水期调整和扩大,因此认为,当平滩流量达到4 000 m³/s以上,基本可以满足防御设防洪水的要求。

河槽健康标准的高低也与滩区群众的防洪安全密切相关。

历史上,黄河下游河道发生过多次大的变迁。现行黄河河道的孟津—京广

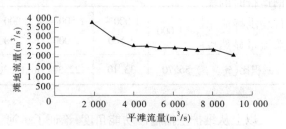

图3-18　高村站不同平滩流量下滩地
过流量与平滩流量的关系

铁路桥河段为禹王故道,京广铁路桥—兰考东坝头为明清故道,东坝头以下为1855年铜瓦厢决口后形成的河道。因此,目前黄河下游滩区人民的相当部分系"被迫"成为滩区居民的。而一旦成为滩区居民,就不得不接受洪水时常漫滩的现实。据不完全统计,1949年以来,黄河下游滩区经历过不同程度的洪水漫滩30余次,累计受灾人口900多万人次。目前,两岸滩地上居住着181万人口,拥有25万 hm² 耕地。在小浪底水库已经投入运用、国家提倡以人为本、建设和谐社会、实现21世纪中期奔小康目标情况下,频繁的洪水漫滩难以被人们接受。

但黄河滩区不仅是人类的生活场所,更是黄河河床的重要组成部分,特别在大洪水期间承担着滞洪和沉沙作用。分析1954年、1958年、1977年和1982年的几场大漫滩洪水,黄河下游艾山以上滩区的削峰率都在50%左右;1950～1998年,黄河下游共淤积泥沙91.77亿t,其中滩区淤积量占69%。如果滩区的滞洪和沉沙功能不能正常发挥,黄河下游河槽显然将面临巨大的泥沙处理压力。因此,为了黄河防洪安全,滩区还必须接受一定频次的漫滩洪水。

由于滩区群众对平滩流量要求与滞洪沉沙对平滩流量的要求相差较大,因此科学确

定可接受的漫滩频率是一个非常困难和复杂的工作。不过,从人们的心理承受能力角度,多年来一直把花园口流量大于 4 000 m³/s 的洪水作为下游编号洪水。因此,综合考虑滩区群众的接受能力和黄河下游滞洪沉沙要求,在小浪底水库运用后,将黄河下游平滩流量维持在 4 000 m³/s 以上是妥当的。

综上分析认为,如果平滩流量能够维持在 4 000 m³/s 以上,即可基本满足下游两岸群众和滩区群众对防洪的要求,故平滩流量 4 000 m³/s 应作为河槽健康的下限。

3.3.1.3 未来水沙条件下可能维持的河槽规模

众所周知,冲积性河流的河床演变是由水流与河床相互作用中的输沙不平衡所引起的,在水流与河床这对矛盾的两个方面中,来水来沙条件起着决定性作用。以上分析认为,黄河下游平滩流量的适宜规模宜为 4 000 ~ 5 000 m³/s。然而,平滩流量能不能维持在 4 000 ~ 5 000 m³/s,主要取决于未来汛期水沙条件,即平滩流量应与未来的水沙条件相适应。

应该维持的黄河下游主槽首先应与未来洪水条件相适应:如果常遇洪水量级远小于相应时期的平滩流量,必然使洪水的流速降低(见图 3-19),进而导致同流量洪水在大河槽运行时的输沙能力小于在小河槽运行时的输沙能力,从而使主槽淤积。前章分析认为,日均洪峰流量 3 000 ~ 5 000 m³/s 可能将成为未来下游洪水的主体,在此情况下,下游平滩流量显然也不宜大于 5 000 m³/s,否则可能降低其输沙效率。

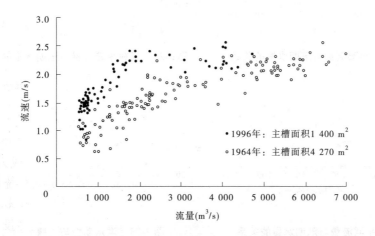

图 3-19 同流量情况下主槽断面大小对其流速的影响(高村)

20 世纪 60 年代以前,黄河下游(花园口断面)年均来水量一般在 500 亿 m³ 左右,其中汛期 7 ~ 10 月份水量约 300 亿 m³;2004 ~ 2007 年,黄河下游年均来水量 262 亿 m³,其中汛期水量 137 亿 m³(含 6 月份人造洪水水量)。前章分析认为,由于"八七"分水方案的约束,多年平均降水情况下进入黄河下游年水量为 270 亿 ~ 295 亿 m³,在此情况下,即使考虑小浪底水库的精心调控,汛期进入下游的水量也难以超过 150 亿 ~ 165 亿 m³,即汛期花园口平均流量约 1 800 m³/s;考虑沿程引水等因素,根据近 10 年下游引水量及其时空分布判断,高村和利津断面汛期平均流量可能分别约 1 750 m³/s 和 1 600 m³/s。

黄河年天然输沙量 16 亿 t,但因水土流失治理、干支流水利工程和天然降水减少等因素,目前潼关来沙量已大幅度减少。前章分析认为,未来 2020 年和 2030 年,潼关来沙量约 10 亿 t 和 9 亿 t。考虑小浪底水库拦沙运用,其拦沙期结束前实际进入下游的沙量为 6 亿～7 亿 t,即汛期花园口平均含沙量为 40～44 kg/m³、来沙系数约 0.024。考虑沿程冲淤因素,高村和利津断面来沙系数可能分别约 0.023 和 0.026。

以上预测的下游未来水沙情势与 1986～1999 年的黄河下游水沙平均情况(花园口输沙量 6.84 亿 t、汛期水量 131 亿 m³)相似,但水量和沙量略偏丰。根据 1986～1999 年实测资料点绘的汛期水量与平滩流量的关系,在未来汛期水量 140 亿～160 亿 m³ 条件下(花园口),如果继续维持 1986～1999 年的径流过程,来沙量略大于 1986～1999 年情况,则下游主槽过流能力很难维持到 4 000 m³/s(见图 3-20～图 3-22),估计仅能维持在 3 600～4 000 m³/s;但若小浪底水库能够完全避免不利量级洪水(800～2 500 m³/s),甚或洪水流量均达 3 500～4 000 m³/s,则根据典型断面洪水动力 $W^{0.32}Q^{0.37}$ 与主槽断面的响应关系(见图 3-23,不含高含沙洪水),80 亿～110 亿 m³ 的洪水水量可能塑造的主槽面积约为 2 000 m²,相当于平滩流量 4 100～4 500 m³/s。

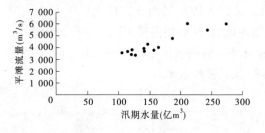

图 3-20　花园口平滩流量与汛期水量的关系　　图 3-21　高村平滩流量与汛期水量的关系

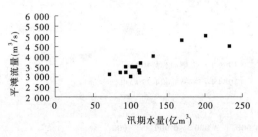
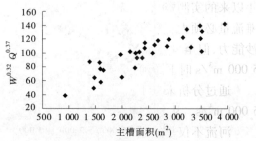

图 3-22　利津平滩流量与汛期水量的关系　　图 3-23　洪水动力与主槽大小的
响应关系(高村断面)

实际上,尽管小浪底水库可以对进入下游的水沙条件(特别是洪水条件)有所作为,但也很难做到水沙关系的完全调控。据 2002～2005 年小浪底水库调水调沙运用时期的观测资料,小浪底水库调水调沙运用对下游河槽的冲刷量仅较不调水调沙增加 10%～15%。因此,在小浪底水库拦沙期结束前,如果不能使进入下游的泥沙量较 1986～1999 年系列有所减少,估计只能将下游平滩流量维持在 4 000 m³/s 左右。

吴报生等研究认为,黄河下游平滩流量与 4 年滑动平均汛期流量 $\overline{Q}_{4f}$ 和 4 年滑动平均汛期来沙系数 $\overline{\xi}_{4f}$ 密切相关,并给出平滩流量 Q_{bf} 的计算公式(3-3),相关系数 0.8～0.9,式中,系数 K、指数 α 和 β 在下游各断面有所不同,在花园口断面分别为 510.05、-0.25 和

0.18,在高村断面分别为 68.21、-0.32 和 0.41。

$$Q_{bf} = K(\overline{\xi}_{4f})^{\alpha}(\overline{Q}_{4f})^{\beta} \tag{3-3}$$

根据式(3-3),若未来花园口汛期水量和沙量分别为 140 亿~165 亿 m³、6 亿~7 亿 t,即汛期花园口平均流量 1 320~1 550 m³/s、平均来沙系数为 0.028~0.035(花园口)和 0.026~0.032(高村),则花园口和高村可能维持的平滩流量分别为 4 350 m³/s 和 4 050 m³/s 左右。

胡春宏(2005)也曾利用数学模型对小浪底水库分别在平水平沙、平水枯沙、枯水枯沙、枯水平沙、丰水中沙等各种可能的水沙系列情况下对下游中水河槽的维持作用进行了深入分析,结果认为,除遭遇枯水平沙情况外,小浪底水库拦沙期结束前将下游平滩流量维持在 4 000~5 000 m³/s 是可能的;不过,一旦拦沙库容淤满,前期塑造的中水河槽将很难维持。

综合以上各方面分析可见,虽然"平滩流量 4 000~5 000 m³/s"有利于黄河下游高效输沙和下游防洪安全,但从未来可能进入下游的汛期水量、流量和沙量情势判断,在 2030 年之前,要维持下游各断面平滩流量均在 4 000~5 000 m³/s 有一定困难,"4 000 m³/s 左右"可能是现阶段比较现实的平滩流量目标。

3.3.1.4 下游河槽健康标准综合分析

黄河下游河槽是河道排洪和输沙的主要通道,因此,维持河槽良好的断面形态和大小对保障整个河道的排洪输沙功能至关重要。分析认为,平滩流量是一个能够综合反映河槽形态和大小的指标。

水沙输送是河流最基本的自然功能。基于此,本书从河槽塑造机理入手,利用 1950 年以来的实测资料,分析了非漫滩情况下洪水流量与河槽平均流速的关系,认为:下游平滩流量必须大于 2 500 m³/s,否则将显著降低其输沙能力;扩大主槽断面可显著提高其输沙能力,但至少在平滩流量大于 5 000~5 500 m³/s 后其最大流速的增加甚微;3 500~5 000 m³/s 时下游河道的输沙效率可非常接近最高值。

通过分析未来下游洪水形势,认为从与未来洪水相适应角度,下游平滩流量不宜大于 5 000 m³/s。从与未来水沙条件相适应角度,4 000 m³/s 左右是现阶段比较现实的目标。

河流不仅是输送水沙的基本通道,也是人类社会背景下排洪减灾的主要通道。通过上述分析下游不同平滩流量情况下对排泄设防大洪水的影响,认为平滩流量 4 000 m³/s 以上才可基本满足防御洪水的要求,应作为河槽健康的下限平滩流量。

综合以上分析,并充分考虑未来水沙条件对主槽的塑造和维持能力,建议下游河槽健康标准按 4 000~5 000 m³/s。统筹考虑河槽健康的标准和未来可能的水沙条件,建议将"平滩流量 4 000 m³/s 左右"作为现阶段(小浪底水库拦沙期结束前)的河槽恢复目标。

公众意见也是取得河槽恢复目标时应该考虑的重要因素。2005 年以来,曾组织了几十次的专家咨询会,并多次深入现场调研,广泛听取了国内相关专家、黄河下游防洪主管部门等多方面的意见。绝大多数专家和利益相关者认为,现阶段"下游平滩流量 4 000 m³/s 左右"的推荐意见基本合理可行。

主槽宽度也是影响河道排洪能力的因子。国家"十五"科技攻关课题"维持黄河下游排洪输沙基本功能的关键技术"研究了水位涨率与主槽宽度的关系(见图 3-24),发现游荡性河段水位涨幅随河宽的增大而减小;当主槽宽度大于1 000 m左右后,流量由3 000 m³/s至8 000 m³/s的水位涨幅基本稳定在0.5~1 m。考虑到水位涨幅对防洪的重要意义,该项目认为黄河下游高村以上宽河段主槽宽度不宜小于1 000 m。

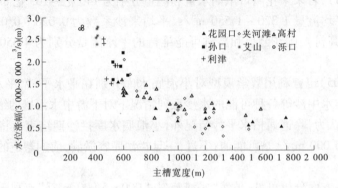

图3-24 黄河下游主槽宽度与水位涨幅的关系(流量3 000~8 000 m³/s)

不过,从2008年汛前实测资料看,虽然在自然情况下该河段主槽宽度一般随其横断面面积(相当于平滩流量)的增大而增大,但随着河道整治工程不断完善和生产堤的约束,尽管花园口、夹河滩和高村的平滩流量已分别达6 300 m³/s、6 000 m³/s和4 900 m³/s,但高村以上河段主槽宽度只有600~800 m,说明主槽在持续冲刷情况下倾向于向窄深方向发展,从而更有利于泥沙的输送。考虑到高村以上河段现状控导工程的间距大体在1 000 m以上,故本书暂不将河槽宽度作为黄河健康指标。

3.3.2 内蒙古河段河槽

如前文分析,宁蒙河段的主槽萎缩问题主要发生在内蒙古巴彦高勒—头道拐河段。鉴于此,且考虑到宁夏河段河床冲淤资料极其缺乏,故本书仅重点分析内蒙古河段的河槽问题,其分析思路基本沿用下游河槽健康标准的分析思路。

3.3.2.1 高效输沙对河槽的要求

借鉴上节分析思路,通过分析内蒙古河段断面流量与流速之间的关系,确定可实现高效输沙所需要的河槽断面形态和大小。

根据黄河内蒙古河段20世纪60年代至80年代三湖河口和昭君坟断面非漫滩洪水实测资料(因巴彦高勒断面代表性不好,故未选择),点绘其流量—流速关系见图3-25~图3-27。由图可见,在平滩流量为4 000~5 000 m³/s的20世纪70年代和80年代,当流量大于2 500 m³/s左右以后,其流速增量很小甚或基本不增加;当流量小于2 000~2 500 m³/s时,断面流速急剧下降。因此,从有利于高效输沙、维护河道良好水沙输送功能角度,该河段平滩流量应达2 000~2 500 m³/s以上。

在内蒙古河段,尽管凌汛期水位很高、洪峰流量很大(甚至大于伏秋汛期的洪峰流量),但对河槽塑造起决定作用的仍是伏秋汛期的洪水。据前章分析,未来多年平均降水情况下,日均洪峰流量1 500~2 500 m³/s将成为内蒙古河段洪水的主体,因此从与未来洪水形势相适应角度,平滩流量2 000~2 500 m³/s基本合适。

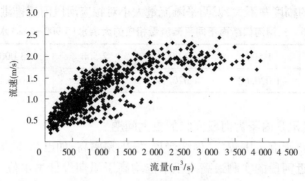

图 3-25　20 世纪 70 年代三湖河口断面流量—流速关系

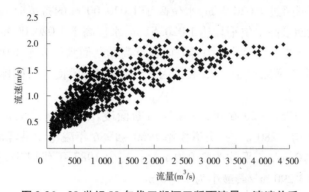

图 3-26　20 世纪 80 年代三湖河口断面流量—流速关系

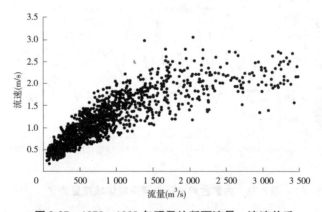

图 3-27　1978 ~ 1988 年昭君坟断面流量—流速关系

3.3.2.2　保障防洪防凌安全对河槽的要求

以上从维护河槽自然功能的需求角度,论证了黄河宁蒙河段平滩流量应达 2 000 ~ 2 500 m³/s。保障该河段的防洪防凌安全是黄河河道的重要社会功能;河槽作为排洪输沙的主体,其大小显然影响河道洪水泥沙的安全输送能力。

为认识不同平滩流量对内蒙古河段防洪防凌的影响,比较了不同平滩流量情况下黄河内蒙古河段发生设防洪水时(5 900 m³/s)的洪水水位情况(见表 3-6),结果发现,随平滩流量增加洪水水位虽一直呈降低之势,但由于河道断面比河槽断面大得多,洪水位随平滩流量增加而降低的幅度并不大,说明平滩流量大小对相应河段河道排洪能力的影响不大。

表 3-6   三湖河口断面不同平滩流量相应的大洪水(5 900 m³/s)水位

平滩流量(m³/s)	1 500	2 000	2 500	3 000	4 000
洪水水位(m)	1 020.63	1 020.52	1 020.42	1 020.32	1 020.14

相比伏秋汛,凌汛是内蒙古河段面临的更大问题。

内蒙古河段凌汛影响范围较广,程度严重,发生频率高,如巴彦高勒、三湖河口和昭君坟等水文站及其附近河段的实测最高凌汛水位均高于汛期设计洪水位。1986 年以后,由于主槽萎缩,该河段凌汛期持续高水位的时段大幅度增大:三湖河口河段 1986 年以前凌汛期最高水位基本不超过 1 020.5 m,水位高于 1 020.00 m 的持续时间年均 1.14 天,而 1999 ~ 2007 年凌汛期最高水位平均达 1 020.51 m,水位高于 1 020.00 m 的持续时间年均达 57 天,给防凌安全带来很大的压力;同样,巴彦高勒断面水位高于 1 052 m 的天数也由 1986 年前的平均 17 天增加到 65 ~ 75 天。因此,内蒙古河段良好河槽标准的确定应该重点考虑该河段凌汛因素。

由图 3-28 可见,1987 ~ 2006 年,三湖河口断面凌汛期开河最大流量波动在 782 ~ 2 190 m³/s 之间,平均 1 280 m³/s;头道拐站 1960 ~ 1986 年凌汛期洪峰流量变化也不大,波动在 1 430 ~ 3 270 m³/s,平均为 2 080 m³/s,其中 1987 年代以来,洪峰流量平均为 2 159 m³/s,最大为 3 290 m³/s,最小为 1 570 m³/s。

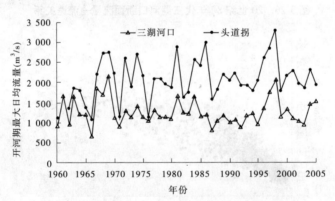

图 3-28   内蒙古河段历年凌汛期洪峰流量变化

图 3-29 是三湖河口断面历年凌汛水位大于 1 020 m 天数的变化趋势。由图可见,凌汛水位在 1998 年出现明显的"拐点",此时断面的平滩流量为 2 200 m³/s 左右;之后,该断面平滩流量下降至 1 800 m³/s 左右,凌汛水位则陡然大幅度攀升。

据上图分析,未来三湖河口段凌汛期流量可能将继续维持 20 世纪 90 年代以来的情况,开河最大洪峰流量一般不超过 2 000 ~ 2 200 m³/s。所以,从凌汛期安全考虑,该断面的平滩流量应不小于 2 000 ~ 2 200 m³/s。不过,内蒙古河段凌汛水位问题影响因素复杂,以上分析结论仅可大致反映防凌安全对河槽的要求。

3.3.2.3   未来水沙条件下可能维持的河槽规模

据前章分析,在多年平均降水情况下,2030 年前三湖河口断面的年均径流量在 204

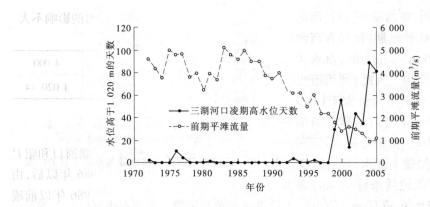

图 3-29　三湖河口断面历年水位大于 1 020 m 的天数变化

亿 m^3 左右,若按 1986 年以来汛期水量占全年水量的比例,则汛期水量可能在 74 亿~80 亿 m^3;巴彦高勒断面的来沙量在 0.9 亿 t 左右。

开发水电也是影响主槽形态塑造的重要因素,其影响反映在两方面:①开发电能相当于直接从水流中提取能量,水能的少量提取可能会被水库拦沙、库区河床耗能减少和下游河床在高速水流作用下的无效能耗等节约的能量所弥补,但过多开发利用水电必将导致其下游水流的动能降低。黄河上游是我国水电"富矿"河段,一直是人们进行水电开发的重点地区。1969 年以前,上游尚属自然阶段,只有盐锅峡一个水电站,其年发电量约 22.4 亿 kWh,1961 年以后陆续投产;1969~1989 年,一批大型水电站投入运用,年发电量增加至 173 亿 kWh;1997 年以后,更多的水电开发进行;至 2003 年,上游已投入发电的水电站年发电 237 亿 kWh;待所有规划水电站全部投入运用后(2010~2020 年),黄河上游水电站年总发电量约达 594 亿 kWh,占该河段理论电能(1 770 亿 kWh)的 33.6%,即进入宁蒙河段的动能将比自然状态减少 1/3。②具有径流调节功能的水电站运行还使河流的天然径流过程变得平缓,使下泄水流的大流速过程减少,从而降低水流的动能。假定三湖河口断面 6 个月总径流量均为 123 亿 m^3 情况下,本书对不同径流分配方案的水流动能进行了对比,结果表明:方案 1(月均流量分别为 400 m^3/s、400 m^3/s、400 m^3/s、400 m^3/s、1 500 m^3/s 和 1 500 m^3/s)比方案 2(月均流量分别为 400 m^3/s、400 m^3/s、647 m^3/s、755 m^3/s、1 050 m^3/s 和 1 500 m^3/s)动能增大约 66%,由此可见径流过程对水流塑槽能力的影响非常大。在目前规划和建设的 25 座梯级水电站中,只有已经投入运用的龙羊峡水库和刘家峡水库具备对天然径流的调平能力;规划的大柳树水库可能会对龙刘水库下泄径流进行反调节,但目前仍不能确定该水库开工的时间。

综合以上分析认为:①在西线南水北调工程生效前,较现状相比,未来人类用水量、河道径流年内分配、输沙量和孔兑泥沙入黄方式等将不会有较大变化,但年水量和汛期水量可能会有所增加。其中,三湖河口断面年径流量和汛期径流量可能分别由现状的 160 亿 m^3、60 亿 m^3 增大至 204 亿 m^3、74 亿~80 亿 m^3。②水力发电量将会较现状增加,使发电量占该河段理论蕴藏发电量的比例由现状的 13.4% 提高到 33.6%。③由于龙刘水库的联合调控和滩区生产生活的限制,1 500~2 500 m^3/s 的洪水将成为宁蒙河段汛期洪水的主要量级。

大量观测表明,在内蒙古河段,河床冲刷主要发生在伏秋汛期,且只有当洪水流量达到 1 000 m³/s 以上时,洪水才具有显著的冲刷作用。为此,利用历史实测资料进一步分析了流量大于 1 000 m³/s 的洪水水量与主槽断面形态的响应关系(见图 3-30)。由图可见,尽管三湖河口河段的冲淤受上游水沙条件、支流水沙条件和河床地质条件的综合影响,但在洪水水量小于 50 亿 m³ 范围内,上游洪水水量与平滩流量仍有很好的相关关系。

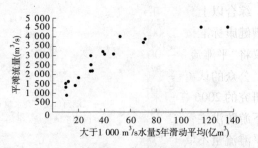

图 3-30 三湖河口断面洪水水量与平滩流量的关系

1987 年以来,龙刘水库的联合运用使进入内蒙古河段的洪峰流量大幅度降低,从而使其汛期流量大于 1 000 m³/s 的洪水水量占汛期水量的比例由 1956~1986 年的 81% 降低至 1987~2006 年的 31% 左右;20 世纪 90 年代,由于汛期水量的进一步减少和汛期人类用水量居高不下,该量级洪水的水量占汛期水量的比例甚至只有 25%。由于宁蒙河段人类用水量基本稳定,故汛期水量与汛期流量大于 1 000 m³/s 的洪水水量关系很好(见图 3-31),三湖河口汛期水量 74 亿~80 亿 m³ 情况下流量大于 1 000 m³/s 的水量可能为 23 亿~35 亿 m³。那么,根据图 3-30,在汛期来水 74 亿 m³ 情况下,未来可

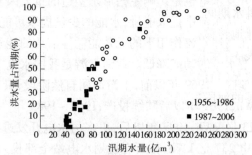

图 3-31 三湖河口断面汛期水量与洪水水量的关系

能维持的平滩流量可能达到 2 300~2 500 m³/s;若汛期水量能够达到 80 亿 m³,平滩流量甚至可能达到 3 000 m³/s 左右。

以上是在 2003 年水电开发规模情况下得出的结果。然而,未来上游水电的持续开发必然进一步减少进入宁蒙河段的水流能量。2003 年,上游已建成并投运水电站发电量为 237 亿 kWh,而该河段理论蕴藏发电量和规划发电量分别为 1 770 亿 kWh 和 594 亿 kWh。因此,当 2015 年左右所有规划水电站均投入运行,则进入宁蒙河段的水流动能还将较现状降低 20% 左右,因此以上分析得出的平滩流量可能还将再下降,多年平均降水情况下可能维持的平滩流量在 2 000~2 400 m³/s。

3.3.2.4 内蒙古河段河槽健康标准综合分析

本节利用 1950 年以来的实测资料,分析了内蒙古河段非漫滩情况下洪水流量与主槽平均流速的关系,认为该河段平滩流量应大于 2 000~2 500 m³/s,至少应大于 2 000 m³/s,否则将降低其输沙能力。

通过分析未来下游洪水形势,认为从与未来洪水相适应角度,内蒙古河段平滩流量 2 000~2 500 m³/s 是适宜的。

通过分析该河段不同平滩流量对防洪防凌的影响,认为平滩流量达 2 000~2 200 m³/s 以上才可基本满足防洪防凌的要求。

综合以上分析,并充分考虑未来水沙条件对主槽的塑造和维持能力,建议内蒙古河段主槽健康标准按 2 000 ~ 2 500 m³/s。统筹考虑主槽健康的标准和未来可能的水沙条件,建议将"平滩流量 2 000 m³/s 左右"作为现阶段(2030 年以前)的主槽维持目标。

公众的认可程度也是本书确定平滩流量恢复目标时需要考虑的重要因素。从项目前期研究的 2006 年以来,曾多次组织专家咨询,并深入实地调研,听取了国内相关专家、黄河下游防洪主管部门和内蒙古河段河道管理部门等多方面的意见,绝大多数认为"内蒙古平滩流量不低于 2 000 m³/s"的推荐意见基本合理可行。

宁夏河段的河床形态和演变特点等与内蒙古河段相似,建议其平滩流量标准与内蒙古河段一致。

3.3.3 下游滩地

3.3.3.1 滩槽高差

当滩地平均高程低于河槽平均高程(即滩槽高差小于零)时,由于滩地面积大,在大漫滩洪水期间,"一边滩"河段的滩地过流比很可能超过河槽过流比,从而可能使大河主流向滩地转移,诱发滚河,危及堤防,进而可能改变河流的水沙输送和水循环路径。

表 3-7 和图 3-32 是花园口—孙口河段(位于陶城铺断面上首附近)2007 年汛后滩槽高差状况(负值表示滩地平均高程低于河槽平均高程,下同),由图表可见,目前滩槽高差小于零的河段主要在禅房以下河段。

表 3-7　黄河下游花园口—孙口河段 2007 年汛后滩槽高差

河段	滩宽(m)		河槽宽(m)	左岸滩槽高差(m)		右岸滩槽高差(m)	
	左岸	右岸		平均	最小	平均	最小
花园口—夹河滩	3 760	2 630	3 697	1.63	0.02	1.83	0.63
夹河滩—高村	3 879	3 920	2 721	0.14	− 1.47	0.29	− 1.39
高村—孙口	3 434	1 858	1 435	− 0.03	− 1.46	0.14	− 0.73

基于 2007 年汛后黄河下游滩槽状况,利用二维水沙数学模型计算了夹河滩—孙口河段在"58·7"洪水情况下(花园口流量 22 300 m³/s)各河段滩地分流比(见图 3-33 和图 3-34),由图可见,凡出现滩槽高差小于零的河段,其滩地分流比均达到 50% 以上,且滩槽高差越小,滩地分流比越大。由此也说明该河段是目前下游洪灾风险最大的河段。

根据以上分析,建议将"滩槽高差大于零"作为健康黄河的低限标准之一。就目前情况看,夹河滩—孙口河段是防滚河和滩地放淤等需要关注的河段。

需要说明的是,当某河段滩槽高差小于零,只能表明发生滚河的风险很大,但并非一定会发生滚河,因为实际是否发生滚河还与河道防护工程情况有关。因此,仅靠理论计算提出滩槽高差的适宜标准仍存在一定困难。

据历史资料,在三门峡水库修建前的 20 世纪 50 年代,黄河下游花园口—孙口之间的宽河段滩槽高差普遍大于 1 m,一般在 1 ~ 2 m(见图 3-35,引自钱宁《黄河下游河床演变》,1965),人们普遍认为那时的下游河床滩槽关系是合理的;20 世纪 70 年代初以后,二

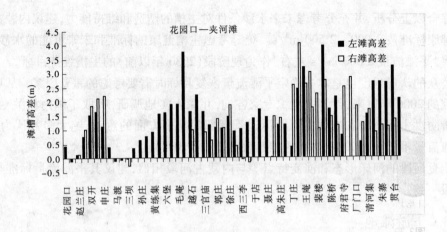

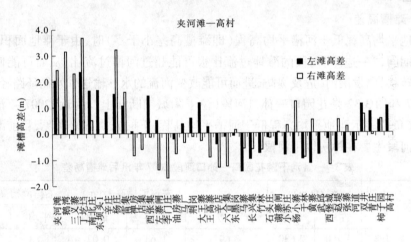

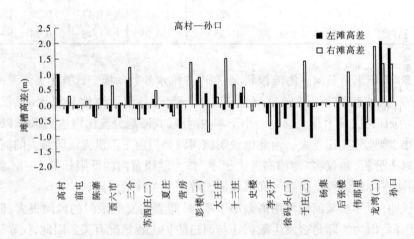

图 3-32　花园口—孙口河段 2007 年汛后滩槽高差

级悬河问题日渐严重并引起关注。鉴于此,建议将"滩槽高差大于 1 m"作为健康黄河的适宜标准之一。

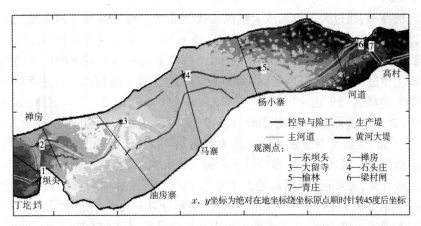

图3-33 2007年汛后河床在"58·7"洪水情况下的滩地过流情况(夹河滩—高村)

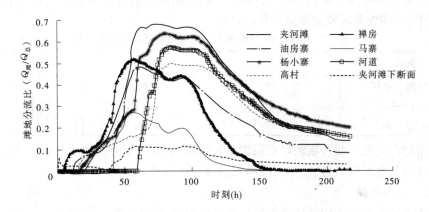

图3-34 2007年汛后河床在"58·7"洪水情况下的滩地分流比

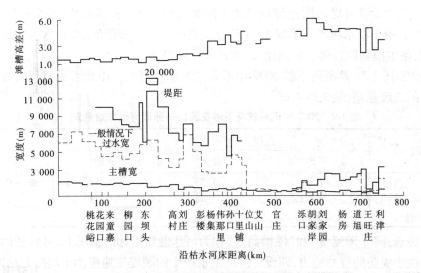

图3-35 天然状况下黄河下游滩槽高差

在现状下游河床状况下,要全面扭转"槽高滩低"局面,只有靠延长下游河床冲刷历时而降低河槽高程、通过人工放淤或天然洪水漫滩而增大滩地高程等两个途径。小浪底水库运用以来,黄河下游主槽已普遍冲深 1～1.5 m 以上,但夹河滩—孙口之间的很多河段"槽高滩低"局面依然严重:2007 年汛后末,尽管除彭楼—陶城铺河段以外的黄河下游大部分河段主槽过流能力已经恢复到 4 000 m³/s 以上(其中高村以上已达 5 000～6 000 m³/s),但最小滩槽高差仍达 −1.47 m(左岸)和 −1.46 m(右岸)。粗略估算,在滩地高程不变情况下,要全部消除黄河下游滩槽负高差,必须使主槽过流能力全面增大至 6 000 m³/s 以上。然而,在黄河下游主槽过流能力普遍达到 4 000 m³/s 以上后,继续维持下游冲刷状态必然导致小浪底水库库容的过多淤损。由此可见,控制滩槽高差今后应主要靠人工放淤。经计算,要实现"滩槽高差大于零"的目标,下游相应河段的放淤土方量约达 5.27 亿 m³(见表 3-8,根据 2007 年 10 月大断面资料计算),这样的放淤量在未来 20 年内是完全可以实现的。鉴于此,并考虑到近年现状堤防已普遍进行了加固加高处理、已经选择平滩流量 4 000～5 000 m³/s 作为河道健康指标,现阶段完全可将"下游各河段滩槽高差均大于零"作为黄河滩地健康修复的目标。

表 3-8　使滩地平均高程大于河槽而需要的放淤土方量　　　　　　(单位:亿 m³)

河段	左滩	右滩	左右滩合计
夹河滩—高村	1.19	1.63	2.82
高村—孙口	2.09	0.35	2.45
夹河滩—孙口	3.28	1.99	5.27

上游巴彦高勒—昭君坟河段也属游荡性河段,有着与下游类似的宽滩区,建议其相应健康标准也按此掌握。目前,该河段尚无二级悬河问题。

3.3.3.2　二级悬差

由于漫滩洪水的落淤往往首先发生在滩唇附近,即使没有堤防,黄河下游滩地也存在一定程度的滩地横比降。20 世纪 70 年代以前,由于主流频繁的横向摆动,加上大漫滩洪水几率大,因此滩唇与堤河附近滩面高差(称做二级悬差)和滩面横比降不十分明显。1986 年以后,由于洪水漫滩几率减少、主流摆动范围的进一步限制、滩区水沙运动阻力加大等因素,使主槽和滩唇落淤比例加大、滩地横比降增加。

表 3-9 和图 3-36 是黄河下游 2007 年汛后二级悬差情况。由此可见,目前,各河段均存在较大的二级悬差,最大达 4 m。

表 3-9　2007 年汛后黄河下游花园口—孙口河段二级悬差　　　　　　(单位:m)

河段	左岸		右岸	
	平均	最大	平均	最大
花园口—夹河滩	−0.91	−1.53	−0.18	−0.64
夹河滩—高村	−1.74	−2.44	−2.33	−4.00
高村—孙口	−2.11	−3.02	−1.84	−3.46

在已经选择"平滩流量"和"滩槽高差"作为河床健康指标的情况下,可接受的二级悬差主要取决于堤防的抗冲能力,即设计漫滩洪水产生的顺堤流速应小于堤防的抗冲流速,相应的二级悬差即为可接受的二级悬差。

通过试验或理论计算确定下游堤防的抗冲流速是不现实的。根据历史实测资料,

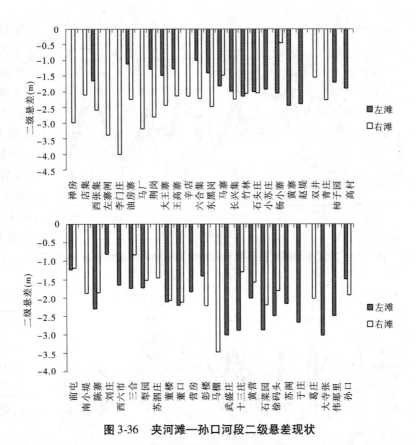

图 3-36　夹河滩—孙口河段二级悬差现状

1958 年、1982 年和 1996 年高村断面的最大顺堤流速分别为 0.6 m/s、0.25 m/s 和 0.25 m/s；孙口断面 1958 年最大顺堤流速 0.58 m/s，1982 年最大顺堤流速 0.79 m/s，在以上情况下，当时的大堤均没发生明显破坏。另据黄河下游引黄土渠的运行实际，其流速一般在 1~1.2 m/s。综合以上因素，并考虑到现状黄河下游堤防近年来又进行了大规模加固加高、堤坡均有一定植被，经专家讨论，认为黄河下游大堤的抗冲流速应在 1.2 m/s 左右。

图 3-37 和图 3-38 是现状二级悬差下不同量级洪水在下游左右岸可能产生的顺堤流速。由图可见，对应各量级洪水的各断面顺堤流速都不超过堤防抗冲流速。

一般说来，漫滩洪水对扩大河槽过流能力、增大滩槽悬差都是有益的，但在目前主流位置基本固定情况下，漫滩洪水却可能加剧二级悬差，故缩小二级悬差主要取决于未来人工放淤的力度。

在已经选择"平滩流量"和"滩槽高差"作为黄河健康指标的情况下，考虑到现状滩地二级悬差的危害程度、滩区放淤和堤防加固力度不断加大的现实，认为：尽管"二级悬差"应该是描述二级悬河状况的重要因子，但现阶段可暂不对其量化阈值深入研究。不过，从防洪角度，仍需对二级悬差严重的夹河滩—孙口河段给予重点关注。

3.4　下游河槽健康对径流条件的要求

保障黄河下游的输沙用水意义重大，为此前人曾进行过大量研究，认为：在下游来沙

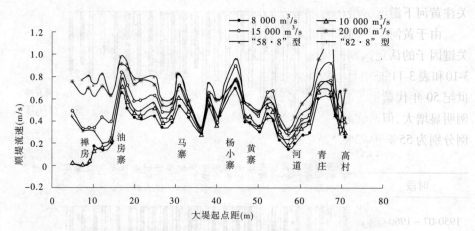

图 3-37 黄河下游宽河段不同量级洪水沿程顺堤流速计算结果(左岸)

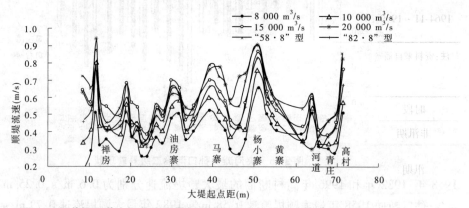

图 3-38 黄河下游宽河段不同量级洪水沿程顺堤流速计算结果(右岸)

12 亿~13 亿 t、允许河床淤积 2 亿~3 亿 t 情况下,下游输沙需水量为 130 亿~210 亿 m³。然而,由于水土保持、上中游水库拦截和气候变化,1986~2006 年的潼关来沙量只有 6.5 亿 t。未来,由于小浪底水库拦截,正常降水年份进入下游的沙量必将远小于 12 亿~13 亿 t。更为重要的是,由于未来下游漫滩几率很小,日均流量 3 000~5 000 m³/s 的中常洪水将是下游常遇洪水,因此,若允许下游河床淤积 2 亿~3 亿 t/a,将不可能实现"维持下游平滩流量 4 000 m³/s 左右"的目标。此外,以往的研究也没有对实现该水量的流量过程予以说明,而流量是影响水流输沙能力的最重要指标。所以,有必要根据新的水沙形势和维持黄河健康主槽的要求,从河槽淤积原因分析入手,以维持平滩流量 4 000 m³/s 左右为目标,重新认识黄河下游输沙和河槽塑造所需要的流量与水量。

3.4.1 下游河槽淤积原因分析

在过去的 50 多年中,围绕黄河下游河床淤积原因,国内许多单位已经进行了大量的分析研究,提出了大量非常有价值的认识。不过,笼统地用河床冲淤量大小难以反映主槽横断面形态和大小,例如,20 世纪 50 年代黄河下游河床年均淤积量达 3.61 亿 t,远大于 1987~1999 年的年均淤积量 2.23 亿 t,但前者的主槽淤积量只有后者的 50%。本书重点关注黄河下游河槽淤积的原因。

由于黄河下游河床形态特殊、主流游荡不定,不同研究者对各河段主槽宽度和河长等关键因子的认定区别较大,因此导致相同时期主槽冲淤量计算结果存在较大差别。表3-10和表3-11是引自有关文献的黄河下游1950~1999年河床淤积量资料,由表可见,20世纪50年代黄河下游主槽淤积约占全断面淤积量的22.7%,1965~1999年主槽淤积比例明显增大,但两文献给出的河槽淤积增加幅度有所不同,河槽淤积量占全断面淤积的比例分别为55%和62%。

表3-10 1950~1999年黄河下游年均冲淤量及其分布 （单位:亿t）

时段	部位	铁谢—高村	高村—艾山	艾山—利津	铁谢—利津
1950-07~1960-06	主槽	0.62	0.19	0.01	0.82
	全断面	1.99	1.17	0.45	3.61
1964-11~1999-10	主槽	0.717	0.26	0.25	1.23
	全断面	1.36	0.54	0.35	2.25

注:资料来自潘贤娣《三门峡水库修建后黄河下游河床演变》。

表3-11 1965~1999年黄河下游不同时段断面法冲淤量分布 （单位:亿m³）

时段	部位	铁谢—高村	高村—孙口	孙口—艾山	艾山—利津	铁谢—利津
非汛期	全断面	−27.254	4.609	2.413	14.054	−6.178
汛期	主槽	46.226	0.323	−0.849	−8.412	37.289
	全断面	56.579	6.268	−0.280	−5.998	56.569
全年	主槽	18.972	4.933	1.564	6.642	31.110
	全断面	29.325	10.878	2.133	8.056	50.390

注:资料来自申冠卿《黄河下游河道对洪水的响应机理与泥沙输移规律》。

考虑到冲淤资料的系统性、一致性和可靠性,以下分析重点以1965~1999年下游实测冲淤资料为基础,并在分析中特作以下界定:①河槽和主槽的定义。河槽由主槽和嫩滩组成,其关系见图3-1。②河槽宽度的确定。河槽宽度按"铁谢—高村2 300 m、高村—艾山930 m、艾山—利津540 m"取值。③因黄河下游淤积大断面测量一般在5月和10月,故若无特别说明,本节所谓汛期和非汛期分别指6~10月和11~5月。

3.4.1.1 高含沙洪水的影响

关于高含沙洪水的定义,钱宁、张瑞瑾和钱意颖等曾分别给出过他们的见解,虽不完全一致,但都认为高含沙洪水应该是不仅含沙量高,而且极细颗粒泥沙较多的洪水,进而使水流的物理特性、运动特性和输沙特性等不再符合牛顿流体的规律,而更倾向于宾汉流体。对于黄河下游,一般认为水量含沙量达到200 kg/m³以上即可称为高含沙洪水。鉴于此,以下所称高含沙洪水均指三黑小(即三门峡、黑石关和小董之和)日均最大含沙量200 kg/m³以上的洪水,相应的花园口站日均最大含沙量均在100 kg/m³以上;而且,若无特别说明,均特指天然高含沙洪水,即不包括水库异重流形成的高含沙洪水。

迄今为止,前人已对高含沙洪水的冲淤特点做过大量研究。不过,现有的研究多集中在高含沙洪水对河床的影响。如申冠卿等认为,1965～1999年下游高含沙洪水造成的河床淤积量达66.26亿t,占同期下游总淤积量的84%;河床淤积集中发生在高村以上河段,占下游总淤积量的87.8%,该结论与潘贤娣等的研究结论基本一致。以下重点分析高含沙洪水对下游"河槽"冲淤的影响。

1965～1999年,黄河下游共发生高含沙洪水26场、场次洪水平均历时9.1天,26场高含沙洪水的总来沙量104.4亿t(占同期下游来沙量的30%)。表3-12是1965～1999年黄河下游不同河段河槽冲淤情况。由表可见:河槽在高村以上河段表现为汛期淤积、非汛期冲刷,而高村以下河段恰好相反;高村以上河段汛期河槽淤积泥沙的69%来自高含沙洪水,高村以下河段汛期河槽淤积泥沙全部来自高含沙洪水。可见,所谓"水少沙多,水沙关系不协调"是造成下游主槽萎缩的根源,实际上主要体现在高含沙洪水的水沙关系。如果去除高含沙洪水,下游河槽(特别是高村以上河段)总体上是冲刷的;高村—艾山段和艾山—利津段的河槽年淤积量也可分别减少1/2和1/4。韩其为院士在其最近发表的《黄河下游河道巨大的输沙能力与平衡的趋向性》中也提出类似的观点。因此,为减轻下游河槽淤积,高含沙洪水应作为黄河中下游洪水泥沙调控的重点对象。

表3-12　1965～1999年高含沙洪水对黄河下游河槽冲淤的影响　（单位:亿t）

项目	铁谢—高村	高村—艾山	艾山—利津	铁谢—利津
1965～1999年汛期河槽冲淤量 （含26场高含沙洪水）	61.08	-0.75	-12.32	48.01
26场高含沙洪水的河槽冲淤量	41.919	5.092	2.463	49.474
非汛期	-40.95	11.40	21.17	-8.38
全年	20.13	10.65	8.85	39.63

值得注意的是,20世纪90年代,高含沙洪水的发生频率明显增大:1965～1989年下游共发生15场高含沙洪水,而1990～1999年高含沙洪水达到11场,使高村以上高含沙洪水产生的河槽淤积量占汛期总淤积量的比例增大至88%,高村—艾山河段汛期则由冲刷转为淤积(见表3-13)。

表3-13　1990～1999年高含沙洪水对黄河下游河槽冲淤的影响　（单位:亿t）

项目	铁谢—高村	高村—艾山	艾山—利津	铁谢—利津
汛期河槽冲淤量(含高含沙洪水)	19.999	0.739	-1.093	19.645
高含沙洪水的河槽冲淤量	17.602	1.241	1.199	20.042
非汛期	-11.583	1.136	2.887	-7.561
全年	8.416	1.875	1.794	12.085

前文指出,下游中低含沙的大漫滩洪水往往产生"淤滩刷槽"的效果。但对于高含沙

洪水,即使大漫滩,也难以产生"淤滩刷槽"效果,而往往是滩槽同淤,尤以高村以下河段更甚(见表3-14和图3-39,图中 k 为来沙系数, k 大于0.04者为高含沙洪水)。

表3-14 高含沙漫滩洪水滩槽淤积分布 （单位:亿 t）

河段	高村以上	高村—艾山	艾山—利津	全下游
河床总淤积量	24.683	2.459	0.926	28.068
河槽淤积量	13.213	2.069	0.976	16.258

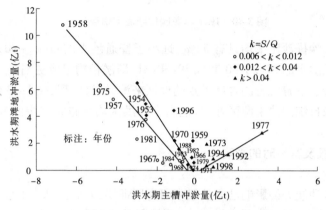

图3-39 黄河下游漫滩洪水滩槽冲淤关系

事实上,高含沙洪水漫滩后,主槽往往萎缩(见表3-15和图3-40)。如1977年发生了两场高含沙洪水,花园口站最大洪峰流量10 800 m³/s,为其汛前平滩流量的1.74倍,但花园口平滩流量却由汛前的6 200 m³/s降低为汛后的4 000 m³/s左右,主槽断面面积减少了41%;1994年发生了3场高含沙洪水,最大洪峰流量6 300 m³/s,为其汛期平滩流量的1.7倍,但汛后花园口主槽断面面积减少了37%。

表3-15 典型漫滩高含沙洪水对河槽断面的影响(花园口)

洪水年份	测验日期	主槽断面面积（m²）	河底平均高程（m）
1977年高含沙洪水	1977-06-17	5 828.06	92.19
	1977-09-19	3 412.44	93.02
1994年高含沙洪水	1994-05-12	4 280.46	92.88
	1994-10-10	2 706.26	93.48

高含沙洪水一向被认为具有"多来多排、输沙效率高"的特点,但此观点显然忽视了后期处理高含沙洪水的河槽淤积泥沙所需要的水量:以上26场高含沙洪水平均河槽淤积量1.9亿 t,据近年调水调沙的运行实践估算,将1.9亿 t泥沙冲刷至河口,至少还需要90亿~100亿 m³ 的清水。

高含沙洪水与普通洪水的来沙组成差别不大,其细沙(粒径小于0.025 mm)、中沙(粒径0.025~0.05 mm)、粗沙(粒径大于0.05 mm)的比例大体在50:26:24,但由于26

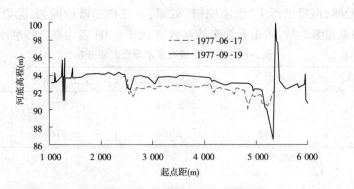

图 3-40　1977 年花园口断面河槽变化

场高含沙洪水的细沙排沙比平均只有 52%,远小于普通洪水的 60% ~ 80%,因此使河床淤积物组成由普通洪水的 27:23:50 变成 39:30:31,即淤积物组成更细。

潘贤娣等分析了下游所有高含沙洪水的地区来源,结果发现,除 1973 年和 1977 年各一场高含沙洪水来自细泥沙来源区外,其他高含沙洪水均来自黄河中游河口镇—龙门区间右岸的多沙支流。

3.4.1.2　洪水量级及其历时的影响

1)流量

流量对水流输沙能力的影响已经被很多研究所证实,人们已基本形成这样的共识:流量越大,输沙能力越大;对于中低含沙洪水,当流量达 2 500 m³/s 左右时,下游可整体冲刷。为进一步辨析洪水量级对挟沙力的影响,对 1964 ~ 1999 年下游实测资料剔除高含沙洪水,然后统计分析中低含沙洪水在不同量级下的输沙能力(见表 3-16,花园口站日均最大含沙量均在 100 kg/m³ 以下),结果表明,流量 2 000 m³/s 以下时淤积比可达 22% ~ 56%,而流量 3 500 m³/s 以上的淤积比不足 1%。

表 3-16　不同量级洪水的河槽淤积量(亿 t)及淤积比(%)

河段	流量(m³/s)								
	小于 1 000	1 000 ~ 1 500	1 500 ~ 2 000	2 000 ~ 2 500	2 500 ~ 3 000	3 000 ~ 3 500	3 500 ~ 4 000	4 000 ~ 4 500	大于 4 500
花园口—高村	2.03	3.26	2.74	3.06	0.06	2.6	1.34	- 0.34	- 2.37
高村—艾山	1.17	1.24	0.13	- 0.02	0.33	- 1.0	0.48	0.09	2.61
艾山—利津	0.91	0.34	- 0.64	- 0.67	- 0.24	- 0.4	- 0.8	- 1.0	- 1.68
利津以上	6.36	10.07	8.72	5.29	2.5	2.1	0.23	- 2.3	- 7.35
淤积比(%)	56.7	33.1	22.3	17.3	10.1	9.8	1.1	- 8.9	- 27.9

以上分析说明,流量大于 3 500 ~ 5 000 m³/s 的洪水对提高水流输沙能力具有非常重要的意义。然而,分析花园口站 1950 ~ 1999 年各流量级洪水的水量分布可见(见图 3-41、图 3-42 和表 1-7),1986 ~ 1999 年,进入下游的洪水量级基本集中在 3 000 m³/s 以下,全年流量大于 3 000 m³/s 的天数只有 3.6 天,较 1986 年前减少 90%。1986 年以前,7 ~ 8 月来沙一般约占汛期总沙量的 54%;而 1987 ~ 1999 年,这个比例进一步提高至 72%,这个特

点与此期洪水量级减小遭遇无疑使河床淤积加剧。实测资料表明,1987年以来的小量级洪水输沙使下游淤积比由20世纪50年代的20%增大至30%。

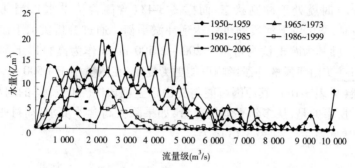

图3-41　花园口站各流量级水量分布(引自潘贤娣,2006)

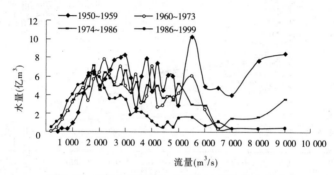

图3-42　花园口断面7~8月各流量级的水量分布

下游流量条件的变化不仅表现在高效输沙洪水的减少,而且反映在漫滩洪水频率和持续时间的大幅度减少,从而使河床淤积泥沙更加集中在河槽内。20世纪50年代,黄河下游几乎每年都有漫滩洪水发生,其中大漫滩洪水6场次,因此尽管此期河床淤积量很大,但河槽淤积并不多;1987~1999年,由于干支流大中型水库削峰和天然降水减少,黄河下游只发生两次大漫滩洪水,而大漫滩洪水的减少使河槽淤积比例由20世纪50年代的23%增大至72%。

需要指出的是,即使对于流量4 000~8 000 m³/s的中常洪水,若其含沙量过大,仍将使下游强烈淤积(见表3-17),淤积仍主要发生在高村以上河段。由此进一步说明控制高含沙洪水是减轻下游河槽淤积的关键措施。

表3-17　1950~1999年下游中小洪水的河道淤积分布

流量(m³/s)	花园口最大日均含沙量(kg/m³)	淤积量(亿t)		
		高村以上	高村—艾山	艾山—利津
4 000~8 000	100~200	27.4	1.56	-1.65
	200	16.35	2.36	0.09
1 500~4 000	100~200	18.61	1.22	0.50
	200	17.38	1.66	0.77

流量对下游不同河段的影响有所不同。从多年平均情况看（见表3-12和表3-13），汛期不利流量级对河槽冲淤的影响主要反映在高村以上河段；艾山以下河段在流量大于1 500~2 000 m³/s时就处于冲刷状态；而据图3-43（含高含沙洪水），当艾山流量大于2 500 m³/s左右时，艾山以下河段即可能达到冲淤平衡。通过分析黄河下游上下河段的输沙能力和河型，韩其为院士认为可取2 200~2 500 m³/s作为高村以下河段的临界流量。流量对高村—艾山河段的冲淤影响可能更为复杂：在流量小于4 500 m³/s的范围内，该河段时冲时淤（见表3-16），其原因可能与艾山以上河段"上陡下缓"的河型有关，对此将在后面分析。所幸的是，从多年平均情况看，如果除去高含沙洪水，高村—艾山段河槽在汛期是冲刷的（见表3-12和表3-13）。

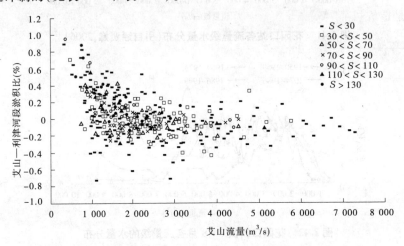

图3-43　艾山以下河道淤积比和流量关系（不含大漫滩洪水数据）

2）场次洪水历时

场次洪水历时也是影响下游冲淤的重要水流因素。根据历史洪水资料，一场洪水从小浪底演进到利津一般需要5~7天时间。若场次洪水历时过短，由于河道槽蓄作用，洪峰在演进过程中将发生很大变形，表现为洪峰显著降低，进而降低其输沙能力。

"九五"至"十一五"期间，石春先、刘继祥和申冠卿等都曾对洪水历时的输沙影响问题进行过研究，认为场次洪水的历时不宜少于7~10天。

3.4.1.3　引黄灌溉的影响

20世纪80年代以来，黄河下游年均引黄水量约105亿m³，占全河耗水量的36%，且80%左右为农业灌溉用水。从各月下游引水量占下游来水的比例看，1月30%、2月48%、3月66%、4月67%、5月62%、6月50%、10月30%、11月22%、12月40%。3~5月是黄河下游引黄灌溉的高峰期，约占全年引水量的47%（见图3-44），引水流量450~600 m³/s。引水主要发生在高村以下河段，占小浪底以下干流总引水量的76%。

为突出说明引水影响，特选择小浪底水库运用以来的实测资料，分析了2000~2007年非汛期11~2月和3~5月两时段下游各河段冲淤量（见表3-18，11月和12月为上年数据）。由表可见，艾山—利津河段3~5月淤积量占整个非汛期淤积量的68%，而高村—艾山河段的非汛期淤积量几乎全部发生在3~5月。即使在11~2月，如果剔除下游引水大于150 m³/s月份，艾利河段月均淤积量也减少约80%（见表3-19）。由此可见，下

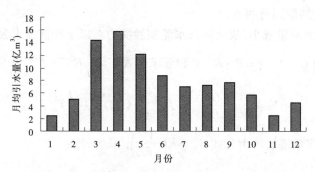

图 3-44　黄河下游逐月引黄水量(1980~2007 年)

游引黄灌溉是造成目前高村以下河段非汛期淤积的主要因素。

表 3-18　下游非汛期分时段冲淤量　　　　　　　　　　　　　　（单位:亿 t）

年份	时段	小浪底—花园口	花园口—高村	高村—艾山	艾山—利津
2000	11~2 月	-0.196	0.044	-0.003	0.053
	3~5 月	-0.409	-0.166	0.199	0.159
2001	11~2 月	-0.195	-0.143	-0.073	0.087
	3~5 月	-0.251	-0.202	0.088	0.068
2002	11~2 月	-0.047	-0.034	0.001	0.01
	3~5 月	-0.179	-0.176	0.058	0.09
2003	11~2 月	-0.014	0.008	0.002	0.001
	3~5 月	-0.065	-0.063	0.02	0.015
2004	11~2 月	-0.285	-0.338	-0.318	0.034
	3~5 月	-0.111	-0.15	0.035	0.033
2005	11~2 月	-0.021	-0.036	-0.009	0.023
	3~5 月	-0.107	-0.088	-0.004	0.046
2006	11~2 月	-0.064	-0.077	-0.082	0.077
	3~5 月	-0.162	-0.226	-0.036	0.101
2007	11~2 月	-0.024	-0.036	-0.003	0.014
	3~5 月	-0.058	-0.126	0.021	0.067
年均	11~2 月	-0.106	-0.077	-0.061	0.034
	3~5 月	-0.168	-0.15	0.048	0.072

表 3-19　2000~2007 年 11~2 月引水对艾利河段淤积量影响

河段	高村以上	高村—艾山	艾山—利津
含全部月份	-0.183	-0.061	0.034
剔除下游引水大于150 m³/s 的月份	-0.042	-0.019	0.007

形成以上现象的原因有两方面:

(1)引水后大河流量减小,从而降低水流挟沙能力。以下据挟沙力公式阐明之。

联解连续方程 $Q = A \cdot V = B \cdot h \cdot V$ 和曼宁公式 $V = \frac{1}{n} R^{2/3} \cdot J^{1/2}$,并令 $R = h$,则:

$$V = \frac{1}{n^{3/5}} \left(\frac{Q}{B} \right)^{2/5} \cdot J^{3/10} = \left(\frac{Q}{B} \right)^{2/5} \left(\frac{\sqrt{J}}{n} \right)^{3/5} \tag{3-4}$$

将式(3-4)与张瑞瑾挟沙力公式 $S_* = K \left(\frac{V^3}{gR\omega} \right)^{\alpha}$ 联解,则:

$$S_* = \frac{K}{(g\omega)^{\alpha}} \left(\left(\frac{Q}{B} \right)^{3/5} \left(\frac{\sqrt{J}}{n} \right)^{12/5} \right)^{\alpha} \tag{3-5}$$

据吴保生等研究,在黄河下游指数 α 约等于 0.75,代入上式可得:

$$S_* = \frac{K}{(g\omega)^m} \left(\left(\frac{Q}{B} \right)^{3/5} \left(\frac{\sqrt{J}}{n} \right)^{12/5} \right)^{3/4} = \frac{K}{(g\omega)^{3/4}} \left(\frac{Q}{B} \right)^{9/20} \left(\frac{\sqrt{J}}{n} \right)^{9/5} \tag{3-6}$$

简化上式,可得:

$$S_* = \frac{K}{g^{0.75} \omega^{0.75}} \frac{Q^{0.45} J^{0.9}}{B^{0.45} n^{1.8}} \tag{3-7}$$

式中 Q、B、h、V、R、J、n、ω 分别为流量、河宽、水深、流速、水力半径、坡降、糙率和泥沙沉速。由上式可见,引水减少了河道内流量,而水流挟沙力与流量的 0.45 次方成正比,故而必使黄河的水流挟沙力降低。

按式(3-7),令其他因素不变,可建立流量与水流挟沙力的关系曲线(见图3-45)。由图可见,当流量分别增减 10% 和 20% 时,挟沙力只分别增减 4.6% 和 9.6%,说明少量引水并不会显著降低高村以下河段的输沙能力。该推论从下游实测资料可得到证实:分析下游月引水量小于 150 m³/s 时期的输沙量资料可见(见图3-46),只要下游不引水,尽管仍存在"上冲下淤"问题(其原因将在后面分析),但由于冲刷河段的含沙量一般难以达到其饱和状态,故各流量级时艾利段的淤积量都不大,其中花园口流量小于 500 m³/s 时艾山—利津河段的淤积量几乎可以忽略不计。黄河水利科学研究院 2007~2008 年度咨询报告也提出类似的结论,即当引水量少于来水量的 10% 时,高村以下河段整体上淤积量很小(见表3-20)。

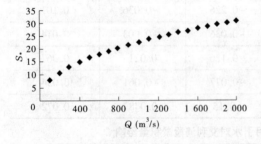

图 3-45   流量与水流挟沙力的关系

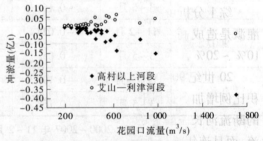

图 3-46   引水小于 150 m³/s 时花园口月均流量
与高村以下各河段冲淤量的关系

表 3-20　引水比例小于 10% 时下游各河段淤积量

流量 （m^3/s）	花园口断面来水来沙情况					单位水量的冲淤量（kg/m^3）			
	累计历时 （d）	径流量 （亿 m^3）	输沙量 （亿 t）	平均 流量 （m^3/s）	平均 含沙量 （kg/m^3）	铁谢— 高村	高村— 艾山	高村— 孙口	艾山— 利津
1 500 ~ 1 200	26	30	0.220 7	1 324	7.42	−5.25	−3.38	−2.00	−1.28
1 200 ~ 1 000	47	44	0.205 1	1 094	4.62	−3.61	−1.62	−0.82	−0.76
1 000 ~ 800	35	27	0.031 3	889	1.17	−3.55	−1.32	0.73	0.11
800 ~ 400	110	60	0.058 3	631	0.97	−2.67	−1.06	0.28	0.12

按 3 ~ 5 月灌溉高峰期情景，设小浪底水库出库流量为 800 m^3/s，小浪底以下干流引水约 550 m^3/s，其中 76% 的引水发生在高村以下，则高村断面水流挟沙力较无引水时下降约 8%，可见引水影响主要反映在高村以下河段。

（2）引水期间必加大花园口流量，而非汛期高村以上河段冲刷量随花园口流量增大而直线增加（见图 3-47（a）），高村以下河段淤积又主要来自高村以上河段的冲刷。不过，当花园口流量小于 400 m^3/s 左右时，因靠冲刷形成的含沙量一般不超过 4 ~ 5 kg/m^3，故相应的艾利段河槽淤积量也非常小（见图 3-47（b））。

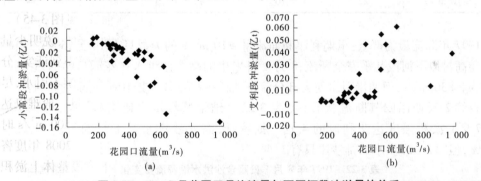

图 3-47　11 ~ 2 月花园口月均流量与不同河段冲淤量的关系

综上分析可见，引水灌溉对河槽的不利影响主要反映在高村以下河段；下游大量引水灌溉是造成高村以下河段河槽淤积的主要因素；不过，若总引水量小于黄河流量的 10% ~ 20%，一般不会使河槽淤积明显加剧。

20 世纪 90 年代后期，过度和无序引水使下游断流加剧，进而使高村—艾山段河槽淤积比例增加。黄河下游断流始于 1972 年，之后愈演愈烈（见图 3-48）。不过，1994 年之前的断流河长一般不超过 300 km。1995 ~ 1998 年，断流河长达 500 ~ 700 km；不仅非汛期断流，而且连年汛期断流。

由表 3-21 可见，1995 年和 1996 年 3 ~ 5 月，艾山断面流量小于 100 m^3/s 的天数长达 1 个月，而在此之前一般不足 10 天。1995 年 3 ~ 5 月该河段损耗的流量分别达 312 m^3/s、173 m^3/s 和 167 m^3/s，1996 年 3 ~ 5 月该河段损耗流量分别达 348 m^3/s、266 m^3/s 和 210

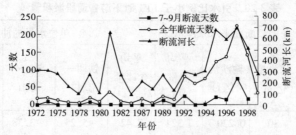

图 3-48　黄河下游断流情况

m^3/s,而 1997 年和 1998 年同期仅约 190 m^3/s、100 m^3/s 和 110 m^3/s。特殊的断流特点使 1995 年和 1996 年非汛期高村—艾山淤积量分别达 0.427 亿 t 和 0.275 亿 t,而其下段的淤积量仅 0.254 亿 t 和 0.228 亿 t。

表 3-21　1994～1998 年 3～5 月下游流量小于某量级的天数

流量	1994 年	1995 年	1996 年	1997 年	1998 年
$Q_{高}$≤10 m^3/s	0	2	2	0	0
$Q_{高}$≤50 m^3/s	0	13	4	1	0
$Q_{艾}$≤10 m^3/s	0	17	11	0	0
$Q_{艾}$≤100 m^3/s	8	26	31	6	2
$Q_{利}$≤10 m^3/s	27	70	77	40	54

1997 年断流最为严重:汛期利津断面流量≥10 m^3/s 的天数只有 14 天,6～7 月和 10 月下旬高村以下河段几乎完全断流;8 月 1 日发生的高含沙洪水在花园口站的最大洪峰流量为 2 830 m^3/s,但两岸引水使大部分流量消耗在花园口—艾山河段,至利津时洪水过程仅持续 2 天便回归其断流状态(见表 3-22),结果这场洪水使高村—艾山段淤积达 0.617 亿 t,淤积强度达艾利段的 4 倍。据统计,高含沙洪水在下游的平均排沙比为 38.6%,但"97·8"洪水的排沙比只有 11%。

表 3-22　1997 年 8 月 1 日高含沙洪水沿程流量变化　　　　　　（单位:m^3/s）

断面名称	三站	花园口	高村	艾山	利津
平均流量	1 200	1 200	830	378	74
日均最大流量		2 830	2 130	1 570	778

可见,1995～1997 年大规模引黄导致的断流河长增加和高含沙洪水沿程消失,使高村—艾山河段河槽淤积量占其全断面的比例由之前的 37% 提高到 72%(见表 3-23)。小浪底水库运用后的 1999 年 11 月至 2002 年 6 月,尽管断流现象被消灭,但两年内没有发生 1 次洪水,全年水情与非汛期无异,花园口断面 2000 年和 2001 年的最大日均流量分别为 1 190 m^3/s 和 1 560 m^3/s,高村断面年均流量甚至较 20 世纪 90 年代进一步减小 40%,利津断面年均流量减少 66%,处于准断流状态。在此背景下,高村以下河槽几乎全年表现为淤积,高村—艾山河段的河槽淤积量占高村以下河段的比例达 58%(见表 3-23)。

表 3-23　1986～2007 年下游河槽年均淤积量分布　　　　　　　　（单位:亿 t）

时段	铁谢—高村(275 km)			高村—艾山(172 km)			艾山—利津(270 km)		
	非汛期	汛期	全年	非汛期	汛期	全年	非汛期	汛期	全年
1986～1994	−1.014	1.901	0.887	0.112 2	0.075 2	0.187 4	0.382	−0.060 7	0.321 3
1995～1999	−0.941	1.735	0.794	0.18	0.088 4	0.268 4	0.26	−0.157 2	0.102 8
2000～2001	−1.345 4	−0.384 3	−1.73	0.037 1	0.154 7	0.191 8	0.313 6	−0.177 1	0.136 5

　　高村—艾山河段河槽淤积加剧直接导致其平滩流量大幅度降低。据 1950～1994 年实测资料,黄河下游各河段平滩流量虽此涨彼落、时大时小,但多年均值呈"上大下小"态势,且差别不大:高村以上平均约 5 900 m³/s,艾山以下平均约 5 500 m³/s,至 1994 年汛后下游各河段平滩流量总体上为 3 400～3 650 m³/s。但 2002 年汛前,高村和孙口断面平滩流量只有 2 000 m³/s 左右,而花园口、夹河滩、泺口和利津断面的平滩流量分别为 4 300 m³/s、3 350 m³/s、2 800 m³/s 和 2 950 m³/s,明显在高村—孙口附近河段出现一个倒"驼峰"。2002 年以后,尽管该河段单位河长河槽冲刷效率和平滩流量增值均不比其下段小,但至 2009 年汛前,孙口断面平滩流量仍只有 3 850 m³/s,明显小于其他河段(见图 3-49)。从以上分析可见,此"驼峰"在很大程度上是 20 世纪 90 年代后期断流加剧的"后遗症"。

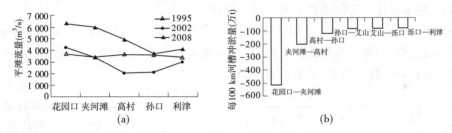

图 3-49　小浪底水库运用后下游单位河长河槽冲淤量和各河段平滩流量变化

　　有专家认为,大汶河加水增大艾山以下河段冲刷也是孙口附近河段淤积偏多成因之一,然而大汶河加水并非 1994 年以后才有的现象,之前甚至加水更多;河口近年挖河和流路改汊可使利津河段平滩流量增大,但这样的影响主要反映在泺口以下。

3.4.1.4　河槽几何形态的影响

　　据挟沙力公式,在流量不变的情况下,河流上下河段挟沙力的比值可反映沿程能否均衡输沙。设上河段挟沙力 $S_1^* = k\left(\dfrac{V_1^3}{gh_1\omega_1}\right)^\alpha$,下河段挟沙力 $S_2^* = k\left(\dfrac{V_2^3}{gh_2\omega_2}\right)^\alpha$,并忽略泥沙粒径的影响,则上河段与下河段挟沙能力比值为:

$$\frac{S_1^*}{S_2^*} = \left(\frac{V_1^3}{V_2^3} \cdot \frac{h_2}{h_1}\right)^\alpha \tag{3-8}$$

式中,S_1^*、S_2^* 分别为上、下河段挟沙力;V_1、V_2 分别为上、下河段水流平均流速;h_1、h_2 分别为上、下河段水流平均水深;ω_1、ω_2 分别为上、下河段泥沙沉速;k、α 分别为系数或指数。

由于流速 $V = \frac{1}{n} \cdot R^{2/3} \cdot J^{1/2}$，且黄河下游河道 $R \approx h$，则将 V 代入上式可得：

$$\frac{S_1^*}{S_2^*} = \left[\frac{h_1}{h_2} \cdot \left(\frac{n_2}{n_1} \right)^3 \cdot \left(\frac{J_1}{J_2} \right)^{1.5} \right]^\alpha \tag{3-9}$$

由流量表达式 $Q = VA = VhB = \frac{1}{n} \cdot h^{5/3} \cdot J^{0.5} B$，在上下河段流量不变情况下：

$$\frac{h_1}{h_2} = \left(\frac{n_1}{n_2} \right)^{3/5} \cdot \left(\frac{J_2}{J_1} \right)^{0.3} \cdot \left(\frac{B_2}{B_1} \right)^{3/5} \tag{3-10}$$

将式(3-10)代入式(3-9)可得：

$$\frac{S_1^*}{S_2^*} = \left[\left(\frac{B_2}{B_1} \right)^{0.6} \cdot \left(\frac{n_2}{n_1} \right)^{2.4} \cdot \left(\frac{J_1}{J_2} \right)^{1.2} \right]^\alpha \tag{3-11}$$

若上下河段保持输沙平衡，即令 $S_1^* = S_2^*$，则由式(3-11)可以得出：

$$\frac{B_1}{B_2} = \left(\frac{n_2}{n_1} \right)^4 \cdot \left(\frac{J_1}{J_2} \right)^2 \tag{3-12}$$

式中，B_1、B_2 分别为上下河段平均河宽；J_1、J_2 分别为上、下河段纵比降；n_1、n_2 分别为上、下河段糙率。

由此可见，在相同流量情况下，黄河下游沿程输沙能否保持平衡，主要取决于上、下河段的河宽、糙率及比降等河槽调整参数是否协调。

黄河下游河道上陡下缓，近30多年来，下游各河段纵比降变化不大（见表3-24）。按多年平均纵比降、主槽糙率和式(3-12)，可推算出实现下段输沙（冲刷）能力不小于上段所需要的其他各河段水面宽，结果见表3-25。

表3-24　黄河下游沿程纵比降变化　　　　　　　　　　　　　　　　　　　　　　　（‰）

河段		花园口—夹河滩 (106 km)	夹河滩—高村 (83 km)	高村—孙口 (130 km)	孙口—艾山 (63 km)	艾山—泺口 (108 km)	泺口—利津 (174 km)
纵比降	1976	1.836	1.482	1.137	1.156	0.994	0.887
	1986	1.835	1.435	1.161	1.166	0.955	0.93
	1996	1.884	1.538	1.172	1.226	0.977	0.968
	2002	1.792	1.507	1.199	1.193	0.98	1.006
	2007	1.865	1.455	1.153	1.171	1.012	0.996

表3-25　有利于均衡输沙的黄河下游各河段河宽关系

河段	花园口河段	夹河滩河段	高村—孙口河段	艾山河段	泺口以下
主槽糙率	0.014	0.013	0.013	0.013	0.012
平均纵比降	2.11	1.65	1.164	1.1	0.98
河宽比	≥2.44	≥2.0	1	≤0.89	≤0.97

注：考虑到清8改汊，泺口以下纵比降取1996以后各年平均值。

然而,检查下游 1979 ~ 2004 年各年非汛期水面宽发现(见表 3-26):①在流量为 600 ~ 1 000 m³/s 的春灌期,花园口、夹河滩和高村断面的水面宽几乎相等,有时甚至小于高村断面。若将表 3-25 多年平均纵比降和多年平均河宽比代入式(3-11),可以算出在相同流量情况下花园口河段的水流挟沙力比高村—孙口河段大 0.63 倍;按 2007 年非汛期下游河床边界条件(花园口和高村—孙口段的河宽分别为 500 ~ 600 m、440 m),利用式(3-7)可看出:当水流从花园口演进至高村—孙口河段时,其挟沙能力将降低 30% ~ 35%。此时,若来水为非饱和水流,则高村—孙口段可能不会淤积甚或冲刷,但冲刷强度会明显小于上段;但若为饱和或近饱和水流,高村—孙口段必然出现淤积。②艾山以下河段各年非汛期水面宽基本一样,稳定在 300 m 左右,只有高村—孙口河段水面宽的 67%,因此在孙口段冲淤平衡的含沙水流至艾山河段时将产生冲刷。

表 3-26　流量 600 ~ 1 000 m³/s 时典型断面的水面宽度　　　　　　　　　(单位:m)

年份	花园口	高村	孙口	艾山	利津
1979	550	450	440	260	320
1985	300	380	390	400	400
1991	420	420	400	300	250
1993	530	450	440	300	200
1994	650	420	400	350	300
1997	500	520	500	300	300
1999	400	450	450	300	350
2004	600	440	430	200	270
平均	485	448	431	301	300

实测资料充分证明以上推断的合理性:在引水流量很小的时段,高村—艾山河段单位河长冲刷量明显小于其上段,甚至小于其下段(见表 3-19);艾山以上各河段单位河长的冲刷量从上到下依次减小(见图 3-49,不过图中数字也包含了水流能量沿程损耗的影响);清水冲刷期的 2 000 ~ 2006 年,水流含沙量总在孙口断面明显降低,而艾山含沙量总大于孙口(见图 3-50)。

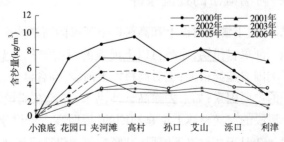

图 3-50　2000 ~ 2006 年下游非汛期沿程含沙量变化

实际上,由式(3-12)判断,只要河道"上陡下缓"且水面宽相近,都可能出现"上冲下淤"(指下段输沙能力小于上段,包括上段冲刷下段淤积、下段冲刷效率小于上段、下段淤积强度大于上段等三种现象);由于下游各河段的水面宽和纵比降总在不断调整,故不同时期因"上冲下淤"导致的沙波或假潮出现地点不定,不过,因高村—孙口河段纵比降远小于夹河滩以上河段,且平水期孙口以上水面宽相差不大,故高村—孙口河段形成沙波或假潮的概率更大。

总之,黄河下游"上陡下缓"的特点与平水期上下河段河宽差异不大的特点遭遇,易使高村—孙口河段的淤积强度大于其上、下游河段。只不过平水期水流一般难以达到饱和状态,孙口断面含沙量降低值仅 $1 \sim 3 \ kg/m^3$,故高村—孙口段河槽淤积量不大。通常情况下,高村以上宽河段的河宽随流量增大而增大、高村断面则在流量大于 $1 \ 500 \sim 2 \ 000 \ m^3/s$ 后河宽基本稳定(见图3-51)。若按1995年河床边界条件,花园口流量达 $3 \ 500 \ m^3/s$ 以上时,其河宽即可达高村的2.44倍以上,从而高村—孙口河段非汛期淤积泥沙在洪水期得到处理,故其平水期河槽淤积偏多问题不引人注目。不过,2000年和2001年连续两年汛期没有洪水,花园口断面最大日均流量分别只有 $1 \ 190 \ m^3/s$ 和 $1 \ 560 \ m^3/s$,高村—艾山河段非汛期淤积物恐难以在汛期得到处理。

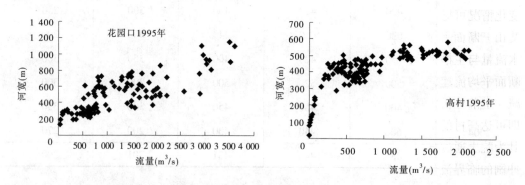

图3-51 20世纪90年代花园口和高村断面流量—河宽关系

人工改变下游"上陡下缓"的不利河型对高村—艾山河段的不利影响显然是不现实的。不过,从以上分析可见,只要保障汛期一定历时的大流量洪水,河型的负面影响即可基本消除。因此,河型影响最终可归结为流量级影响。

3.4.2 有利于下游河槽减淤的径流条件

从上节分析可见,黄河下游高村以上和高村以下河段的河槽冲淤特点明显不同:高村以上河段的河槽淤积全部来自汛期,而高村以下河段的河槽淤积主要发生在非汛期。两个河段河槽冲淤的影响因素差异很大:①对高村以上河段,高含沙洪水和汛期不利的洪水量级是导致河槽淤积的主要因素;如果去除高含沙洪水,即使在流量级非常不利的20世纪90年代,高村以上河段的河槽整体上也是冲刷的,说明高含沙洪水是导致高村以上河段淤积的最重要因素。②对于高村以下河段,其影响因素包括流量及场次洪水历时、引黄灌溉、河槽几何形态和高含沙洪水等,其中前三个因素最终又可归结为径流条件影响。可见,径流条件是影响高村以下河段河槽冲淤的最重要因素,包括平水期流量、洪水流量及其历时;高含沙洪水则是导致该河段汛期淤积的主要因素。

总之,径流条件对下游河槽冲淤的影响突出体现在高村以下河段,而导致高村以上河段河槽淤积的首要因素是高含沙洪水。可见,保障一个有利的径流条件对减轻下游河槽淤积十分必要,但仅靠径流维护河槽健康是远远不够的。因此,所谓有利于下游河槽减淤的径流条件,实际上应重点关注高村以下河段河槽减淤对径流条件的需求;而且,从实测资料看,高村以下河段的平滩流量也一般明显小于高村以上河段。此外,为突出径流因素,以下分析时假定高含沙洪水发生几率和水平一定。

3.4.2.1 洪水期流量

根据张瑞瑾挟沙能力公式,水流的挟沙能力与水流流速的高次方成正比,故提高水流流速对主槽塑造尤其重要。前文研究指出,对黄河下游这样的冲积性河床,尽管水流在略小于平滩流量运行时输沙能力最大,但由于流速是与流量的 2/5 次方成正比,且主槽的糙率和湿周往往随流量增大而增大,故实际非漫滩洪水的主槽平均流速往往在流量尚未达平滩流量时就已十分接近最大值。

高村—艾山河段是目前下游主槽萎缩最严重的河段;从黄河下游 50 多年来平滩流量变化情况可见,该河段也是对水沙条件最为敏感的河段。为此,重点分析了高村、孙口和艾山三断面平滩流量为 4 000 ~ 5 000 m^3/s 的 1970 ~ 1975 年和 1989 ~ 1990 年的非漫滩洪水流量与主槽平均流速的关系(见图 3-52 ~ 图 3-54),发现当流量达 3 000 ~ 3 500 m^3/s 时断面平均流速就已经十分接近最大值,流量 2 500 m^3/s 以下时流速随流量递减而急剧递减。上节分析则表明,按 1995 年河床边界条件,花园口流量达 3 500 m^3/s 以上时,其河宽即可达高村的 2.44 倍以上,从而高村—孙口河段非汛期淤积泥沙在洪水期得到处理。韩其为院士通过分析下游上下段输沙能力变化,认为 2 200 ~ 2 500 m^3/s 可作为黄河山东段冲刷的临界流量。由此可见,要实现高村以下河段的高效输沙或冲刷,下游洪水量级至少应大于 2 500 m^3/s,并尽可能达 3 500 m^3/s 以上。

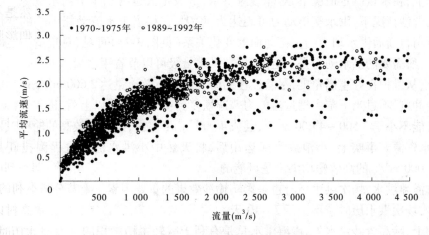

图 3-52　高村断面流量—流速关系

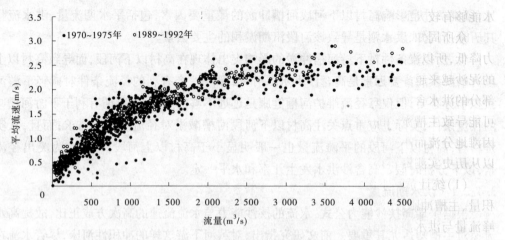

图 3-53 孙口断面流量—流速关系

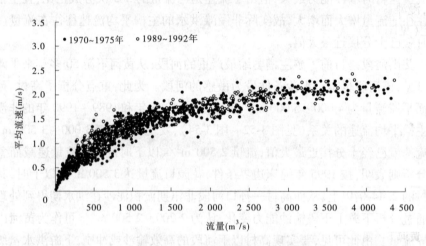

图 3-54 艾山断面流量—流速关系

实际上,在水量一定情况下,对非漫滩洪水,量级越大越有利于节约水资源。在非漫滩和中低含沙情况下,洪水塑槽动力可表达为 $W^\alpha Q^\beta$,它相当于水流动能 mv^2 的变形表达式。分析高村断面洪水动力与主槽断面的变化关系(见图3-23)可见,对塑造一定断面的主槽而言,所需要的洪水动力是一定的,提高洪水量级可以节省用水量。

因此,从维护良好主槽角度,尽管以往的研究认为下游流量达 2 600 m³/s 以后就可能实现全线冲刷,不过当下游主槽过流能力普遍恢复到 4 000 m³/s 以上后,进入下游洪水流量应尽可能不小于 3 500 ~ 4 000 m³/s,甚或 4 000 m³/s 左右,以获得较高的输沙或冲刷效率,节约水资源。事实上,小浪底水库运用后,将天然中小洪水流量过程调控成为流量 3 500 ~ 4 000 m³/s 的高效塑槽洪水是可能的。

对非漫滩洪水,场次洪水历时也是影响输沙效果的重要因素。上节分析认为,为实现高效输沙,场次洪水历时应不少于7 ~ 10天。

原则上,除高含沙洪水外,漫滩洪水总是有利于减轻主槽淤积的。不过,由于漫滩洪水在减轻主槽淤积的同时,也给滩区群众带来一定经济损失。因此,人们往往希望漫滩洪水能够有较大的淤滩刷槽效果,以实现得大于失。

众所周知,洪水漫滩后,由于滩地河床阻力大,水流在滩地部分的流速变缓,使其挟沙力降低,所以漫滩后泥沙在单位面积的滩地淤积量一般远大于河槽淤积量。随着洪水中的泥沙越来越多地向两侧滩地扩散并沉积,以及滩地低含沙水流向主槽回流,必然使主槽部分的洪水含沙量逐渐降低,从而使河槽淤积量降低或冲刷量增加。由此推测,对于原本可能导致主槽淤积的超饱和含沙洪水,只有当洪水漫滩达一定程度时,主槽洪水含沙量才因滩地分流而小于其相应流量的挟沙能力,进而才可能出现"淤滩刷槽"现象。该结论可以从历史实测资料得到证实:

(1)统计黄河下游20余场中等含沙量漫滩洪水期间的河床冲淤资料,点绘其滩地淤积量、主槽冲刷量、漫滩程度等因素之间的关系看出(见图3-55和图3-56;β 为花园口洪峰流量与洪水前花园口断面平滩流量的比值,以下称其为漫滩程度),只有当花园口漫滩程度达1.4~1.6以上,从而使滩地淤积量达1亿~2亿t时,主槽才发生明显冲刷。从实测资料看,漫滩程度1.4~1.6以上,主槽出现明显冲刷的历史漫滩洪量一般在40亿~50亿 m³ 以上(见图3-57)。

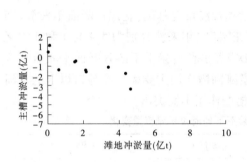

图 3-55 黄河下游漫滩洪水滩槽冲淤关系

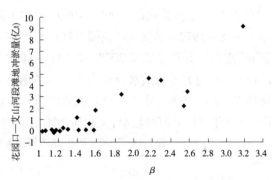

图 3-56 滩地冲淤量与漫滩程度的响应关系

(2)统计1952~1998年花园口—艾山区间的河床总淤积量发现,约60%的淤积泥沙系由漫滩程度1.5倍以上的大漫滩洪水造成(含1977年和1994年两场高含沙洪水),其淤积泥沙总体上分布在滩地,主槽则发生冲刷;而漫滩程度在1~1.5倍的洪水在滩地的淤积量只有同期河床淤积量的5%,且其滩地淤积泥沙主要集中在滩唇附近,进而使滩地形态更加恶化,因此应该避免。

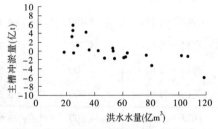

图 3-57 花园口—艾山河段漫滩洪水水量与主槽冲淤的关系

显然,对于超饱和含沙洪水,实现淤滩刷槽的流量临界点与洪水的含沙量有关,洪水含沙量越高,可以达到淤滩刷槽效果的漫滩洪水量级越大。未来,是否允许中等洪水漫滩,取决于其刷槽效果和淹没损失之间的平衡。鉴于黄河下游天然洪水多为超饱和含沙洪水,建议根据天然洪水的洪峰和洪量,通过水库的科学调度,使之两极分化:或按略小于平滩流量下泄,或按大于1.5倍平滩流量下泄。

事实上,维持一定的漫滩洪水发生几率无论对主槽良好形态的维持,还是对改善"槽高滩低"现状和滩区耕地肥力,都具有十分重要的作用。根据历史统计资料:①1952～1986年,黄河下游共发生漫滩洪水23次,平均1.5年1次,该时期滩地淤积量占下游河床总淤积量的84%,从而使主槽年均淤积量只有0.14亿m³。在这23场漫滩洪水中,洪水流量达其汛前平滩流量1.5倍以上的大漫滩洪水(以下简称大漫滩洪水)有9次,平均4年1次,但这9次大漫滩洪水的滩地淤积量几乎是1952～1986年滩地淤积量的全部。②20世纪50年代黄河下游洪水均为漫滩洪水,其中大漫滩洪水有6次,平均1.5年1次,这期间虽然下游河床年均淤积量约2亿t,但主槽却剧烈冲刷。③三门峡水库改建后的1974～1989年,下游发生大漫滩洪水5次(包括1977年的高含沙大漫滩洪水),此期间滩地淤积量占总淤积量的55%。④1987～1999年的13年中,大漫滩洪水只发生2次,且高含沙洪水比例偏大,结果使河槽淤积量达年均1亿m³,占总淤积量的93%。从以上历史资料初步判断,未来要维持黄河下游平滩流量4 000 m³/s左右不萎缩,至少应使大漫滩洪水4～5年发生一次。

为进一步认识漫滩洪水对不同河段河槽冲淤的影响,利用黄河下游二维水沙演进数学模型,以2008年汛前下游地形为初始地形(假设所有断面平滩流量均已经达到4 000 m³/s以上),水沙系列以"1990～1999年+1978～1980年+1990～1993年+1997～1999年+1978～1979+1996年"花园口断面日均流量和含沙量为基础(花园口断面年来水275亿m³左右),计算了未来2008～2030年期间在花园口"年来沙分别为5.4亿t和6.4亿t"和"23年内大漫滩洪水分别为3次、4次和5次"等多种情景下下游各断面平滩流量变化情况。结果发现(见表3-27),大漫滩洪水的淤滩刷槽作用主要表现在孙口以上的宽河段;由于孙口以下河段较窄,大漫滩洪水淤滩刷槽的作用不甚突出。

表3-27 2008～2030年不同漫滩频率下各河段平滩流量变化　　(单位:m³/s)

河段	初始平滩流量	来沙量6.3亿~6.4亿t		来沙量5.4亿~5.5亿t	
		大漫滩3次	大漫滩4次	大漫滩4次	大漫滩5次
花园口—夹河滩	6 150	4 160	4 310	4 550	4 610
夹河滩—高村	5 450	4 150	4 290	4 510	4 580
高村—孙口	4 300	3 740	3 840	4 050	4 100
孙口—艾山	4 000	3 540	3 610	3 810	3 860
艾山—泺口	4 000	3 560	3 630	3 840	3 900
泺口—利津	4 100	3 600	3 680	3 890	3 950

3.4.2.2　平水期流量

上节分析指出,在平水期,由于引黄灌溉和下游"上陡下缓"的特殊河型,常常发生"冲河南、淤山东"现象;20世纪90年代频频发生的断流更使高村以下河段淤积加重。

鉴于断流现象已被消灭、引黄灌溉又是保障粮食安全的关键措施,有效减轻高村以下河槽平水期淤积的主要措施只能是在节水灌溉的同时,尽可能控制花园口断面流量$Q_花$不大于下游引水流量$Q_引$、利津断面环境流量$Q_{e利}$和花园口以下自然损耗量$Q_损$之和,即:

$$Q_{花} < Q_{引} + Q_{e利} + Q_{损} \tag{3-13}$$

下游引黄灌溉主要在 3~6 月。根据历史实测资料,在此期间的引黄流量大体为350~650 m³/s;沿程蒸发和渗漏损耗量则随降水和气候条件变化,其值大体在 70~90 m³/s。

3.4.2.3 汛期需水量

维持下游主槽一定排洪输沙功能所需要的汛期输沙水量主要取决于未来进入下游的沙量和主槽允许淤积量等。

黄河潼关断面多年平均天然输沙量 16 亿 t。由于气候变化和水利水保工程作用,目前潼关来沙量已经大幅度降低。上节分析认为,未来 2010 和 2030 水平年的正常降水情况下,潼关来沙量为 11 亿 t 和 9 亿 t。考虑 2030 年前小浪底水库排沙比 0.7~0.75,则实际进入下游的沙量分别为 7.7 亿~8.25 亿 t、6.3 亿~6.75 亿 t。以下估算汛期输沙需水量时按下游年来沙量 8 亿 t 和 6.5 亿 t 等两种情景进行分析。

下游汛期允许或可接受的河槽年淤积量取决于漫滩洪水发生频率和非汛期冲刷量。漫滩洪水多发生在 20 世纪 50 年代,统计 50 年代以来下游发生过的漫滩洪水冲淤资料,则平均汛期河槽冲刷量约 0.6 亿 t(扣除 1958 年特大洪水,因它属稀遇洪水,发生几率很小),其中 1974 年以来汛期河槽总体上甚至有所淤积(因高含沙洪水较多)。1986~1999 年和 2000~2007 年,黄河下游非汛期河道冲刷分别为 0.636 亿 t 和 0.577 亿 t。统筹考虑以上因素,若按未来大漫滩洪水频率为"5 年一次",则未来维持黄河下游主槽基本不萎缩的汛期允许淤积量为 0.7 亿~0.8 亿 t。

利用黄河水利科学研究院申冠卿等提出的汛期输沙水量计算公式计算下游汛期输沙水量:

$$W = 22W_s - 42.3Y_s + 86.8 \tag{3-14}$$

式中,W、W_s 和 Y_s 分别表示汛期花园口输沙需水量(亿 m³)、汛期花园口来沙量(亿 t)、下游允许淤积量(亿 t)。

计算结果表明,在潼关来沙 11 亿 t 和 9 亿 t、进入下游沙量 8 亿 t 和 6.5 亿 t 情况下,要基本控制下游河槽年均淤积量不大于 0.7 亿~0.8 亿 t、维持下游现状平滩流量 4 000 m³/s 左右不降低,所需要的汛期水量应分别达 230 亿 m³ 左右和 200 亿 m³ 左右。

以上计算过程中,认为河床淤积量与来水来沙之间的关系为线性关系,这与下游实际存在差异。为此,利用 1950~2004 年实测资料,进一步分析了河床冲淤量、来沙量、来水量和粒径组成等因素的关系,建立了如下表达式:

$$\frac{C_s}{W^{0.2} \cdot W_s \cdot P^{0.7}} = 0.308 \ln\left(\frac{94.7 W_s^{0.33}}{W \cdot P^{0.75}}\right) \tag{3-15}$$

式中,W_s 为来沙量(亿 t),C_s 为冲淤量(亿 t),W 为来水量(亿 m³),P 为小于 0.025 mm 泥沙所占的权重。利用以上关系,并按照 1987~1999 年下游泥沙级配,可得出不同来沙量情况下的输沙需水量如图 3-58 所示。由图可见,在下游来沙 8 亿 t 和 6.5 亿 t 情况下,需要的输沙水量约 215 亿 m³ 和 185 亿 m³。

1986~1999 年,黄河下游汛期水量 127 亿 m³、沙量 7.21 亿 t,下游河道主槽年淤积 1.49 亿 t。据近年黄河调水调沙试验结果,每冲刷 1 亿 t 泥沙约需清水 45 亿 m³,将 1.49 亿 t 泥沙冲走则需清水 67 亿 m³。由此可见,按 1986~1999 年的汛期水沙条件,要实现主

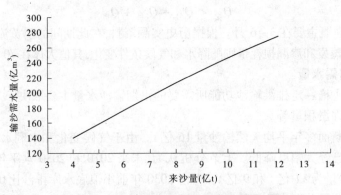

图 3-58　不同来沙情况下的下游输沙需水量

槽不萎缩,需要的汛期输沙水量约 194 亿 m³,而按图 3-58 查得的结果为 200 亿 m³,说明以上计算方法基本合理。

与以往的下游输沙水量计算结果比较可见,由于计算前提由"下游允许淤积 2 亿~3 亿 t"改变为"维持下游主槽不萎缩(相应的允许淤积量降低至 0.7 亿~0.8 亿 t)"、大漫滩洪水频率较 20 世纪 90 年代以前大幅度降低,尽管未来进入下游的泥沙量明显减少,但输沙需水量反而有所增大。因此,在未来已经选择将"下游平滩流量 4 000 m³/s 左右"作为黄河健康指标情况下,必须进一步加大拦沙力度,尽可能减少进入下游的泥沙量,以节约汛期输沙水量。

为进一步认识下游汛期输沙需水量,本书还探索了其他计算方法:分析小浪底水库拦沙期结束前的汛期洪水量级情景及其相应的挟沙能力,之后根据需要输送入海的泥沙量和非汛期冲刷能力等,估算下游输沙需水量。

前文分析指出,在平滩流量 4 000 m³/s 左右后,下游洪水流量应尽可能达 3 500~4 000 m³/s。按 5 年左右漫滩一次考虑,则流量 3 500~4 000 m³/s 的洪水应是下游非漫滩洪水的主要量级。小浪底水库运用后,该洪水流量控制模式也是能够实现的。大量研究表明,流量 3 500~4 000 m³/s 的洪水挟沙能力为 40~60 kg/m³。

在小浪底水库拦沙期结束前,潼关来沙 11 亿 t 和 9 亿 t 情况下进入下游的沙量分别为 8 亿 t 和 6.5 亿 t。假设全部泥沙均由"流量 4 000 m³/s 左右、含沙量 50 kg/m³"的非漫滩洪水输送,则基本维持主槽不萎缩所需洪水量 130 亿~160 亿 m³。然而,由于小浪底水库难以实现对下泄水流含沙量的准确调控,因此洪水期的河床淤积是难免的。据实测资料分析,在年来沙量 6 亿~8 亿 t 情况下,非经水库调控的天然洪水在下游河床中的淤积量一般为 0~2 亿 t(见图 3-59)。据以往研究,下游河槽淤积实际上主要发生在流量小于 2 000 m³/s 时段或高含沙中小洪水时段,这部分洪水的流量恰是小浪底水库可以有所改善的。据此推测,未来下游主槽在洪水期年均淤积量可能会在 0.6 亿~1 亿 t/a。

基于对漫滩洪水和平水期(含非汛期)径流的冲淤效果分析,依靠漫滩洪水的淤滩刷槽作用和平水期水流的冲刷作用,基本可使洪水期主槽萎缩量 0.6 亿~1 亿 t 的 70% 得到恢复。因此,小浪底水库拦沙期结束后,要基本维持黄河下游主槽过流能力 4 000 m³/s 左右,所需的洪水水量估计要大于 150 亿 m³,达到 160 亿 m³;考虑平水期环境需水和人类

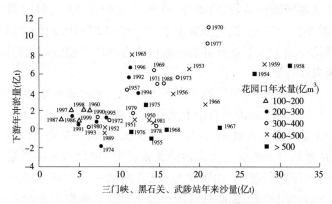

图 3-59　黄河下游来沙量与河床淤积量的关系

用水等,则汛期需水量估计应在 190 亿 ~ 200 亿 m³。

以上多种方法均认为:以维持主槽不萎缩为目标的黄河下游汛期输沙需水量在小浪底水库拦沙期结束前在 185 亿 ~ 230 亿 m³,平均约 210 亿 m³。该结论与吴保生等在国家"十一五"科技支撑计划项目提出的成果也基本一致:基于平滩流量滑动平均方法建立了下游汛期塑槽输沙需水计算公式,进而提出在下游来沙 8 亿 t 情况下维持下游平滩流量 4 000 m³/s 左右所需要的汛期水量是 183.5 亿 ~ 224 亿 m³。

小浪底水库拦沙期结束后,如果古贤水库不能及时生效,潼关年来沙量达 8 亿 t 水平(大致为 2050 年情况),按以上方法估算的汛期输沙需水量约 215 亿 m³。

由于黄河下游河床为冲积性河床,其主槽大小对来水密切相关,即使下游来沙很少,仍需要汛期保障一定量的洪水。由水流动力因子与主槽规模的关系(见图 3-23)可见,由于河槽塑造是流速和水量共同作用的结果,要使下游平滩流量维持在 4 000 m³/s 左右(相当于主槽断面面积 1 800 m²),所需要的洪水动力至少应在 80 左右。若未来黄河下游洪水量级基本维持在 3 500 ~ 4 000 m³/s,则所需要的洪水水量为 60 亿 ~ 70 亿 m³,加上汛期平水期必须保障的生态需水和人类用水,汛期利津断面至少应保障的水量为 110 亿 ~ 120 亿 m³,该值可视为来沙特枯年维持主槽基本不萎缩所需汛期水量的低限值。

需要强调的是,维持下游良好河槽所需要的流量和水量都是十分重要的指标,缺一不可。如果只谈输沙需水的水量而不谈其相应的流量条件,即使水量较大,也可能因缺乏大流量的洪水而达不到预期的效果,对高村以下河段尤为如此。

3.5　内蒙古河段河槽健康对径流条件的要求

3.5.1　内蒙古河段河槽淤积原因分析

根据典型断面输沙量资料,内蒙古河段在 20 世纪 60 年代以前处于淤积状态,年均淤积量为 0.7 亿 ~ 0.9 亿 t。1961 ~ 1986 年,随着三盛公、青铜峡和刘家峡等上游一系列水利枢纽的修建,巴彦高勒断面沙量较前期减少了 50%,水量仅减少 8%,有利的水沙条件使内蒙古河段基本处于冲刷状态。1987 年以后,随着龙羊峡水库蓄水运用,加之天然降水减少等,尽管巴彦高勒断面沙量较 20 世纪 50 年代减少近 70%,但内蒙古河段却由前期的冲刷转为持续淤积,其年均淤积量虽略小于 20 世纪 50 年代,但因淤积主要发生于河槽内,从而使主槽严重萎缩。本节重点分析导致内蒙古河段主槽萎缩的原因。

3.5.1.1 区间支流来沙的影响

与黄河下游不同,黄河内蒙古河段河床淤积不仅受其上游来水来沙条件影响,而且深受黄河左岸乌兰布和沙漠风沙和黄河右岸十大孔兑流域来沙的影响。

图 3-60 ~ 图 3-62 是内蒙古石嘴山—巴彦高勒、巴彦高勒—三湖河口和三湖河口—头道拐三个河段河床冲淤量与上断面来水来沙的关系(图中单位水量冲淤量是指上断面汛期单位水量所产生的河段冲淤量)。由图可见,巴彦高勒—三湖河口河段河床淤积量与来沙系数的关系与下游情况相似,说明其河床冲淤主要受上游来水来沙影响;但其他两河段的河床淤积量与上断面水沙条件的响应关系非常散乱。

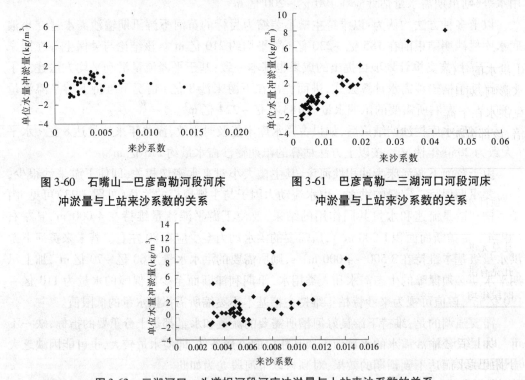

图 3-60　石嘴山—巴彦高勒河段河床　　　　　图 3-61　巴彦高勒—三湖河口河段河床
　　　冲淤量与上站来沙系数的关系　　　　　　　　　冲淤量与上站来沙系数的关系

图 3-62　三湖河口—头道拐河段河床冲淤量与上站来沙系数的关系

进一步分析三湖河口—头道拐河段汛期冲淤量与干流和支流来沙量的关系(见图 3-63)可见,该河段冲淤量与支流(即位于黄河右岸的十大孔兑)来沙关系更为密切:孔兑发生洪水的年份往往正是该河段淤积严重的年份。

为进一步论证孔兑来沙对巴彦高勒—头道拐河段汛期冲淤的影响,利用 1960~1968 年、1969~1986 年和 1987~2005 年三个时段的汛期输沙率资料分别对比了十大孔兑有无洪水发生年份河段汛期冲淤量的变化(见表 3-28)。由表可见,无论是天然状态的 1960~1968 年,还是刘家峡水库调控的 1969~1986 年,巴彦高勒—头道拐河段的汛期淤积全部发生在有孔兑汇入的三湖河口—头道拐河段,而且几乎所有淤积均发生在孔兑发

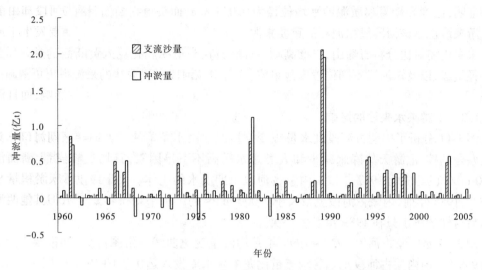

图 3-63　三湖河口—头道拐河段汛期冲淤量与十大孔兑来沙量变化过程

生洪水的年份。1987 年以来,三湖河口—头道拐河段河床淤积泥沙的约 84% 源自孔兑洪水影响,对比图 3-63 可见其淤积泥沙主要来自孔兑;对巴彦高勒—三湖河口河段,由于孔兑洪水在干流形成沙坝所产生的顶托影响,使各时期淤积量都较孔兑无洪时增大近 2 倍,该部分淤积显然来自上游来沙。

表 3-28　孔兑洪水泥沙对巴彦高勒—头道拐河段汛期年均冲淤量的影响　（单位:亿 t）

项目	1960～1968 年		1969～1986 年		1987～2006 年	
	巴彦高勒—三湖河口	三湖河口—头道拐	巴彦高勒—三湖河口	三湖河口—头道拐	巴彦高勒—三湖河口	三湖河口—头道拐
孔兑无洪	− 0.067	0.012	− 0.074	− 0.080	0.055	0.089
孔兑有洪	− 0.323	0.334	− 0.145	0.215	0.146	0.565
时段年均	− 0.181	0.155	− 0.101	0.035	0.093	0.290

以上结论与杨根生等的研究结论有一定区别。他们利用扫描电镜分析了黄河碱柜段(下距巴彦高勒约 60 km)和西柳沟沟口附近的河床淤积物组成,认为黄河石嘴山—头道拐河段淤积泥沙的 77.42% 是粒径大于 0.1 mm 的特粗泥沙,其中,石嘴山—巴彦高勒河段特粗泥沙的 86% 来自乌兰布和沙漠的风成沙,巴彦高勒—头道拐河段特粗泥沙的 72.2% 来自库布齐沙漠、27.7% 来自砒砂岩;进一步利用输沙率法分析了宁蒙河段 1954～2000 年的河床冲淤变化发现,尽管粒径小于 0.1 mm 的泥沙在不同年代有冲有淤,但特粗泥沙几十年来一直呈淤积趋势,且年淤积量基本稳定(石嘴山—巴彦高勒河段 0.16 亿 t、巴彦高勒—头道拐河段 0.17 亿 t);十大孔兑对巴彦高勒—头道拐河段特粗泥沙淤积物贡献率由 1954 年的 50.5% 增加到 2000 年的 87.8%。不过,杨根生等关于支流加沙对巴彦高勒—头道拐河段淤积量影响的定量结果仍值得讨论:十大孔兑年均入黄沙量约 0.27 亿 t,但 1987～2006 年巴彦高勒—头道拐年均淤积量为 0.393 亿 t;而且,实测

资料证明,巴彦高勒悬移质泥沙平均粒径为 0.024 mm,而头道拐断面只有 0.012 mm,说明上游来沙也是该河段淤积泥沙的重要来源。

未来仍需对比分析石嘴山、巴彦高勒、三湖河口、头道拐和孔兑入黄断面的悬移质泥沙粒径组成,以及该河段不同位置床沙组成,才可对该河段淤积泥沙的来源得出更清晰的认识。

3.5.1.2 上游来水来沙的影响

图 1-11 分析了内蒙古河段洪水量级变化情况。由于龙羊峡—青铜峡区间梯级水电站的联合调控、上游天然降水减少和人类用水居高不下等因素,日均洪峰流量 1 000 ~ 2 000 m³/s 已经成为 1987 年以来内蒙古河段汛期洪水的主体。大量级洪水天数也大幅度减少:1985 年前,内蒙古河段流量大于 2 000 m³/s 的洪水平均每年发生 70 天,但 1986 年以后这样的洪水只在 1989 年发生一次。

图 3-64 是内蒙古河段 1922 ~ 1999 年月均流量变化曲线。由图可见,刘家峡水库运用(1968 年)前内蒙古河段汛期月均流量比龙羊峡水库投入运用后的 1987 年以来大 1.5 倍以上。与 1952 ~ 1968 年相比,1986 ~ 2006 年头道拐断面 6 ~ 10 月汛期水量减少约 112 亿 m³,只有 60.5 亿 m³。

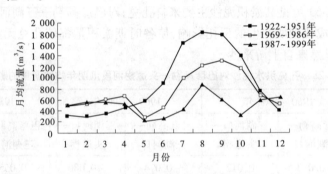

图 3-64　巴彦高勒断面月均流量变化

表 3-29 是兰州站 1952 年以来径流量变化情况。由表可见,与 1952 ~ 1967 年相比,1986 ~ 2006 年天然径流量减少 52.9 亿 m³,其中 86% 的减少量发生在 6 ~ 10 月,即兰州站汛期天然径流减少量为 45.5 亿 m³。另据分析,1986 ~ 2006 年 6 ~ 10 月实测水量较其天然径流量减少 60.7 亿 m³,其中 10.5 亿 m³ 是灌溉引水量、8.1 亿 m³ 是水库蓄水量、42.1 亿 m³ 是龙刘水库从 6 ~ 10 月调到 11 ~ 5 月的水量。由此可见,上游水库汛期调蓄、汛期天然降水减少和上游人类耗水增加是内蒙古河段汛期水量和洪峰流量减少的主要原因,其中上游水库调蓄作用约占 48%、天然降水减少约占 44%。

汛期水量减少(特别是洪峰和洪量的减少)是导致 1986 年以来内蒙古河段河槽淤积加重的主要因素。利用历史资料,分析汛期水量对内蒙古河段河床淤积的影响见图 3-30、图 3-31 和图 3-65,图中的 $W^\alpha Q^\beta$ 反映了某断面的洪水动力(W 指流量大于 1 000 m³/s 的洪水水量,Q 指洪水流量)。由图可见,汛期水量降低至 100 亿 m³ 以下或 $W^\alpha Q^\beta$ 降低至 300 以下后,主槽萎缩风险急剧增大。而 1986 年以来该河段汛期水量只有约 60 亿 m³,其中大于 1 000 m³/s 的洪水水量不足 19 亿 m³(相应的洪水动力约 138)。

表 3-29　兰州站不同时段径流量年内分配　　　　　　　　　　　（单位:亿 m³）

时段	项目	1月	2月	3月	4月	5月	6月	7月	8月	9月	10月	11月	12月	年	7~10月	6~10月
1952~	实测	8.3	7.6	10.1	14.5	25.1	30.9	56.7	52.6	54.3	44.7	21.9	12.0	338.8	208.4	239.3
1967	天然	8.3	7.6	10.9	15.3	26.7	32.3	57.9	53.5	54.8	45.4	23.1	12.0	347.9	211.6	243.9
1968~	实测	15.2	12.5	13.5	18.7	28.6	31.0	44.5	43.3	46.4	39.4	21.9	15.7	330.6	173.6	204.6
1985	天然	9.4	8.4	11.9	17.0	27.0	34.6	53.1	51.4	57.4	45.1	23.1	11.8	350.1	206.8	241.4
1986~	实测	14.3	11.9	13.0	19.5	29.8	27.1	29.8	29.5	25.7	25.6	21.4	15.9	263.5	110.7	137.8
2006	天然	8.1	7.5	10.6	15.6	25.8	36.7	47.4	42.3	38.4	33.7	18.8	10.1	295.0	161.8	198.5

在刘家峡水库单独调洪期间(此期兰州天然径流量仅较前期少2%),尽管巴彦高勒汛期水量比1951~1968年少33亿 m³,但因同期来沙也减少54%,故河床整体表现为冲刷。龙羊峡水库运用后,尽管巴彦高勒年输沙量又较刘家峡水库运用期减少了1/3,但汛期水量只有60亿 m³,洪峰流量一般只有1 000~1 500 m³/s,因此导致近20年来内蒙古河段主槽迅速萎缩。

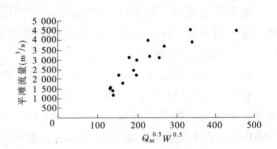

图 3-65　三湖河口断面平滩流量与洪水动力的关系

洪峰量级的减少不仅使河床淤积量增大,而且漫滩洪水减少还使淤积集中在主槽。据内蒙古河段1982年、1991年、2000年和2004年大断面测验资料,巴彦高勒—昭君坟河段河槽淤积比例已经由20世纪80年代的62%左右增大至82%左右。

1968年以前,巴彦高勒—头道拐河段非汛期基本表现为冲刷。青铜峡水库的修建提高了灌溉用水的保证率,从而使非汛期用水增加了17.7亿 m³(较前期增加90%),结果使非汛期由冲刷转为淤积(见图3-66),年均淤积量达0.108亿 t,占全年的13%。

图 3-66　巴彦高勒—头道拐河段 1960~2006 年非汛期冲淤变化

从以上分析判断,龙刘水库调蓄和天然降水减少对1986年以来内蒙古河段主槽萎缩的贡献可能分别在48%和44%。

3.5.2　有利于内蒙古段河槽减淤的径流条件

上节分析可见,黄河内蒙古巴彦高勒—头道拐河段淤积实际受孔兑洪水泥沙和上游来沙的双重影响。该河段的三湖河口—头道拐河段河床淤积的泥沙主要来自孔兑;对巴彦高勒—三湖河口河段,因孔兑来沙在干流形成沙坝所产生的顶托影响使河床淤积量增加约62%。1986年以前来水来沙条件较好,故河槽淤积量不大;1987年以后,由于上游水库群汛期蓄水、天然降水减少和耗水增加等使区间来沙对内蒙古河段淤积的影响凸现,其中上游水库群调蓄对该河段汛期水量和洪水流量减小的贡献率约48%。因此,要扭转内蒙古河段主槽萎缩形势,不仅需要保障宁蒙河段的洪水量级和汛期水量,而且需要尽可能减少孔兑泥沙进入黄河河槽。

鉴于孔兑洪水一般3~6年才发生一次,但影响极大,故应分孔兑有洪水和无洪水两种情景分析有利于减轻该河段河槽淤积的径流条件。

3.5.2.1　洪水期流量

借鉴下游的研究方法,分析有利于主槽不萎缩的流量条件。

分析三湖河口和昭君坟断面历史上平滩流量为2 000~2 500 m³/s时期相应的非漫滩洪水流量与主槽平均流速的关系(见图3-67和图3-68)可见,在三湖河口断面,流量1 500 m³/s左右时其平均流速就基本接近最大值;在昭君坟断面,流量1 500~2 000 m³/s时其平均流速就基本接近最大值。可见,在该河段平滩流量达到2 000 m³/s左右后,条件许可情况下,应尽可能使进入宁蒙河段的洪水流量不小于1 500~2 000 m³/s。

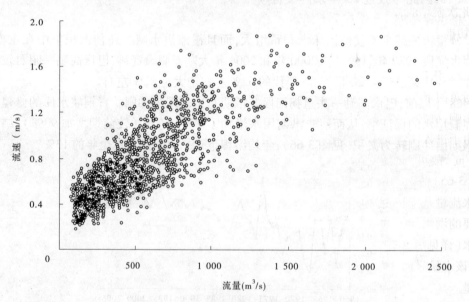

图3-67　三湖河口断面流量—流速关系

大流量级洪水对解决因十大孔兑洪水所造成的河道淤堵也非常必要。1966年8月,因西柳沟发生高含沙洪水导致黄河河道淤堵,昭君坟断面最高水位较受阻前上涨约2.3 m,但由于干流淤堵时流量约2 000 m³/s,洪水期平均约2 500 m³/s,故仅4天沙坝就被冲

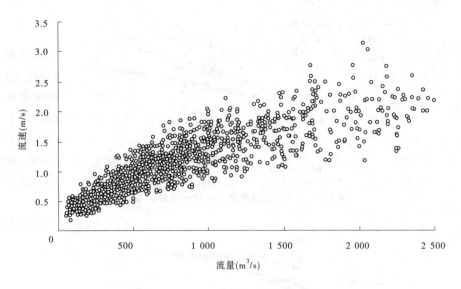

图 3-68 昭君坟断面流量—流速关系

刷掉,水位基本恢复正常(见图 3-69)。1989 年,西柳沟再次发生高含沙洪水并在入黄汇合处形成罕见的沙坝,水位较沙坝形成之前上涨 2.2 m,直至沙坝形成 8 天后大河流量增加到 1 500 m³/s 时河床才开始出现明显冲刷,约 21 天后水位基本恢复正常(见图 3-70)。1976 年 8 月,同样因西柳沟发生高含沙洪水使昭君坟断面最高水位较受阻前上涨约 1.7 m,但此次淤堵时流量仅 1 100 m³/s 左右,故 10 天后水位才基本恢复正常(见图 3-71)。目前,确切推求该河段的防淤堵流量尚存在一定困难。不过,从以上实例可以初步推断,为减轻因孔兑高含沙洪水对该河段的淤堵影响,干流流量应至少在 1 500 ~ 2 000 m³/s 以上。

3.5.2.2 汛期需水量

与黄河下游情况不同,内蒙古河段来沙不仅来自上游河段,而且深受十大孔兑和沙漠来沙影响,确定该河段良好主槽所需要的水量必须分别对待。

由于进入宁蒙河段的洪水含沙量不大(在孔兑不发生大洪水情况下),一般小于 10 kg/m³,故可直接采用以历史资料点绘的三湖河口断面洪水动力 $W^{\alpha}Q^{\beta}$ 与平滩流量关系(见图 3-65)估算维持该河段平滩流量 2 000 m³/s 以上所需要的洪水水量。根据该图,如果洪水流量基本按 1 500 ~ 2 000 m³/s(即略小于当年的平滩流量)控制,则维持良好主槽所需要的洪水动力约 200,进而可推断出相应的洪水水量约 25 亿 m³;加上汛期经济和环境用水(详见后面有关章节),则三湖河口断面需要的汛期水量总计在 68 亿 ~ 70 亿 m³。不过,该水量只能作为孔兑不发生较大洪水年份维持内蒙古河段主槽不萎缩所需要的汛期水量。

如果发生孔兑泥沙淤堵干流现象,维持内蒙古河段主槽不萎缩所需要的洪水水量将会比该值大得多。据历史实测资料,孔兑发生洪水时的来沙量一般在 0.2 亿 ~ 0.5 亿 t;只要孔兑发生较大洪水,即使上游汛期来水量达 150 亿 m³ 左右,该河段仍可能出现淤积。因此,解决该河段汛期淤积问题,未来不能仅靠增加上游来水量方式。

1987 年以来,由于巴彦高勒非汛期水量较 1960 ~ 1986 年减少约 16%、沙量增加约

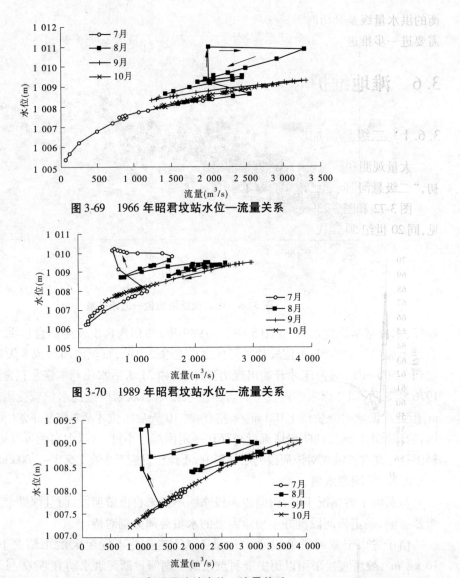

图 3-69　1966 年昭君坟站水位—流量关系

图 3-70　1989 年昭君坟站水位—流量关系

图 3-71　1976 年昭君坟站水位—流量关系

7%,使巴彦高勒—头道拐河段由总体上微冲转为持续淤积,非汛期平均淤积量达 0.108亿 t,占全年的 13%。据历史资料判断(见图 3-66),按多年平均非汛期来沙水平(约 0.25亿 t),只有当非汛期水量大体达到 20 世纪 80 年代水平(100 亿~110 亿 m³),该河段才可能达到冲淤平衡,然而这样的水量未来是很难保障的。当然,该淤积量也可利用汛期洪水处理,初步估计,为此汛期至少还需再增加洪水水量 20 亿 m³ 以上,即维持内蒙古河段主槽基本不萎缩的汛期水量至少应达 90 亿 m³ 以上。

2005~2008 年,孔兑没有发生洪水,且三湖河口汛期来水量约为 72 亿 m³、非汛期来水量约为 109 亿 m³,三个有利条件相遇使巴彦高勒—头道拐河段出现冲刷,同流量水位明显下降、平滩流量有所恢复,说明本书提出的内蒙河段主槽不萎缩需水量基本合理。

由于宁蒙河段观测资料匮乏,研究基础薄弱,目前在可能使该河段发生冲刷或冲淤平衡的洪水量级及其历时等方面取得的认识仍非常初步,更缺乏实践验证,因此相关研究仍需要进一步推进。

3.6 滩地维护对径流条件的要求

3.6.1 二级悬河加剧的原因分析

大量观测和研究表明,20 世纪 70 年代以后,"二级悬河"问题逐渐突出;至 21 世纪初,"二级悬河"问题已经成为影响防洪安全的重要因素。

图 3-72 和图 3-73 是黄河典型断面在不同年代河床淤积泥沙的横向分布变化。由图可见,同 20 世纪 50 年代相比,90 年代的高村和孙口断面淤积泥沙几乎全部集中在河槽内。

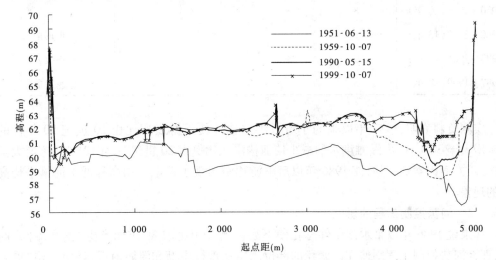

图 3-72 高村断面 20 世纪 50 年代和 90 年代泥沙淤积部位比较

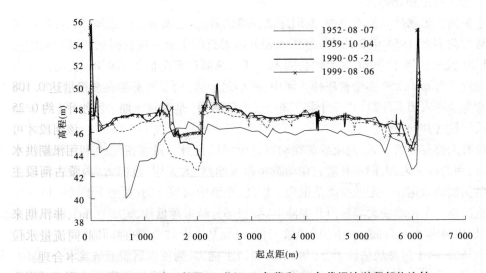

图 3-73 孙口断面 20 世纪 50 年代和 90 年代泥沙淤积部位比较

分析认为,导致 20 世纪 90 年代淤积泥沙集中在主槽附近的原因主要为两个方面:一是水沙条件,二是河势控制工程。以下分别进行分析。

3.6.1.1 水沙条件的影响

据 1950～1999 年黄河下游典型断面各流量级洪水的水量分布,1986 年以来,进入下游的洪水量级基本集中在 3 000 m^3/s 以下,全年流量 ≥3 000 m^3/s 的天数甚至只有 3.6 天,较 1986 年以前平均情况下降了 90%。表 3-30 是 1950～1999 年黄河下游大漫滩洪水发生频率的变化情况,大漫滩洪水由 20 世纪 50 年代和 1973～1986 年的近 2 年一次减少至 1987～1999 年的 13 年 2 次。

表 3-30 黄河下游漫滩洪水情况

时段(历时)	漫滩洪水次数	大漫滩(洪峰流量为汛前平滩流量的1.5 倍以上)洪水次数	二级悬河发展情况
1950～1959(10 年)	8	5	
1960～1972(13 年)	6	1	初步形成
1973～1986(14 年)	9	6	形势改善
1987～1999(13 年)	5	2	加速发展

实测资料表明,1987 年以来的小量级洪水输沙使下游淤积比由 20 世纪 50 年代的 20% 增大至 30%,而大漫滩洪水的减少使河槽淤积比例由 20 世纪 50 年代的 23% 增大至 72%,两方面因素的叠加,使 1986 年以后下游逐渐出现了滩地平均高程低于河槽平均高程的现象。

3.6.1.2 河势控制工程的影响

如果说 1986 年以来水沙条件恶化使下游河槽淤积比增大,进而产生"槽高滩低"问题,那么河势控制工程则使泥沙淤积的部位固定在现行主槽和滩唇附近,进而加剧"槽高滩低",并加大滩地横比降。

由于黄河天然水沙关系不协调,其河床淤积难以避免,进而使黄河流经冲积性平原河段时河势游荡多变:1954 年 8 月的一场洪水使开封附近的主流一昼夜间来回摆动幅度达 6 km;从 20 世纪 60 年代初到 70 年代初的 10 年间,花园口至陶城铺 300 km 长的河段内塌失滩地近 3 万 hm^2,250 多个村庄掉入河中;在小北干流,由于河势游荡多变,历史上两岸民众常为争夺农田而斗殴。"三十年河东,三十年河西"是黄河下游、小北干流和宁蒙三个河段河性的共同写照。

在没有人类存在情况下,河流游荡摆动本是黄河以自身力量实现泥沙广泛摊铺的方式。但是,因为有了人,人们不希望它摆动游荡得太剧烈、太无序、范围太大,所以希望把河流的游荡摆动限定在一定的空间范围内。因此,在新中国成立前,黄河下游滩区群众就开始修筑民埝。但民埝使大堤靠河几率降低,堤根部分越来越低洼,进而严重威胁堤防安全。所以,1954 年大水后,通过耐心的说服工作,民埝基本上被全部废除和冲毁了。三门峡水库上马后,由于过高地估计了三门峡水库的防洪能力,为使滩区群众安居乐业,河南和山东两省政府于 1958 年汛后重新提倡在"防小水,不防大水"的原则下修建生产堤。

至1964年汛后,山东段生产堤保留得比较完整,但河南段生产堤多被冲毁,随后又逐渐恢复。20世纪70年代初,生产堤的危害逐渐暴露后,国务院要求下游破除生产堤,但政策执行一直非常困难,生产堤处于时破时修状态。2003年洪水后,下游生产堤再次进入修建高潮,目前基本上全面恢复。

同样以控制河势为目的的控导工程修建始于20世纪50年代的陶城铺以下河段,在控导工程和生产堤的共同作用下,至1958年,该河段河势基本得到控制。随后,控导工程继续向上段推进。至1975年,高村—陶城铺河段的河势也被初步控制。与高村以下河段比较,高村以上游荡性河段控导工程的修建相对落后,直至20世纪90年代初,河势游荡仍未得到有效控制。90年代以后,国家加大对治黄投资力度,使游荡性河段控导工程修建力度明显加大。

目前,黄河下游主溜摆动范围基本控制在两岸控导工程或生产堤之间,摆动幅度逐步缩小:1960~1964年,主溜摆动平均范围3.5~4.2 km;1964~1972年,主溜摆动平均范围3.36 km;1981~1990年,东坝头以上22个断面的主溜摆动平均范围2.46 km;1995~2004年,各河段的主溜摆动平均范围已经基本控制在2 km以下,有些河段甚至已经缩小到1 km以下。

河势控制工程的逐步完善,保护了两岸滩区的生产生活条件,为现阶段堤防防护创造了有利条件,同时也提高了整治河段的输沙能力。由高村河段整治前后的同流量流速变化可明显看出(见表3-31):在河势没有得到控制的20世纪70年代以前,高村断面同流量的流速变化在1.2~2.5 m/s的较大幅度内,20世纪80年代以后流速变幅逐渐缩小,小流速逐渐消失,至90年代末流速变幅只有0.1~0.2 m/s,说明河势已完全规顺,流速也明显提高。

表3-31　高村断面整治前后的流速变化　　　　　　　　　(单位:m/s)

流量(m³/s)	1950~1959	1970~1975	1983~1985	1989~1992	1998~1999
2 000	1.2~2.4	1.1~2.5	1.5~2.5	1.8~2.5	2.3~2.5
3 000	1.5~2.5	1.2~2.8	2~2.6	1.9~2.8	2.5~2.6

但随着河床硬约束的不断增强,加之近年来水沙条件的改变,以"槽高、滩低、堤根洼"为基本特征的"二级悬河"问题也逐渐凸现。客观上看,由于黄河天然水沙关系不协调,河床淤积难以避免,而漫滩洪水的落淤又往往首先发生在滩唇附近,因此即使没有堤防,黄河下游滩唇与堤根之间也存在一定程度的高差和横比降。堤防的存在缩小了泥沙淤积范围,可能会使滩地横比降和二级悬差加大,如1958年汛后,花园口—孙口河段滩唇与堤根的高程差达0.21~1.2 m。不过,在20世纪70年代以前,由于主流频繁地横向摆动,加上大漫滩洪水几率大,因此总体上看滩面横比降并不十分明显。而河势控制工程的逐步完善使主流基本固定,从而加大滩地二级悬差。

如图3-74所示是黄河下游典型河段1986~1999年河床淤积泥沙横向分布情况,由图可见,由于河势控制工程的约束,在高村以上河段,80%的淤积泥沙实际上主要集中在

3 km 宽度范围内,高村以下绝大多数河段的淤积泥沙更是集中宽度 1 km 左右的范围内,这恰是河势控制工程的现状间距。

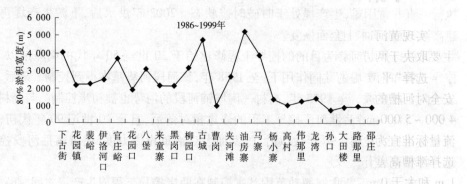

图 3-74   1986~1999 年黄河下游河床泥沙淤积分布

前文指出,大漫滩洪水对减轻河槽淤积十分有利。然而,由于漫滩洪水的泥沙落淤往往首先发生在滩唇附近,越向远处洪水含沙量越低,因此在中水位置基本固定情况下,堤根很难得到泥沙落淤机会。因此,历史资料表明,漫滩洪水反而会加大滩地的二级悬差(见图3-75),且漫滩越频繁,情况越不利。

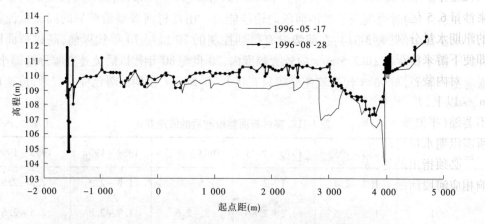

图 3-75   "96·8"洪水前后黄河下游典型断面(裴峪断面)滩地横比降变化

3.6.2   遏制二级悬河发展对径流条件的要求

以上分析可见,高含沙洪水是造成下游孙口以上河段河槽淤积的主要原因,1986 年以后流量 3 500 m³/s 以上的高效输沙或冲刷洪水和大漫滩洪水的大幅度减少使该河段汛期河槽淤积加剧、槽高滩低凸显;河势控制工程使泥沙淤积部位固定,加剧二级悬河发展。因此,要遏制二级悬河发展,首先要尽可能减轻河槽淤积,由此所需要的径流条件已经在前面分析;大漫滩洪水可以提高滩地淤积比例,进而改善滩槽高差,不过在现状河道工程背景下可能会进一步加大二级悬差,可谓功过参半。因此,依靠加大人工放淤的力度可能是未来消除二级悬河的重要途径。

3.7 小结

实现黄河冲积性河段河道通畅稳定所需要的径流条件与河槽健康的需求基本一致，主要取决于两方面因素：一是河槽健康标准，二是来沙条件。

选择"平滩流量"作为综合反映河槽断面形态和大小的指标，分析了高效输沙和防洪安全对河槽的要求、未来水沙形势及其对河槽的要求，认为下游平滩流量的标准宜为 4 000~5 000 m³/s，其中小浪底水库拦沙期结束前应达到 4 000 m³/s 左右；宁蒙河段平滩流量标准宜为 2 000~2 500 m³/s，其中西线南水北调工程生效前应达到 2 000 m³/s 左右。选择滩槽高差作为反映滩地形态和滩槽关系的指标，其适宜标准和低限标准分别为大于 1 m 和大于 0 m，2030 年前的目标宜按滩槽高差大于 0 m 掌握。

对下游河段，径流条件对高村以下河段减淤尤为重要；有利于减轻河槽淤积的非漫滩洪水流量应至少达 2 500 m³/s 以上，并力争达到 3 500 m³/s 以上，且场次洪水历时不少于 7~10 天；应努力保障 6 000 m³/s 以上大漫滩洪水发生频率达到 5~6 年一次；平水期花园口流量应尽可能控制在"下游引水流量 $Q_引$ + 利津断面环境流量 $Q_{e利}$ + 花园口以下自然损耗量 $Q_损$"以内。假定高含沙洪水发生几率和状况与 20 世纪 60~90 年代相似，在下游来沙量 6.5 亿 t 和 8 亿 t 情况下，维持河槽基本不萎缩（平滩流量 4 000 m³/s 左右）所需要的汛期水量分别在 185 亿~200 亿 m³ 和 210 亿~230 亿 m³；由于下游为冲积性河段，故即使下游来沙很少，也必须保障 110 亿~120 亿 m³ 的汛期水量。

对内蒙古巴彦高勒—头道拐河段，有利于减轻河槽淤积的洪水流量应至少达 1 500 m³/s 以上，并力争达到 2 000 m³/s 以上。在孔兑无较大洪水入黄情况下，维持河槽基本不萎缩（平滩流量 2 000 m³/s 左右）所需要的汛期水量约 90 亿 m³；若孔兑发生较大洪水，所需汛期水量可能达 150 亿 m³ 以上。

必须指出的是，无论是下游，还是上游的内蒙古河段，高含沙洪水和径流条件都是影响相应河段河槽淤积的关键因素。因此，有利的径流条件只是实现河槽减淤的措施之一。

第4章 水质保护对径流条件的要求

4.1 黄河水质现状

水质是指水与其中所含杂质共同表现出来的物理学、化学和生物学的综合特性,水质好坏可用水的物理学、化学和生物学特性来描述。水的物理性水质指标主要包括感观物理性状指标(如温度、色度、嗅和味、浑浊度、透明度等)、总固体、悬浮固体、融解固体、可沉固体、电导率等;水的化学性水质指标主要包括一般化学性指标(如 pH、碱度、硬度、各种阳离子、各种阴离子、总含盐量、一般有机物质等)、有毒的化学性指标(重金属、氧化物、多环芳烃、农药等)和有关氧平衡的水质指标(溶解氧(DO)、化学需氧量(COD)、生化需氧量(BOD)、总需氧量(TOD))等;水的生物学指标包括细菌总数、总大肠菌群数、各种病源细菌、病毒等。

黄河天然水质良好,1979 年以前,除兰州和包头等极个别断面的极短时段外,黄河干流水质基本上都达到或优于Ⅲ类水质标准。但近 30 多年来,随着黄河河川径流的大幅度减少、流域经济发展所导致的入黄废污水量大幅度增加,水污染问题日渐突出。

4.1.1 污染源情况

黄河水污染主要源自流域沿黄省区的工业和生活废污水(即点源),以及宁蒙灌区和黄土高原水土流失区的农业面污染源,其中点源污染量约占 66%(仅以 COD 计)。点源污染主要以两种方式进入黄河,一部分是工业企业和城镇生活污染源直接排向黄河干流,即入黄排污口;另一部分是通过支流排向干流。

据 2005 年调查,黄河流域工业和生活污水处理方式粗放,入黄排污口达标排放率仅 60%,超标排放现象十分严重,是造成黄河水污染的主要原因;滥用化肥和农药等也是河流水质恶化的重要原因,这个问题在处于经济快速发展阶段的黄河流域尤其突出。从表 4-1 可见,1982 年以来,随着流域社会经济的发展,黄河流域废污水排放量已经增加了 1 倍。

2005 年,黄河全年接纳 COD 约 114 万 t,氨氮约 13.2 万 t,其中,从沿黄城市直接排放的 COD 约 33.7 万 t,氨氮约 4.26 万 t;支流向干流输入 COD 约 80.1 万 t,氨氮约 8.91 万 t。7~10 月(丰水高温期)接纳的 COD 和氨氮量约占全年的 50%,3~6 月(平水高温期)接纳量约占全年的 20%(见图 4-1)。八盘峡—五佛寺、下河沿—石嘴山、昭君坟—头道拐、龙门—潼关和小浪底—花园口河段,其河长虽只占干流全长的 19.4%,但年均向黄河输送的 COD 量约占全河的 90%,氨氮量占全河的 92%,尤以龙门—潼关河段最为严重。根据 2005 年调查结果,入黄排污口平均排放污染物浓度 COD 约 294 mg/L,氨氮约 28.7 mg/L,超过《污水综合排放标准》一级排放标准 2 倍以上。

表 4-1 1982 年以来黄河流域废污水排放量

年份	废污水排放总量(亿 t)	工业废水(亿 t)	生活废水(亿 t)
1982	21.70	17.40	4.30
1989	25.67	21.61	4.06
1991	25.38	20.50	4.88
1992	26.09	20.60	5.49
1993	32.25	26.86	5.39
1994	29.64	24.17	5.47
1995	33.84	28.19	5.65
1998	42.04	32.52	9.52
1999	41.98	31.18	10.80
2000	42.22	30.68	11.54
2001	41.35	29.56	11.79
2002	41.28	28.35	12.93
2003	41.46	29.33	12.13
2004	42.65	32.16	10.49
2005	43.53	29.38	12.95
2006	42.63	34.15	8.48
2007	42.86	33.00	9.88

注:1998 年后废污水排放总量、工业废水排放量为黄河水资源公报数据;1989~1995 年废污水量系利用黄河流域用耗水计算得出。

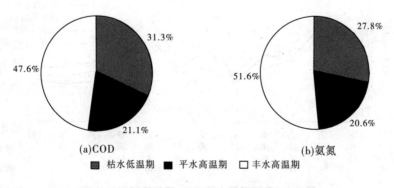

图 4-1 黄河年内不同季节接纳主要污染物比例

黄河支流输污比重远远大于入黄排污口(见图 4-2)。据统计,入黄支流年均向黄河输送 COD 约 80.0 万 t,约占黄河年接纳污染物总量的 70.4%,氨氮约 4.26 万 t,约占 67.7%。其中,渭河、祖厉河、汾河、沁河、湟水河、伊洛河、昆都仑河、沁蟒河、新蟒河、清涧河、清水河、涑水河、皇甫川、无定河、宛川河等 15 条支流年均向黄河输送 COD 约 76.9 万 t,约占全河年接纳总量的 67.5%,占支流年输污总量的 96.0%,氨氮 8.65 万 t,占全河 65.7%,占支流 97.1%。

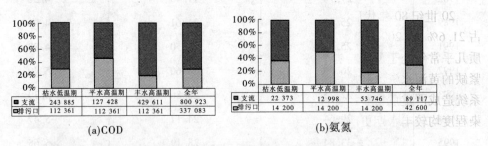

(a)COD

(b)氨氮

图 4-2 入黄排污口和入黄支流不同水期输送主要污染物 (单位:t)

黄河水体主要污染物为 COD、氨氮、BOD_5、挥发酚等有机类污染物,其中尤以 COD、氨氮两个因子最为突出。图 4-3 和图 4-4 是氨氮和 COD 在年内不同时期的沿程变化情况。

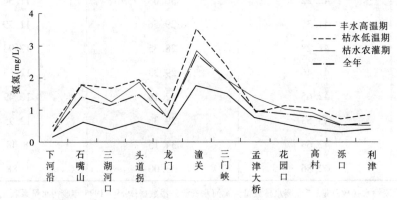

图 4-3 黄河不同水期氨氮浓度沿程变化曲线

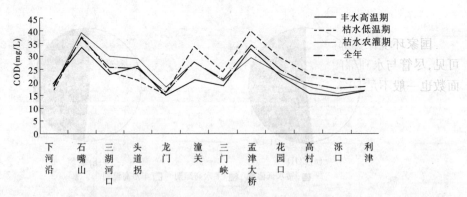

图 4-4 黄河不同水期 COD 浓度沿程变化曲线

黄河面源污染也不容乐观。据调查测算,2005 年面源 COD 和氨氮产生量分别为 767.5 万 t 和 23.4 万 t,入河量分别为 68.9 万 t 和 1.6 万 t。面源 COD 入河量分别占全部入河 COD 的 40%,氨氮入河量分别占全部入河氨氮的 14%。面源入河 COD 的 66% 来自水土流失和养禽,氨氮则主要来自农田径流、养禽和水土流失。

4.1.2　水质现状

20世纪80年代后期,黄河干流循化以下河段(约3 613 km)Ⅳ类及劣于Ⅳ类的河长占21.6%,而2004年同类河长已占评价河长的72.3%,石嘴山、包头和潼关等河段的水质几乎常年处于Ⅴ类或劣Ⅴ类状态,有些河段水功能基本丧失。水污染加剧使本已十分紧缺的黄河水资源利用价值严重下降,不仅影响到人类的生存和健康,同时也对河流生态系统造成严重危害。污染最严重的是石嘴山—三湖河口、潼关—三门峡河段,且枯水期污染程度均较丰水期更严重。图4-5、图4-6是20世纪80年代以来黄河水质变化情况。

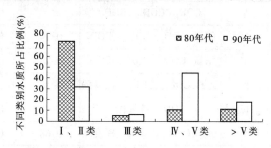

图4-5　黄河干流80年代和90年代水质对比

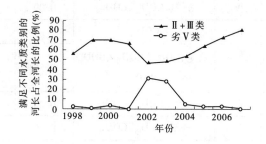

图4-6　近10年来黄河干流水质变化

国家环境保护部门近10多年来也对黄河水质进行了监测和评价(见图4-7)。由图可见,尽管与水利部门采用的统计口径有所不同,但近10年来黄河水质达Ⅰ~Ⅲ类的断面数也一般不足30%。

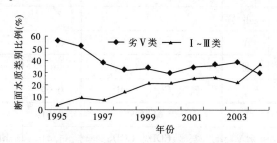

图4-7　黄河水系断面水质类别比例近10年变化(邹首民,2006)

表4-2是2005年黄河干流水质评价结果,评价河长3 452.4 km,干流水质断面33个,重点支流入黄水质断面9个。由此结果可见,氨氮、COD、BOD、挥发酚和石油类是导

致黄河水质超标的主要污染因子,其中尤以氨氮和 COD 超标最为严重。

表 4-2　2005 年黄河干流水质评价结果

断面	时间	水质类别	污染因子	氨氮超Ⅲ类倍数	CODCr超Ⅲ类倍数	CODMn超Ⅲ类倍数
下河沿	7～10 月	Ⅲ				
	11～2 月	Ⅲ				
	3～6 月	Ⅲ				
石嘴山	全年	Ⅴ	氨氮、CODCr、CODMn、BOD5	0.41	0.85	0.19
	7～10 月	Ⅴ	CODCr、CODMn、BOD5		0.68	0.05
	11～2 月	Ⅴ	氨氮、CODCr、CODMn、BOD5	0.79	0.89	0.28
	3～6 月	Ⅴ	氨氮、CODCr、CODMn、BOD5	0.78	0.97	0.23
三湖河口	全年	Ⅳ	氨氮、CODCr、CODMn、挥发酚	0.14	0.29	0.13
	7～10 月	Ⅳ	CODCr、挥发酚		0.17	
	11～2 月	Ⅴ	氨氮、CODCr、CODMn、挥发酚	0.68	0.05	0.24
	3～6 月	Ⅴ	氨氮、CODCr、CODMn、挥发酚	0.28	0.51	0.30
昭君坟	全年	Ⅳ	氨氮、CODCr、CODMn	0.09	0.30	0.07
	7～10 月	Ⅳ	CODCr		0.24	
	11～2 月	Ⅴ	氨氮、CODCr、CODMn、BOD5、BOD5	0.56	0.24	0.11
	3～6 月	Ⅳ	氨氮、CODCr、CODMn	0.22	0.44	0.25
头道拐	全年	Ⅴ	氨氮、CODCr、CODMn	0.50	0.27	0.05
	7～10 月	Ⅳ	CODCr、CODMn		0.33	0.04
	11～2 月	Ⅴ	氨氮、CODCr	0.94	0.04	
	3～6 月	Ⅴ	氨氮、CODCr、CODMn	0.89	0.46	0.18
龙门	全年	Ⅲ				
	7～10 月	Ⅱ				
	11～2 月	Ⅳ	氨氮	0.07		
	3～6 月	Ⅲ				
三门峡	全年	Ⅴ	氨氮、CODCr、CODMn	0.99	0.07	0.15
	7～10 月	Ⅴ	氨氮	0.51		
	11～2 月	劣Ⅴ	氨氮、CODCr、CODMn	1.41	0.22	0.35
	3～6 月	劣Ⅴ	氨氮、CODCr、CODMn、BOD5	1.00	0.03	0.10

断面	时间	水质类别	污染因子	氨氮超Ⅲ类倍数	COD$_{Cr}$超Ⅲ类倍数	COD$_{Mn}$超Ⅲ类倍数
花园口	全年	Ⅳ	COD$_{Cr}$		0.27	
	7～10 月	Ⅳ	COD$_{Cr}$		0.14	
	11～2 月	Ⅳ	氨氮、COD$_{Cr}$	0.10	0.49	
	3～6 月	Ⅳ	氨氮、COD$_{Cr}$	0.03	0.16	
高村	全年	Ⅲ	氨氮、COD$_{Cr}$			
	7～10 月	Ⅲ				
	11～2 月	Ⅳ		0.05	0.15	
	3～6 月	Ⅲ				
利津	全年	Ⅲ				
	7～10 月	Ⅳ	石油类			
	11～2 月	Ⅳ	COD$_{Cr}$		0.04	
	3～6 月	Ⅲ				

4.2 水质保护目标

恶劣水质的受害者首先是河流内的水生生物,它们没有其他水源选择,处于被动接受状态;人类虽然可以暂时从其他渠道获取少量维持生存的洁净水源,但却不得不用污水浇灌农田,最终影响人类健康。

所谓良好的水质,是指河流水体质量能够基本满足人类和河流水生生物健康生存的要求。黄河是我国西北和华北地区的主要饮用水源,良好的水质对保障人类身体健康至关重要;黄河水质还影响着黄河水生生物的繁殖及栖息和沿黄重要湿地关键物种的生存环境;更为严重的是,作为本流域重要农业灌溉及渔业用水水源,黄河水质较差将导致某些有毒有害物质在农作物内和鱼类体内残留并产生富集,进而将影响人类健康。1999 年冬春季节,黄河潼关以下发生的大范围水污染,严重影响了沿黄近 10 个城市的生活供水和工农业用水;2003 年旱情严重情况下,由于黄河水质达不到要求,曾使引黄济津工作被迫中断。

2002 年,国家环境保护总局与国家质量监督检验检疫总局根据人类和河流水生生物健康生存对水质的要求、旧版《地表水环境质量标准》运行中存在的问题,并结合我国实际情况,联合发布了《地表水环境质量标准》(GB 3838—2002)。该标准依据地表水水域环境功能和保护目标,按功能高低依次划分为五类。其中,Ⅰ类主要适用于源头区、国家自然保护区;Ⅱ类主要适用于集中式生活饮用水地表水源地一级保护区、珍稀水生生物栖息地、鱼虾类产卵场、仔稚幼鱼的索饵场等;Ⅲ类主要适用于集中式生活饮用水地表水源地二级保护区、鱼虾类越冬场、洄游通道、水产养殖区等渔业水域及游泳区;Ⅳ类主要适用于一般工业用水区及人体非直接接触的娱乐用水区；V类主要适用于农业用水区及一般景观要求水域。《地表水环境质量标准》(GB 3838—2002)包括24个指标(其标准限值见表4-3a)；对集中式生活饮用水地表水源地，补充5个项目(其标准限值见表4-3b)，并根据具体情况加测三氯甲烷等60个项目。

表4-3a　地表水环境质量标准指标标准限值　　　　　　　　(单位:mg/L)

序号	项目		I类	II类	III类	IV类	V类
1	水温(℃)		人为造成的环境水温变化应限制在：周平均最大温升≤1；周平均最大温降≤2				
2	pH值(无量纲)		6~9				
3	溶解氧	≥	7.5	6	5	3	2
4	高锰酸盐指数	≤	2	4	6	10	15
5	化学需氧量(COD)	≤	15	15	20	30	40
6	五日生化需氧量(BOD$_5$)	≤	3	3	4	6	10
7	氨氮(NH$_3$–N)	≤	0.15	0.5	1.0	1.5	2.0
8	总磷(以P计)	≤	0.02(湖、库0.01)	0.1(湖、库0.025)	0.2(湖库0.05)	0.3(湖、库0.1)	0.4(湖、库0.2)
9	总氮(湖、库、以N计)	≤	0.2	0.5	1.0	1.5	2.0
10	铜	≤	0.01	1.0	1.0	1.0	1.0
11	锌	≤	0.05	1.0	1.0	2.0	2.0
12	氟化物(以F$^-$计)	≤	1.0	1.0	1.0	1.5	1.5
13	硒	≤	0.01	0.01	0.01	0.02	0.02
14	砷	≤	0.05	0.05	0.05	0.1	0.1
15	汞	≤	0.000 05	0.000 05	0.000 1	0.001	0.001
16	镉	≤	0.001	0.005	0.005	0.005	0.01
17	铬(六价)	≤	0.01	0.05	0.05	0.05	0.1
18	铅	≤	0.01	0.01	0.05	0.05	0.1
19	氰化物	≤	0.005	0.05	0.2	0.2	0.2
20	挥发酚	≤	0.002	0.002	0.005	0.01	0.1
21	石油类	≤	0.05	0.05	0.05	0.5	1.0
22	阴离子表面活性剂	≤	0.2	0.2	0.2	0.3	0.3
23	硫化物	≤	0.05	0.1	0.05	0.5	1.0
24	粪大肠菌群(个/L)	≤	200	2 000	10 000	20 000	40 000

表 4-3b　集中式生活饮用水地表水源地补充项目标准限值

序号	项目	标准值(mg/L)
1	硫酸盐(以 SO_4^{2-} 计)	250
2	氯化物(以 Cl^- 计)	250
3	硝酸盐(以 N 计)	10
4	铁	0.3
5	锰	0.1

从满足河流生态系统生物群落的繁衍生息需要、维护河流生态功能角度,未受人类排污影响的天然状态水体水质(Ⅰ类和Ⅱ类)显然是最好的水质。从研究河流健康角度,良好水质标准的确定主要取决于人们对黄河不同河段水体的功能定位。

依据国家相关法律法规,水利部于 2002 年颁布了《中国水功能区划》(试行),沿黄青海、四川、甘肃、宁夏、内蒙古、山西、陕西、河南和山东等 9 省(区)人民政府于 2002～2007 年相继对各省(区)水功能区划进行了批复。水功能区划采用两级体系,即一级区划和二级区划。一级区划是宏观上解决水资源开发利用与保护的问题,主要协调地区间用水关系,长远考虑可持续发展的需求。一级功能区分为四类,即保护区、保留区、开发利用区和缓冲区。保护区是指对水资源保护、自然生态及珍稀濒危物种保护有重要意义的水域;保留区是指目前水资源开发利用程度不高,为今后开发利用和保护水资源而预留的水域;缓冲区是指为协调省(区)际间、矛盾突出的地区间用水关系,以及在保护区与开发利用区相衔接时,为满足保护区水质要求而划定的水域;开发利用区主要指具有满足城镇生活、工农业生产、渔业或娱乐等需水要求的区域。二级区划主要在一级区划的开发利用区进行,主要协调用水部门之间的关系。分为七类,即饮用水水源区、工业用水区、农业用水区、渔业用水区、景观娱乐用水区、过渡区和排污控制区。

黄河河长 5 464 km,各河段水域使用功能有所不同:①龙羊峡以上河段是黄河的源区,该区地广人稀,水资源丰富,是黄河主要来水河段之一,区内无工业城市和大型矿区;②龙羊峡—兰州区间为黄河径流的另一主要产地,区内大部分地区属半农半牧区,有兰州、西宁两座大城市和一些大型电站及工矿区,黄河是该区城镇生活和工业用水的重要水源,也是工业和生活污水的承泄地。③兰州—头道拐区间土地与矿产资源丰富,灌溉农业发达,其生活生产用水仰赖黄河过境水供给。该区间所产生的农灌退水、工业废水和生活污水均直排黄河。④头道拐—龙门区间无大型工业城市,但区内煤炭资源丰富,也是引黄入晋工程的水源地。⑤龙门—花园口区间是晋陕豫三省工农业发展的重点地区,不仅灌区规模大,也是全流域工业最发达地区,黄河是该区生产生活的重要水源,同时也是人类废污水的接纳者。⑥花园口以下河段是该区间城镇生活、工业和农业的重要水源,但基本上无污水入黄。综上分析,黄河龙羊峡以下的大部分河段均同时具备多种使用功能,既是人类生活用水水源地,也是工农业用水水源地,而且是黄河流域最终的污染物集中地,入河排污和各种取用水交叉进行。

按《中国水功能区划》(试行),黄河干流划分成 18 个一级水功能区,其中,保护区 2

个,即玛多源头保护区和万家寨调水水源保护区,河长占黄河河长的 6.3%;保留区 2 个,即青甘川保留区和河口保留区,河长占黄河河长的 26.7%;开发利用区 10 个,即青海开发利用区、甘肃开发利用区、宁夏开发利用区、内蒙古开发利用区、晋陕开发利用区、三门峡水库开发利用区、小浪底水库开发利用区、河南开发利用区、豫鲁开发利用区和山东开发利用区,河长占黄河河长的 62.2%;缓冲区 4 个,即位于两省(区)交界处的青甘缓冲区、甘宁缓冲区、宁蒙缓冲区和由开发利用区到保护区功能缓冲的托克托缓冲区,河长占黄河河长的 4.8%。在开发利用区中又划分了 50 个二级功能区,包括 14 个饮用水源区、3 个工业用水区、12 个农业用水区和 21 个其他用水区。目前,黄河流域 9 省(区)水功能区划成果已全部上报各省(区)人民政府,并被批准,其水功能区及水质目标见表4-4。

表4-4　黄河干流水功能区划及水质目标

一级功能区名称	二级功能区名称	起始断面	终止断面	长度(km)	水质目标
黄河玛多源头水保护区		河源	黄河沿水文站	270.0	Ⅱ
黄河青甘川保留区		黄河沿水文站	龙羊峡大坝	1 417.2	Ⅱ
黄河青海开发利用区	黄河李家峡农业用水区	龙羊峡大坝	李家峡大坝	102.0	Ⅱ
	尖扎循化农业用水区	李家峡大坝	清水河入口	126.2	Ⅱ
黄河青甘缓冲区		清水河入口	朱家大湾	41.5	Ⅱ
黄河甘肃开发利用区	刘家峡渔业饮用水源区	朱家大湾	刘家峡大坝	63.3	Ⅱ
	盐锅峡渔业工业用水区	刘家峡大坝	盐锅峡大坝	31.6	Ⅱ
	八盘峡渔业农业用水区	盐锅峡大坝	八盘峡大坝	17.1	Ⅱ
	兰州饮用工业用水区	八盘峡大坝	西柳沟	23.1	Ⅱ
	兰州工业景观用水区	西柳沟	青白石	35.5	Ⅲ
	兰州排污控制区	青白石	包兰桥	5.8	
	兰州过渡区	包兰桥	什川吊桥	23.6	Ⅲ
	皋兰农业用水区	什川吊桥	大峡大坝	27.1	Ⅲ
	白银饮用工业用水区	大峡大坝	北湾	37.0	Ⅲ
	靖远渔业工业用水区	北湾	五佛寺	159.5	Ⅲ
黄河甘宁缓冲区		五佛寺	下河沿	100.6	Ⅲ
黄河宁夏开发利用区	青铜峡饮用农业用水区	下河沿	青铜峡水文站	123.4	Ⅲ
	吴忠排污控制区	青铜峡水文站	叶盛公路桥	30.5	
	永宁过渡区	叶盛公路桥	银川公路桥	39.0	Ⅲ
	陶乐农业用水区	银川公路桥	伍堆子	76.1	Ⅲ
黄河宁蒙缓冲区		伍堆子	三道坎铁路桥	81.0	Ⅲ

一级功能区名称	二级功能区名称	起始断面	终止断面	长度(km)	水质目标
黄河内蒙古开发利用区	乌海排污控制区	三道坎铁路桥	下海渤湾	25.6	
	乌海过渡区	下海渤湾	磴口水文站	28.8	Ⅲ
	三盛公农业用水区	磴口水文站	三盛公大坝	54.6	Ⅲ
	巴彦卓尔盟农业用水区	三盛公大坝	沙圪堵渡口	198.3	Ⅲ
	乌拉特前旗排污控制区	沙圪堵渡口	三湖河口	23.2	
	乌拉特前旗过渡区	三湖河口	三应河头	26.7	Ⅲ
	乌拉特前旗农业用水区	三应河头	黑麻淖渡口	90.3	Ⅲ
	包头昭君坟饮用工业用水区	黑麻淖渡口	西流沟入口	9.3	Ⅲ
	包头昆都仑排污控制区	西流沟入口	红旗渔场	12.1	
	包头昆都仑过渡区	红旗渔场	包神铁路桥	9.2	Ⅲ
	包头东河饮用工业用水区	包神铁路桥	东兴火车站	39.0	Ⅲ
	土默特右旗农业用水区	东兴火车站	头道拐水文站	113.1	Ⅲ
黄河托克托缓冲区		头道拐水文站	喇嘛湾	41.0	Ⅲ
黄河万家寨调水水源保护区		喇嘛湾	万家寨大坝	73.0	Ⅲ
黄河晋陕开发利用区	天桥农业用水区	万家寨大坝	天桥大坝	96.6	Ⅲ
	府谷保德排污控制区	天桥大坝	孤山川入口	9.7	
	府谷保德过渡区	孤山川入口	石马川入口	19.9	Ⅲ
	碛口农业用水区	石马川入口	回水湾	202.5	Ⅲ
	吴堡排污控制区	回水湾	吴堡水文站	15.8	
	吴堡过渡区	吴堡水文站	河底	21.4	Ⅲ
	古贤农业用水区	河底	古贤	186.6	Ⅲ
	壶口景观用水区	古贤	仕望河入口	15.1	Ⅲ
	龙门农业用水区	仕望河入口	龙门水文站	53.8	Ⅲ
黄河三门峡水库开发利用区	渭南运城渔业农业用水区	龙门水文站	潼关水文站	129.7	Ⅲ
	三门峡运城渔业农业用水区	潼关水文站	何家滩	77.1	Ⅲ
	三门峡饮用工业用水区	何家滩	三门峡大坝	33.6	Ⅲ
黄河小浪底水库开发利用区	小浪底饮用工业用水区	三门峡大坝	小浪底大坝	130.8	Ⅱ

一级功能区名称	二级功能区名称	起始断面	终止断面	长度(km)	水质目标
黄河河南开发利用区	焦作饮用农业用水区	小浪底大坝	孤柏嘴	78.1	Ⅲ
	郑州新乡饮用工业用水区	孤柏嘴	狼城岗	110.0	Ⅲ
	开封饮用工业用水区	狼城岗	东坝头	58.2	Ⅲ
黄河豫鲁开发利用区	濮阳饮用工业用水区	东坝头	大王庄	134.6	Ⅲ
	菏泽工业农业用水区	大王庄	张庄闸	99.7	Ⅲ
黄河山东开发利用区	聊城工业农业用水区	张庄闸	齐河公路桥	118.0	Ⅲ
	济南饮用工业用水区	齐河公路桥	梯子坝	87.3	Ⅲ
	滨州饮用工业用水区	梯子坝	王旺庄	82.2	Ⅲ
	东营饮用工业用水区	王旺庄	西河口	86.6	Ⅲ
黄河河口保留区		西河口	入海口	41.0	Ⅲ

根据各河段水功能需求,考虑到保护源头水、保护饮用水水源水质、沿河河道内重要湿地,以及水资源管理前瞻性与科学性和流域可持续发展的需要,兼顾上下段水质的连续性和可控制性,从表中我们可以看出黄河不同河段的水质控制目标是:黄河干流兰州以下河段水体质量总体上应达到Ⅲ类水标准,兰州八盘峡大坝以上应达到Ⅱ类水标准。

综合考虑人类和河流生态系统中生物群落对黄河水质的要求、水质现状和相关区域社会经济背景等多方面因素,并结合《中国水功能区划》(试行)和《黄河中上游流域水污染防治规划》(2006～2010)等有关部委文件,研究认为将黄河干流良好水质的标准应定为:兰州以上应维持Ⅱ类水现状,兰州以下水体质量总体上达到Ⅲ类水标准,其污染因子的量化指标应控制在国家《地表水环境质量标准》内。

兰州以下河段全面达到Ⅲ类水标准是该河段良好水质的标准。按照国家标准,一旦水质劣于Ⅴ类,水体即完全失去使用功能,故局部河段短期出现Ⅴ类水可视为黄河水质的低限标准,其污染因子的量化指标应控制在国家《地表水环境质量标准》内。

依照《中华人民共和国水法》,2006年,在水利部的统一部署下,黄河流域水资源保护部门对黄河干流各河段的纳污能力进行了核算,计算结果表明,黄河对COD和氨氮的纳污能力分别为87.98万t/a和4.01万t/a,而2005年,黄河接纳COD和氨氮的数量(黄河流域水资源保护局调查数据)分别为114万t/a和13.2万t/a。为深入认识未来黄河流域污染物排放水平,本项目对沿黄城市2030年排污量进行了测算,测算时重点考虑生活排污量和工业排污量。其中,生活污水排放浓度按《城镇污水处理厂污染物排放标准》(GB 18918—2002),即排入水质目标为Ⅲ类的功能区水体的污水,其出水浓度执行一级B标准(COD 60 mg/L,氨氮8 mg/L),排入水质目标为Ⅳ和Ⅴ类水功能区的污水执行二级标准(COD 100 mg/L,氨氮25 mg/L)。工业废水排放按《污水综合排放标准》(GB 8978—

1996），即排入水质目标不低于Ⅲ类的水功能区的污水执行一级排放标准（COD 100 mg/L、氨氮 15 mg/L），排入水质目标低于Ⅲ类的水功能区的污水执行二级排放标准（COD 150 mg/L、氨氮 25 mg/L）。经计算，2030 年 COD 和氨氮排放量分别由 2005 年的 34.3 万 t、4.177 万 t 下降至 15.2 万 t 和 1.76 万 t，下降幅度 50%~55%。参照以上计算案例和黄河流域 2005 年污染物排放水平（COD114.74 万 t/a、氨氮 13.2 万 t/a），预计 2030 水平年入黄污染物 COD 和氨氮可分别为 60 万 t/a 和 6.5 万 t/a，即 COD 有可能减少至黄河的纳污能力内，但氨氮仍可能大于黄河的纳污能力。黄河纳污能力还存在着由于城市布局、排污口分布及自然条件等影响局部区域和排污分布不匹配的情况，即部分河段如晋陕峡谷和下游悬河有纳污能力但没有排污无法利用，部分污染集中河段纳污能力不够用，这给黄河水质全面实现达标造成较大的压力。

不过，令人鼓舞的是，2007 年，在黄河天然径流量约 509 亿 m³ 情况下，水质达到Ⅰ类~Ⅲ类的河长达到黄河全长度 80%，且全河基本没有出现Ⅴ类或劣Ⅴ类情况。

综合考虑以上两方面因素和 2030 年前黄河径流形势，现阶段黄河水质恢复的目标可以按"平水年全面实现Ⅲ类"和"枯水年基本不出现劣Ⅴ类"掌握。考虑到黄河流域的社会经济背景，建议现阶段重点关注 COD 和氨氮等重要水质参数。

4.3 河流水质影响因素

污染物进入水体中发生的反应与污染物的种类密切相关。例如，有机物在水体中的降解主要通过化学氧化、光化学氧化和生物化学氧化来实现，其中生物化学氧化作用具有最重要的意义；重金属在水体中不能被微生物降解，只能发生形态间的相互转化、分解和富集进而使重金属迁移，重金属迁移主要与沉淀、络合、螯合、吸附、氧化和还原等作用有关。

对于特定地区的河流，其天然水化学特征是一定的，其水体质量主要受以下两方面因素的影响：

（1）入河污染物的种类、数量、理化性质、排放形态和排放位置等。在同样河川径流条件下，增加入河污染物量显然将导致水质降低。

（2）河川径流条件，包括流量及其季节分布、流速和水温等。显然，当河流流量越大，水体纳污能力越强。因此，《中华人民共和国水污染防治法》（2008）第 16 条规定：国务院有关部门和县级以上地方人民政府开发、利用和调节、调度水资源时，应当统筹兼顾，维持江河的合理流量和湖泊、水库以及地下水体的合理水位，维护水体的生态功能。

水温和流速对水质的影响也是明显的。一般地，水流速度越小、水温越低，越不利于污染物的扩散和转移。

含沙量是影响黄河水质的重要因素。一方面，进入黄河的泥沙虽给黄河造成一定的污染（悬浮物），但由于黄河泥沙含有相当数量的黏土矿物、无机胶体和一定数量的有机胶体、无机有机复合胶体，对排入黄河的污染物具有显著的吸附作用，从而表现出净化水质的效应。另一方面，已经吸附了污染物的泥沙，在一定的水环境条件下（如 pH 值降低等），还可能引起水体二次污染，因为泥沙可释放出吸附在体内的污染物质。

4.4 维持良好水质所需径流条件分析

通常,人们将维持良好水质所需要的径流条件称做自净需水。

在西方发达国家,由于其污水排放标准和地表水环境质量标准的污染项目标准限值一致,即排入河流的"污水"水质满足河流水体质量要求,因此一般不考虑为保证良好水质所要求的河流水量。

但我国地表水环境质量标准与污水排放标准对主要污染因子的限值差别很大(见表4-5),如污水排放对 COD 和氨氮的要求分别较地表水环境质量标准宽 3~5 倍和 8~15 倍,在此现实背景下,不得不靠河流水体去稀释污水;充分利用河流水体的自净功能,适度发挥河流的净化环境功能,也是可以接受的。因此,我国新颁布的《中华人民共和国水污染防治法》(2008 年 6 月 1 日实施)第 16 条指出:国务院有关部门和县级以上地方人民政府开发、利用和调节、调度水资源时,应当统筹兼顾,维持江河的合理流量和湖泊、水库以及地下水体的合理水位,维护水体的生态功能。所以,现阶段,可以考虑在继续严格控制入河污染物排放的同时,给河流预留一定量的与同期排污规模基本适应的河川径流。远期,随着人们环境意识和污水处理能力的提高,应该进一步提高污水排放标准,使之逐渐接近地表水环境质量标准。

表 4-5 我国污水排放和地表水环境质量标准对照

标准	等级	COD(mg/L)	氨氮(mg/L)	说明
《城镇污水处理厂污染物排放标准》(GB 18918—2002)	一级	60	8	排入水质目标不低于Ⅲ类的水体
	二级	100	25	排入水质目标低于Ⅲ类的水体
《污水综合排放标准》(GB 8978—1996)	一级	100	15	排入水质目标不低于Ⅲ类的水体
	二级	150~300	25~50	排入水质目标低于Ⅲ类的水体
《地表水环境质量标准》(GB 3838—2002)	Ⅲ类	20	1.0	
	Ⅳ类	30	1.5	

从上节分析可见,河川径流条件是影响河流水质的重要因素,但并非全部。要说清维持黄河良好水质所需要的径流条件,必须界定污染物排放条件,包括种类、数量、理化性质、排放形态和排放位置等。

参考美国在 20 世纪 80 年代提出的 90% 保证率和 7Q10 法,中国《制订地方水污染物排放标准的技术原则和方法》(GB 3839—83)规定,一般河流采用近 10 年最枯月平均流量或 90% 保证率最枯月平均流量来计算水域纳污能力,以用于水域污染物总量控制。后来,不少研究者直接采用该方法计算河流的自净需水。该方法形成于 20 世纪 80 年代初,那时全国绝大多数河流的径流条件还比较丰沛,污染物量也不太大,计算出的自净流量沿程分布能够反映河流天然状态的径流时空分布比例及其所具有的环境容量。

然而,近 20 多年来的应用实践逐渐暴露出该方法存在的问题:由于采用的水文系列只有 10 年,不能涵盖水文上的丰、平、枯变化规律,故直接应用于 20 世纪 90 年代和 21 世纪初的黄河头道拐以下河段,其稀释自净流量计算结果很小,有些河段甚至得出流量为0的不合理结论。按照水文学理论,计算河流水力因子频率至少应考虑30年水文系列,以涵盖丰、平、枯三个不同的降水期。作者对90%保证率法进行了改进,对基础水文系列取1977~2006年30年的实测水文资料(该时期涵盖了丰、平、枯三个降水期,且该时期人类耗水量波动不大),计算了黄河各断面在90%保证率时的流量(见表4-6),该结果略大于国家有关部门确定黄河纳污能力和省(区)排污总量控制方案时采用的流量。

表4-6 黄河干流重要断面90%保证率最枯月平均流量   (单位:m^3/s)

断面	兰州	下河沿	石嘴山	头道拐	龙门	潼关	花园口
流量	350	340	330	75	130	150	170

表4-6给出的各断面流量就是河道纳污能力计算时采用的基准流量,它可以较好地反映黄河的水文律情。不过,由于该方法完全不考虑河流所处的经济社会背景,忽视河流应该具有的环境功能,算出的黄河中游河段流量往往非常小,从而使由此得出的限排量显然很苛刻,据此提出的污染物限排量在经济处于起飞阶段的黄河流域显然是非常艰巨的挑战。由于该流量是排污总量控制方案的基础,因此可以作为实现黄河良好水质所需要的最小自净流量。

实际上,在90%的时段内,黄河各断面流量都是大于表4-6中数值的,也就是说,黄河大多数时段的纳污能力大于以表4-6为基础计算出的纳污能力,仍可以为流域经济社会发展承担更多的稀释污水任务。由此可见,现阶段要合理确定以实现黄河良好水质为目标(兰州以上维持Ⅱ类、兰州以下总体上达到Ⅲ类)的自净需水,不仅要考虑黄河的水文特点,还需要考虑黄河所处的社会经济背景。

完全依靠黄河水去稀释污染物的思路显然非常不合理。就现状排污水平,若完全依靠黄河水量进行稀释,达到Ⅲ类水质所需要的流量大多达2 000 m^3/s左右,有的河段甚至高达10 000 m^3/s以上。所以,从黄河所处的社会经济背景角度考虑其自净需水,需首先对其内涵和前提进行合理界定。

在我国社会经济现状背景下,黄河良好水质目标的实现显然需要环保部门和水利部门的共同努力。前者要努力实现流域内所有污染源达标排放;在流域污染源达标排放前提下,后者要努力保证与黄河不得不接纳的污染物量及其时空分布相适应的河川径流,本书将此河川径流称做自净需水。由此可见,要计算黄河各河段自净需水,必须首先明确"流域污染源达标排放后黄河不得不接纳的污染物量及其时空分布"的量化标准,并以此作为自净需水的前提。

图4-8是20世纪80年代以来黄河流域污水排放量变化趋势。由图可见,1998年以来,流域废污水排放总量变化不明显,基本维持在41亿~42亿t;"十一五"起始,国家将"主要污染物排放总量减少10%"作为约束性指标列入《中华人民共和国国民经济和社会发展第十一个五年规划纲要》,西部许多新上工业企业均以少排放甚至零排放作为其工艺设计的原则,说明未来的废污水排放量不会有太大增加。为基本反映目前和未来一定时期黄河流域经济社会背景,本书以"在2005年流域污染源分布状况和社会经济背景下,

所有污染源均达标排放、主要支流入黄断面水质满足相应的水功能目标(见表4-7)"作为计算自净需水的前提。

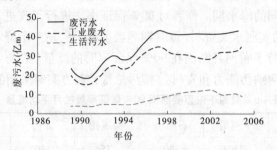

图4-8　黄河流域20世纪80年代以来废污水排放量

表4-7　黄河主要支流入黄断面水质目标

支流	庄浪河	祖厉河	清水河	昆都仑河	四道沙河	大黑河	偏关河	皇甫川	窟野河	秃尾河	无定河	延水	汾河	涑水河	渭河	宏农涧河	苍龙涧河	伊洛河	汜水河	新蟒河	沁河
水质	Ⅲ类	Ⅴ类	Ⅳ类	Ⅴ类	Ⅴ类	Ⅳ类	Ⅴ类	Ⅳ类	Ⅲ类	Ⅲ类	Ⅲ类	Ⅳ类	Ⅳ类	Ⅴ类	Ⅳ类	Ⅴ类	Ⅴ类	Ⅳ类	Ⅴ类	Ⅴ类	Ⅳ类

众所周知,如果没有污水加入,在水质为Ⅲ类的水流从上断面流向下断面的过程中,随着污染物的沿程降解、扩散、转移等,到达下断面时的水质将优于Ⅲ类。如果该河段有污染源加入,则水流到达下断面时的水质将有可能劣于Ⅲ类,此时,如果仍希望保证下断面水质达到Ⅲ类,必须加大上断面入流流量,以利用水流演进过程中所积累的富余纳污能力。因此,本研究采用的自净需水计算思路是:对任一河段,假设入流水质符合Ⅲ类水质标准,同时假设进入该河段的旁侧污染源满足以上确定的"2005年污染源分布状况、所有污染源均达标排放、主要支流入黄断面水质满足相应的水功能目标"前提条件,推求可使出口断面达到Ⅲ类水质所需要上断面保证的入流流量。

按照以上思路,计算黄河干流重点河段的自净需水,必然涉及两个问题:典型污染物识别及其综合降解系数、河段单元划分。

1)典型污染物因子选择及其综合降解系数

根据黄河流域水资源保护局30多年来对黄河干支流重点河段水质监测资料,选择COD和氨氮作为自净需水计算的污染控制因子。根据国家《地表水环境质量标准》(GB 3838—2002),对应Ⅲ类水质,其COD标准为大于15 mg/L、小于等于20 mg/L,氨氮的标准为大于0.5 mg/L、小于等于1 mg/L。

"十五"期间,郝伏勤等曾利用黄河原状水样,对COD和氨氮的综合降解系数进行了试验研究,结果表明,水样污染物浓度变化速率主要取决于初始浓度和水温;在初始浓度一定情况下,水温越高,降解速度越快;黄河干流COD的综合降解系数为0.11~0.25 d^{-1},氨氮的综合降解系数为0.1~0.22 d^{-1}。

本研究在前期试验研究的基础上,根据多年水文资料统计水温,对以上提出的综合降解系数进行了温度修正,给出了不同河段的 COD 和氨氮综合降解系数,详细修正结果见表 4-8。

表 4-8　黄河自净水量计算河段污染物降解系数一览表　（单位:d^{-1}）

河段名称	11～2 月		3～6 月		7～10 月	
	COD	氨氮	COD	氨氮	COD	氨氮
兰州河段	0.18	0.16	0.18	0.16	0.19	0.17
白银河段	0.17	0.13	0.18	0.14	0.19	0.14
五下河段	0.10	0.11	0.11	0.12	0.11	0.12
中卫中宁河段	0.20	0.15	0.22	0.16	0.23	0.17
吴银石河段	0.21	0.18	0.22	0.19	0.24	0.21
乌海河段	0.16	0.13	0.17	0.14	0.18	0.14
乌梁素海河段	0.11	0.12	0.12	0.12	0.12	0.13
包头河段 1	0.11	0.12	0.12	0.13	0.12	0.14
包头河段 2	0.17	0.14	0.18	0.15	0.19	0.16
头万河段	0.15	0.13	0.16	0.14	0.17	0.15
河曲府谷河段	0.15	0.13	0.16	0.14	0.17	0.15
府吴河段	0.11	0.11	0.12	0.12	0.12	0.13
吴龙河段	0.15	0.15	0.17	0.16	0.18	0.17
龙潼河段	0.20	0.20	0.22	0.22	0.24	0.24
潼三河段	0.22	0.21	0.24	0.23	0.25	0.25
三小河段	0.11	0.10	0.12	0.11	0.13	0.12
花园口河段	0.17	0.15	0.19	0.17	0.20	0.18

黄河水体自净最多至河流泥沙在自然河流条件下不被微生物所利用、不消耗氧的非降解有机物这一程度。通过对不同含沙量与其 COD 非降解值进行直线一元回归处理,结果表明:泥沙平均粒径与其单位重量泥沙非降解 COD 值符合乘幂关系,其拟合相关系数为 0.968。在黄河自净水量计算中已充分考虑了这一特性。

2)划分河段单元

以上自净需水计算思路强调对象河段的进出口断面(即节点)水质达到Ⅲ类,而不是要求对象河段的每一点水质都达到Ⅲ类。因此,对象河段越短,对进口断面的流量要求越大,所以需要合理划分计算单元。

综合分析黄河水资源供需形势和沿黄排污分布特点,认为计算单元的节点原则上应是大中城市和工业区的生活饮用水取水口断面、大型水库进出口断面和重要取水口、重要生态保护区所在河段和省界断面等,同时还应该考虑现有水文观测断面的布置,以满足资料要求。根据黄河流域污染源分布现状、重要取水口分布现状、水功能区要求、拦河水利枢纽布置、重要水文站分布等因素,将黄河兰州以下河段划分成17个子河段(见表4-9),每个子河段的河长一般在100~140 km,个别200 km左右。

考虑到黄河流域污染源分布情况和径流调控工程分布情况,重点关注兰州以下河段自净需水的计算;黄河下游花园口以下河段为悬河,基本没有较大污染源加入,故不特别考虑其自净需水,即认为"只要花园口断面水质可以满足要求,花园口以下河段的水质也可满足要求"。

在黄河水质目标、流域污染源排放量及其分布、典型污染物及其综合降解系数、计算单元划分等明确后,利用水质模型,即可分单元计算出各节点的自净需水量。

由于此处主要关注污染物浓度的沿程变化,故选择一维水质模型,其概化示意见图4-9,表达式如下:

$$\frac{\partial C}{\partial t} + u\frac{\partial C}{\partial x} = D\frac{\partial^2 C}{\partial x^2} - KC \tag{4-1}$$

式中,C 为污染物浓度;x 为河流水流方向距离;K 为污染物综合降解系数;D 为河流弥散系数;u 为水流流速。

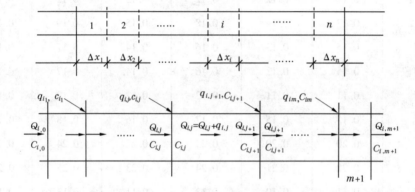

图4-9　黄河一维水质模型计算河段概化示意图

运算该一维水质模型,即可得出以黄河干流重要节点全部实现Ⅲ类水质为目标和一定纳污水平下的黄河兰州以下河段自净需水量(见表4-9)。

表4-9　黄河干流重点河段自净需水量计算结果　　　　　　　　(单位:m³/s)

计算河段		时期	COD	氨氮
名称	河长(km)			
八盘峡大坝—大峡大坝	115.1	11~2月	331~352	331~2 787
		3~6月	331~350	331~2 851
		7~10月	331~341	331~2 486
大峡大坝—五佛寺	297.1	11~2月	308~312	308~903
		3~6月	308~316	308~859
		7~10月	308~325	308~721

计算河段		时期	COD	氨氮
名称	河长（km）			
五佛寺—下河沿	123.4	11～2 月	≥308	≥308
		3～6 月	≥308	≥308
		7～10 月	≥308	≥308
下河沿—青铜峡	194.6	11～2 月	314～321	314～321
		3～6 月	314～319	314～319
		7～10 月	314～320	314～320
青铜峡—石嘴山	141.0	11～2 月	334～354	334～587
		3～6 月	334～347	334～612
		7～10 月	334～351	334～495
石嘴山—三盛公	221.5	11～2 月	301～306	301～306
		3～6 月	301～306	301～306
		7～10 月	301～306	301～306
三盛公—三湖河口	221.5	11～2 月	≥86	≥86
		3～6 月	≥86	≥86
		7～10 月	≥86	≥86
三湖河口—昭君坟	125.9	11～2 月	≥96	≥96
		3～6 月	≥96	≥96
		7～10 月	≥96	≥96
昭君坟—头道拐	173.8	11～2 月	83～87	83～87
		3～6 月	83～88	83～88
		7～10 月	83～88	83～88
头道拐—万家寨	114.0	11～2 月	≥69	≥69
		3～6 月	≥69	≥69
		7～10 月	69～76	69～76
万家寨—府谷	102.8	11～2 月	69～70	69～70
		3～6 月	≥69	≥69
		7～10 月	69～76	69～76
府谷—吴堡	241.7	11～2 月	87～106	87～106
		3～6 月	87～107	87～107
		7～10 月	87～119	87～119

计算河段		时期	COD	氨氮
名称	河长(km)			
吴堡—龙门	276.9	11~2月	100~148	100~148
		3~6月	100~137	100~137
		7~10月	100~305	100~305
龙门—潼关	129.7	11~2月	137~300	137~1 200
		3~6月	137~256	137~280
		7~10月	137~500	137~2 500
潼关—三门峡	111.4	11~2月	148~158	148~221
		3~6月	148~156	148~187
		7~10月	148~166	148~224
三门峡—小浪底	130.2	11~2月	165~174	165~174
		3~6月	165~172	165~172
		7~10月	165~175	165~175
小浪底—花园口	128.0	11~2月	150~245	150~470
		3~6月	150~186	150~186
		7~10月	150~261	150~261

从以上结果发现,兰州河段、宁夏河段和潼关河段的氨氮自净需水量大于 COD 自净需水量,其原因一方面在于氨氮自身比较难降解;另一方面是由于氨氮达标排放标准与地表水环境质量标准相差太大,如排入Ⅲ类水域的污水,执行污水综合排放一级标准,即氨氮以 15 mg/L 为上限,而在地表水环境质量标准(GB 3838—2002)中Ⅲ类水对应的氨氮上限为 1.0 mg/L。考虑到氨氮污染主要是由于城市生活污水未经处理直接排放造成的,其控制方式和工业点源有所不同,主要和城市污水处理规划有关,因此自净需水量的取值主要依据 COD 计算结果。

黄河小浪底水库以下河段是许多重要城市的水源地。调查统计近年来小浪底水库下泄流量与利津断面水质关系可见,当小浪底下泄水量大于 300 m³/s 时,利津断面Ⅲ类水质保证率可达到 80%以上。鉴于小浪底历年来各月实测流量基本上都在 300 m³/s 以上,且小浪底水库单台机组下泄流量为 300 m³/s,因此将小浪底断面稀释自净流量值确定为 300 m³/s,进而类推花园口断面自净流量按 320 m³/s 控制。

综合考虑黄河社会功能的合理发挥、90%保证率的流量状况(即推荐的自净流量应不低于表 4-6 中数值)、上下断面流量的匹配和黄河水资源供需现状等因素,推荐现阶段干流自净的适宜流量和最小流量按表 4-10 掌握。

需要说明的是,以上自净需水的适宜值是以"在 2005 年流域污染源分布状况和社会经济背景下,所有污染源均达标排放、主要支流入黄断面水质满足相应的水功能目标"为前提,经计算,此时 COD 和氨氮的排放量分别为 45.28 万 t/a 和 3.86 万 t/a。若按 2005 年实际排污水平(COD 114 万 t/a、氨氮 13.2 万 t/a),实现Ⅲ类水质所需要的流量在很多河段都将远大于表 4-10 推荐的适宜值,如污染严重的青铜峡—石嘴山河段甚至可达数千立方米每秒。

表 4-10 现阶段黄河典型断面自净需水量 (单位:m³/s)

类别	时段	兰州	下河沿	石嘴山	头道拐	龙门	潼关	小浪底	花园口
适宜值	11~2 月	350	340	330	120	240	300	300	320
	3~6 月	350	340	330	120	240	300	300	320
	7~10 月	350	340	330	300	400	500	300	320
低限值	全年	350	340	330	75	130	150	160	170

表 4-10 建议的适宜自净需水是正常降水年份黄河实现Ⅲ类水质所需要的径流条件,即其保证率为 50%。实际水量调度时随降水变化而丰增枯减,不过,即使在特枯水年,黄河各断面也必须满足自净需水的最小值(90% 保证率下的流量)。显然,当特枯水年来临时,在龙门—潼关等集中排污量很大的河段,要保证Ⅲ类水质目标,允许的入黄污染物量显然要比"污染源达标排放"时小得多。

以表 4-10 为标准,对比 2004~2007 年兰州—花园口河段实测月均流量可见(见表 4-11),各断面实测流量可基本满足自净用水的需求。然而,由图 4-9 可见,尽管在此期间Ⅳ类及劣于Ⅳ类的河长有所降低,但直至 2006~2007 年,该类水质的河长仍达 1 100~1 500 km。由此充分说明导致目前黄河水污染的主要原因是流域污染源排放超标。

表 4-11 2004~2007 年实测月均流量对自净需水的不满足程度 (%)

断面	兰州	下河沿	石嘴山	头道拐	龙门	潼关	花园口
对比适宜流量	0	0	0	14.5	6	17	7
对比低限流量	0	0	0	0	0	0	0

截至 2003 年,黄河流域污染源达标排放率不足 60%;按《城市污水处理及污染防治技术政策》,到 2010 年,全国建制镇污水平均处理率应不低于 50%,中小城市污水处理率应不低于 60%,重点城市污水处理率应不低于 70%,但目前,流域内城市废污水处理情况比较好省区的处理率也仅在 30%~50%。解决超标排放问题,需要地方政府、环保部门和相关企业等多方面的共同努力。

4.5 小结

黄河水质自 20 世纪 80 年代初逐渐变差,至 20 世纪末达到最严重状况,近几年有所好转。

分析认为,黄河水质的适宜标准应是"兰州以下河段水体质量总体上应达到Ⅲ类水标准、兰州以上维持Ⅱ类水现状",低限标准为"局部河段短时段允许Ⅴ类"。现阶段水质恢复目标是"平水年全面实现Ⅲ类"和"枯水年基本不出现劣Ⅴ类水"。

影响河流水质的主要因素有两方面,一是入河污染物的种类、数量、理化性质、排放形态和排放位置等;二是河川径流条件,包括流量及其季节分布、流速和水温等。

在2005年黄河流域点源污染物及其分布状况、流域所有污染源均达标排放的前提下,分析了黄河水文特点和典型污染物的降解规律,利用一维水质模型,提出了黄河兰州以下各重要断面实现水质目标所需要的流量及其时空分布(见表4-10)。

2008年4月,基于提出的黄河干流自净需水研究成果,项目组邀请国家和相关省(区)环保部门、环境流研究者、黄河水资源主管部门等十几名专家对成果进行了咨询讨论,会议认为本成果基本合理。

需要指出的是,以上计算是基于2005年的工业规模,并假设所有入黄排污口均达标排放、所有支流入黄口满足水质目标的前提下得出的。但实际上,今后流域内工业规模必将进一步扩展,新企业仍将增加,那么,即使流域内所有工业企业都能够严格执行我国现行的污染物排放标准,入黄污染物总量也将继续增加,从而使自净需水量进一步增大,这样必然对维护黄河健康造成更大压力。因此,今后必须在坚持污染物达标排放、保证必要的自净流量的同时,推行流域各省区和各主要支流入黄排污总量控制,进而促使所有工矿企业执行比现行国家标准更加严格的排污标准。

第5章　水生态健康对径流条件的要求

5.1　河流生态系统

5.1.1　河流生态系统特点

黄河的河流生态系统是指天然情况下直接依赖河川径流滋养的水生生态系统和湿地（湿生）生态系统，是一个复合生态系统（见图5-1）。其中，水生生态系统主要指流动的水体，属流水生态系统；湿地生态系统地处河流水域和陆域生态系统的连接处，其水体更换缓慢，包括河漫滩、河心洲（滩）、牛轭湖、沼泽、滩涂、浅水湖等，属静水生态系统。

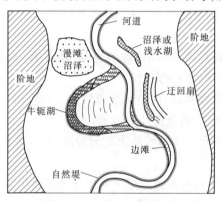

图5-1　河流生态系统结构示意图

黄河的河流生态系统有三个突出特点：

（1）上、中、下游生境差异很大。黄河贯穿了流域内不同的地理和气候带，融合了不同自然地带的生态特点，形成了丰富多变、上中下游异质的河流生境，进而深刻影响着河流生物群落的组成和结构。

（2）两个子系统联系密切。洪水漫滩和侧渗使湿地生态系统有条件从水生生态系统得到水源和某些营养物质，同时，湿地生态系统丰富的食物资源、特殊的生境条件为水生生态系统的鱼类觅食、产卵等提供了很好的场所。二者相互依存、联系紧密，进行着复杂的物质循环、能量流动和信息交换。

（3）大多数河段已高度人工化。黄河流域是中华民族的摇篮，长期以来，黄河流域一直是人类活动非常剧烈的地区，早在2 000多年前黄河中下游就已经是一条高度人工化的河流。目前，除唐乃亥以上的河源区和局部峡谷河段外，其他河段多已人工化或半人工化，如黄河下游滩地虽为黄河洪水泥沙的通道和沉积地，但上千年来，由于黄河河道频繁决口改道，使滩区同时也是人类的栖息地，目前是181万人生活和生产的场所；宁蒙河段和小北干流河段滩地也多为农田;上中游河段修建了 20 多座拦河大坝,使水流连续性受到很大改变。

5.1.2 湿地生态系统的生物群落

湿地生态系统的生物群落包括湿地植物和湿地动物两大类。

5.1.2.1 湿地植物

湿地植物主要包括湿生植物、水生植物、盐生植物等,以下分区介绍黄河湿地生态系统的典型植物群落。

1)黄河源区高原湿地

以蒿草属和苔草属为代表的高寒沼泽植被和高寒草甸植被,是源区高寒湿地植被的独特类型。高寒沼泽植被是本区最重要、最典型的植被,主要以藏蒿草为建群种和特征种,矮蒿草为次优势种,常见伴生种有马先蒿、三裂碱毛茛等;高寒草甸植被也是本区最重要和最典型的植被,主要以小蒿草、矮蒿草及糙喙苔草为特征种和建群种。

2)沿黄河漫滩湿地

河漫滩湿地沿黄河呈带状或线状分布,因跨不同自然地带,生境类型复杂,湿地植被生态类型多样。

(1)湿生植被。主要包括芦苇群落、香蒲群落、荻群落,其中芦苇群落是沿黄湿地植被类型中分布范围最广、面积最大的类型。

(2)盐生植被。包括柽柳群落、西伯利亚蓼群落、芨芨草群落、盐地碱蓬群落等,主要分布在沿黄大堤两侧的背河洼地及低洼潮湿地。

(3)农田草地植被。分布于季节性淹水的河漫滩,是许多鸟类的重要觅食地。

3)河口三角洲湿地

沼生植物和盐生植物是构成黄河河口三角洲湿地植被的主要建群种和优势种。沼生植被是黄河三角洲天然植被的主要类型,集中分布于黄河入海口附近以及区内各积水洼地,主要由一些耐水湿、耐盐碱植物为建群种构成,包括沼生芦苇群落、杞柳群落等,其中芦苇群落分布更广。盐生植被主要分布于年高潮线内侧,常和沼生植被呈复区分布,由盐生植物为建群种构成的群落主要有柽柳群落、碱蓬群落、獐毛群落等类型,其中柽柳群落主要分布于潮上带以上,与碱蓬群落、芦苇群落呈复区分布或交错分布;碱蓬群落是淤泥质潮滩和重盐碱地段的先锋植物,向陆可与柽柳群落呈复区分布。

5.1.2.2 湿地动物

1)黄河源区高原湿地

青藏高原独特的地理和气候条件,生存栖息有许多我国乃至世界特有动物。

(1)鸟类。本区夏候鸟、留鸟占优势,旅鸟、冬候鸟比例很小。鸟类区系组成具有青藏高原的典型成分,如蓝马鸡、黑颈鹤、长嘴百灵、褐背拟地鸦、白腰雪雀等,其中黑颈鹤是青藏高原特有的鹤类,是世界濒危珍禽,我国一级保护鸟类,源区高原沼泽湿地如若尔盖湿地、黄河首曲湿地、鄂陵湖扎陵湖周湿地等是黑颈鹤的重要繁殖地。

(2)兽类。这里有国家级保护野生动物藏羚、藏原羚、水獭、兔狲、猞猁、漠猫等,其中水獭和藏原羚的数量较大。

（3）两栖、爬行类。两栖类有岷山蟾蜍、高原林蛙、倭蛙等，为青藏高原特有种；爬行类有红原沙蜥、秦岭滑蜥和高原蝮蛇。

2）沿黄河漫滩湿地

本区是华北地区鸟类最为丰富的地区之一，是候鸟南北迁徙的主要通道，是众多旅鸟的重要停歇地，也是我国候鸟的重要越冬地，从居留型上冬候鸟和旅鸟占较大比例。从种类组成上，雁形目、雀形目、鸽形目、隼形目等占优势。由于人类活动频繁，本区兽类资源贫乏。两栖类动物以蛙科种类为优势种，分布数量最高、最普遍的是大蟾蜍、泽蛙等。爬行类以蛇目游蛇科种类为优势种。

3）河口三角洲湿地

黄河河口三角洲湿地是我国暖温带最完整、最广阔、最年轻的湿地生态系统。独特的河口湿地生态系统，丰富的咸淡水资源，较高的生产力，孕育了本地区特有的鸟类群落。这里共有鸟类283种，占全国鸟类总种数的23.9%，其中，国家一级保护动物9种，国家二级保护动物41种。旅鸟在本区占有较大比重，水禽是本地区鸟类的主体。本区还是国家二级保护动物黑嘴鸥在世界上的主要繁殖地之一。除鸟类外，本区兽类以草兔为优势种，两栖和爬行类资源贫乏。

5.1.3　黄河水生生态系统的生物群落

黄河水生生态系统的生物群落主要包括浮游生物和鱼类。

5.1.3.1　浮游生物

黄河干流浮游植物总量平均0.411 mg/L。上游位于山岭及草地高原，水质清澈但水温低，浮游植物生物量低，种类以硅藻为主（占70%~93%）；黄河中游段各水体的环境条件变化很大，浮游植物情况也相差悬殊，浮游植物总量平均0.373 mg/L，较上游减少，在组成上仍以硅藻（67%）为主，绿藻已占相当的比重（25.5%）；黄河下游进入宽广的冲积平原，比降减小，流速变缓，泥沙大量沉积，浮游植物量平均0.475 mg/L，稍高于上游，在组成上以硅藻（48%）、甲藻（20%）和绿藻（19%）为主。

黄河各河段浮游动物数量都很少，干流浮游动物量0.128 mg/L。上游浮游动物量很低，平均仅0.105 mg/L，扎陵湖和鄂陵湖为0.158 mg/L和0.330 mg/L，在组成上以挠足类和轮虫为主；中游浮游动物量平均仅0.039 mg/L，较上游更低，在组成上大多以挠足类或枝角类占优势；下游浮游动物量表现上升的趋势，平均0.295 mg/L，远高于上游段和中游段，在组成上以轮虫为主。

5.1.3.2　鱼类

鱼类是黄河水生生态系统的典型生物。据1982年调查，分布于黄河干流的鱼类有125种和亚种，分别隶属于13目24科，85属。种群组成以鲤形目鱼类为主，共80种，占总数的64.0%；其次是鳅鮠鱼科9种，占总数的7.2%；鲍科6种，占4.8%；其余各科数量较少。鱼类分布在上游地区最少（16种），中游优之（93种），下游最多（136种）。

其中，黄河龙羊峡以上河段以裂腹鱼亚科、鮈亚科、雅罗鱼亚科及条鳅亚科的鱼类为主，该河段是我国最具有特有性的高寒冷水鱼类栖息地之一，由于青藏高原隆起导致的物种分化，这里的鱼类特有种很多，如鲑科、鳅科鱼类，且很多种在定名时就处于濒危状态；

兰州以下河段鱼类大体相似,兰州鲶、黄河鲤、大鼻吻鮈、四大家鱼和北方铜鱼等是其最具有代表性的鱼类,以鲤科鱼类为主。

黄河干流鱼类按食性可分为四类:主食着生藻类的有鰕虎鱼等鱼类;主食底栖水生无脊椎动物的黄河鲤、鲫鱼等鱼类;主食浮游生物并兼食藻类的餐条、瓦氏雅罗鱼等鱼类;主食鱼类的兰州鲶等鱼类。

黄河干流水域的底栖动物无论种类和数量都很贫乏,只有下游生物量稍高。

5.1.4　河流生态系统现状

1986 年以来,黄河流域一直处于降水偏枯期,同时,人类用水居高不下、水电开发步伐加快、河流水体污染日益加剧。在众多因素的共同影响下,其河流生态系统出现了严重的退化现象。

在黄河河源区,草场和湿地严重退化。玛多县的湖泊由 20 世纪 80 年代末的 4 077 个减少至 2005 年的不足 2 000 个,沼泽湿地及湖泊面积减少了近 3 000 km²,扎陵湖和鄂陵湖水位 1987 年以来已下降了 1 m 以上;曲麻莱县 108 个水井中近年已干枯了 98 眼;玛曲草场退化程度达 30% 以上,而玛多和达日草场退化率达 60% ~70%,覆盖度 50% ~70% 以上的草甸已降至 30% 以下。据调查,20 世纪 30 年代,若尔盖湿地仍保持着无人区或半无人区的原始沼泽景观,其沼泽多为常年片状积水、季节性湿地积水,普遍积水深1 m 左右;自 20 世纪 60 年代开始,沼泽开始出现较明显的退化征兆,几个大沼泽出现湖泊萎缩变浅、泉水减少或变干、沼泽面积显著缩小、生物多样性退化等迹象;进入 20 世纪 80年代以来,萎缩退化现象日趋明显,速度亦明显加快,目前,除热尔大坝内的哈丘、错拉坚、花湖等湖泊,以及黑河中游的沼泽化河漫滩外,其余几处大沼泽几乎无明显积水,大多数沼泽仅呈过湿状态,不少区域甚至干如旱地。伴随着湿地面积的大幅减少,沼泽旱化、湖泊萎缩、生物多样性丧失、草地退化和沙化加剧等现状,湿地生态环境呈现沼泽—沼泽化草甸—草甸—沙漠化地—荒漠化逆向演替趋势。伴随着河源区湿地萎缩,黄河源区径流大量减少:1990 ~2005 年,源区降水虽仅较前期减少 5.4%,但唐乃亥水文站实测径流减少了 22%。

在黄河水量减少和其他因素的共同作用下,黄河沿河不少湿地出现逆向演替现象,如河南黄河湿地斑块总数由 1987 年的 16 671 个增加到 2002 年的 20 217 个,湿地面积则相应地减少了 20%。黄河三角洲陆域淡水湿地也发生了严重的逆向生态演替现象:据遥感资料分析,1984 年河口淡水湿地面积约为 31 800 hm²,其中芦苇等典型淡水湿地面积15 800 hm²;而 2000 年,河口淡水湿地面积约为 14 900 hm²,其中芦苇等典型淡水湿地面积仅 4 800 hm²,生物多样性遭到破坏。

在河川径流锐减、水质污染、大坝阻隔和过度捕捞等诸多因素的共同作用下,黄河水系的鱼类区组成近 30 年来发生了很大变化:

(1)捕获量减少。20 世纪 50 ~60 年代,黄河玛曲河段年捕鱼量可达 18 万 ~22.0 万 kg,吴忠—磴口河段年捕鱼量可达 12 万 kg,但至 20 世纪 80 年代,这两个河段的年捕鱼量均不足 5 万 kg。潼关河段水面开阔,盛产鲤鱼,20 世纪 50 年代仅专业捕鱼队的年捕鱼量就可达 3 万 ~4 万 kg,但 60 年代下降为 1.5 万 ~2 万 kg,70 年代更进一步下降至 0.5 万

kg。伊洛河口是黄河鱼类的重要繁殖地,50 年代的繁殖季节每人每天可捕鱼 25 ~ 60 kg,但 80 年代 20 条船的捕捞量也只有约 50 kg。山东河段著名的鲚鱼产量也大幅度下降,60 年代以前年捕捞量达几十万至几百万千克,到 80 年代几乎捕不到鲚鱼。

(2)渔获物组成的变化。黄河干流鱼类素以"黄河鲤"闻名,且其产量也很高。如 20 世纪 60 年代以前,潼关河段渔获物中鲤鱼占 72% 左右,但 1981 ~ 1982 年调查时,鲤鱼在渔获物中的比例仅占 21%,鲇鱼跃居第一位(占 41.1%);山东河段 20 世纪 50 年代鲤鱼产量占总产量的 50% ~ 70%,但 1981 ~ 1982 年调查时鲤鱼仅占总渔获物的 7.1%。鳗鲡本来在黄河晋、陕、豫、鲁等河段均有其分布,但自从干流建坝后,阻断了洄游道路,在 20 世纪 80 年代调查中,东平湖以上始终未采到标本;20 世纪 60 年代黄河下游河南和山东河段的达氏鲟分布较多,到 80 年代便很难见到了。

(3)鱼类个体重量降低。禹门口—潼关河段 20 世纪 60 年代以前鲤鱼体重在 1.5 kg 以上的Ⅳ ~ Ⅴ龄鱼占绝对优势;1981 年调查发现,该类鲤鱼只占 28.4%。据 2007 年初国家农业部渔业局报道,黄河原有鱼类 150 多种,年捕捞量 70 余万 kg,目前约 1/3 的种群已绝迹,捕捞量下降 40%,黄河鲤鱼、黄河鲂鱼和北方铜鱼等黄河名贵鱼类在大多数河段已绝迹。

(4)鱼类种质资源量减少。据黄河水产研究所 2002 ~ 2006 年的不完全调查统计(未调查黄河河南段),目前黄河干流可能捕获到的鱼有 11 目 23 科 66 属 72 种,鱼类种质资源数量较 20 世纪 80 年代初减少约 42%。

河口地区鱼类也面临类似问题。从 1959 年到 1998 年,渤海地区渔业生产力从 138.8 kg/(网·h)下降到 11.2 kg/(网·h),其下降幅度尤以 20 世纪 80 年代以后最大;渔获质量从经济种向小型种更替,资源量明显减少的有黄姑鱼、对虾、蓝点马鲛等;淡水鱼类和半咸水鱼类有消失的迹象,如日本鳗鲡和达式鲟在本海域基本绝迹。

5.2　生态健康标准分析

5.2.1　健康指标选择

自 20 世纪 80 年代末首次提出生态系统健康的概念和内涵以来,生态系统健康的标志和量化指标研究一直是生态学研究的热点项目,通常认为,生态系统健康的基本特征主要体现在活力(指能量的交换能力,可以用养分循环和生产力表示)、弹性力(指系统抵御压力或在压力减小时从干扰中恢复的能力)、组织(指生态系统的复杂性,一般认为生态系统的组织越复杂越健康)等三方面。原则上,保护河流生态系统,就是恢复其固有的生物多样性和丰富性,这是目前国际河流生态保护追求的最高目标,其衡量标志是活力、弹性力和组织;河流生态系统保护目标应通过该生态系统价值的计算和比选来确定。但活力、弹性力和组织的量化方法仍待探索,生态系统价值计算过程中主要因子权重的选择也难以克服主观因素。

20 世纪 90 年代以后,人们又提出以关键种或优势种的保护程度作为生态系统健康的标志。对群落的结构和群落环境的形成起主要作用的种称做优势种,它通常是那些优势度较高的种,反映在个体数量多、投影盖度大、生物量高、体积较大、生活能力较强。所谓关键物种,是指生态系统中那些相对多度而言对其他物种具有非常不成比例影响,并在维护生态系统的生物多样性及其结构、功能及稳定性方面起关键作用,一旦消失或削弱,整个生态系统就可能发生根本性变化的物种,即其活动或多度对群落组成、生态系统功能过程和群落的演替方向等具有比其他物种更重要作用物种或生物生境。其特征是:①关键种的微小变化将导致群落或生态系统过程较大的变化;②关键种在生态系统中有比它结构比例更大的功能比例。但关键种的识别仍是一个探索性项目,目前提出的方法包括以下几种:

(1)去除实验法。鉴别关键种最好的方法是进行去除实验,通过研究移除群落中的一种生物,观察群落的演替方向以及群落组成的动态变化,通过比较来探讨生物群落或者生态系统中哪些物种是关键种。但是,人为主观地选定所谓的关键种的去除试验,很可能使那些具有同等重要物种被忽视。

(2)优势种法。此方法认为群落中的优势种就是关键种,优势种法具有一定的实际可操作性,但这种方法更多地注重物种的结构或体积等因素,而忽略了一些物种的功能作用因素,根据关键种的定义,一个关键种在生态系统中的功能比例应远大于其结构比例,而优势种的功能比例则与结构比例通常比较接近。

(3)群落重要性指数法。Power 等 1996 年提议用群落重要性指数来衡量一个物种在一个群落或生态系统中的重要性,将关键种通过重要性这样一个数据定量表现出来,但到目前为止也还没有看到该公式使用的例子。

(4)关键性指数法。关键性指数是建立在食物网的基础上的,只适用于同一食物网内物种之间重要性的比较,而不适用于不同食物网物种之间的比较。目前,关键性指数方法在水生生态系统中有应用。但由于食物网本身的复杂性,该指数比较复杂,致使它的广泛应用受到限制。

(5)功能重要性指数法。功能重要性指当一个物种被去除后所有剩余物种生产力的总的变化,功能重要性指数的确定是十分简单的,但实际运用却比较复杂。首先,生产力的测定对于植物可能并不十分复杂,但对于其他营养层次却比较困难;其次,功能重要性指数的确定也是建立在物种去除基础上的,对于复杂的群落,可操作性仍然较差。

鉴于以上原因,在现实社会中,人们有时选择某些指示物种的生存状况作为生态系统健康的标志,如黑河和塔里木河下游的胡杨林、东南沿海的红树林、四川和陕南的大熊猫、鄂尔多斯遗鸥、长江的白鳍豚、莱茵河的鲑鱼、墨累河的鳕鱼等;有时选择某些重要生境,如黄河三角洲湿地、若尔盖湿地、扎龙湿地、澳大利亚大堡礁、世界各地的原始森林等。但它们都有一个共同特点:通过保护珍稀或土著物种的产卵场(繁殖地)、觅食场(地)、越冬场(地)和洄游(活动)通道等,逐渐实现一定时空尺度的生态系统完整性和生物多样性。

以下参照国内外生态系统健康标志的选择理论和实践,结合黄河自然特点和社会背景、黄河生态系统的结构和物种组成,对黄河的河流生态系统健康指标进行初步分析。

图 5-2 是黄河湿地生态系统的食物链结构,其中,植物是生产者,适应湿生环境的动物是消费者。分析该图,结合湿地生态系统生物群落组成可见,鸟类是湿地生态系统的最主要消费者,它位于湿地生态系统食物链的顶端,是湿地生物群落中最具代表性的类群。

鸟类的数量和种类变化可直接并灵敏地反映本区湿地环境变化。鸟类是湿地生态系统中最活跃、最引人注目的组成部分,它在湿地能量流动、维持生物多样性、遗传多样性和生态系统稳定中起着举足轻重的作用。

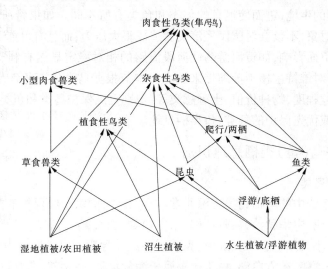

图 5-2 湿地生态系统食物链结构

图 5-3 是黄河水生生态系统的食物链结构。其中,浮游植物和水草是生产者,它们通过光合作用制造有机物;鱼类、底栖动物和浮游动物是消费者,底栖动物和浮游动物以浮游植物和水草为食,鱼类又以浮游植物、水草、底栖动物和浮游动物为食,大鱼吃小鱼;在水底的土壤中有数量巨大的微生物在从事有机质的分解工作。鱼类在水生生态系统中处于食物链的顶端,它们从系统中获取能量,同时其代谢产物也为水草、藻类和细菌提供生长所需的养料。

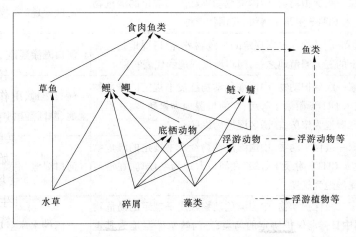

图 5-3 水生生态系统食物链结构

参照国内外生态系统健康标志的选择理论和实践,选择位于食物链顶端的鸟类和鱼类作为河流生态系统的指示性物种。要使鸟类和鱼类的种类与数量维持在良好水平,必须使鸟类和鱼类栖息地得到妥善保护。因此,从河流健康研究的意义角度,可将"鸟类和鱼类的种类与数量"或"鸟类栖息地和鱼类栖息地的规模或状况"作为黄河河流生态系统健康的指标。

黄河干流全长 5 464 km,地跨不同的地理和气候带,加之黄河不同河段水文情势差异,造就了沿程各异的生境,进而使栖息的鸟类和鱼类有所不同。如果将所有鸟类、鱼类栖息地都作为保护对象,不仅会对国民经济发展造成很大压力,而且有可能给黄河其他自然功能的实现带来负面影响,如黄河游荡性河段流路的相对稳定显然有利于河道和三角洲湿地的稳定,但将对维持主槽不萎缩带来压力。本节根据鸟类的濒危程度、保护级别、特有性等及鱼类濒危程度、物种价值、土著意义等,识别重点保护鸟类和鱼类,在此基础上筛选需要重点保护或优先保护的鸟类、鱼类栖息地。

5.2.2　重要保护鸟(鱼)类栖息地识别

5.2.2.1　重要保护鸟类

黄河河流生态系统中的珍稀鸟类资源非常丰富,其中,国家Ⅰ级保护的黑颈鹤、黑鹳、白鹤、金雕、大鸨、小鸨、中华秋沙鸭、丹顶鹤、东方白鹳、白头鹤、白肩雕等十几种,国家Ⅱ级保护鸟类大天鹅、小天鹅、蓝马鸡、灰鹤、秃鹫、鸳鸯、草原雕等几十种。这些鸟类中,黑颈鹤、黑鹳、白鹤、丹顶鹤、东方白鹳、白头鹤等属于濒危物种,黑颈鹤、蓝马鸡、大天鹅等是我国特有种,黑颈鹤、黑嘴鸥、丹顶鹤、东方白鹳、大天鹅等则以黄河湿地为其在世界上的主要栖息地。综合鸟类的濒危程度、保护级别、特有性、稀有性、居留型、代表性等,在黄河湿地中,具有优先保护意义的鸟类有黑颈鹤、黑嘴鸥、东方白鹳、丹顶鹤、大天鹅、蓝马鸡等(见表5-1)。

表 5-1　黄河湿地部分重要保护鸟类

名称	保护意义	分布
黑颈鹤	国家一级保护动物,中国濒危动物红皮书规定的濒危物种,收入 CITES 附录Ⅰ等级,我国特产种	源区湿地
黑嘴鸥	中国濒危动物红皮书规定的易危物种;河口湿地是其在世界上的三大繁殖地之一,河口滩涂湿地的代表物种	河口滩涂湿地
东方白鹳	国家一级保护动物,中国濒危动物红皮书规定的濒危物种,收入 CITES 附录Ⅰ等级;在河口湿地为繁殖鸟,在沿河河漫滩湿地为旅鸟,在源区湿地为旅鸟	河口湿地、中下游沿黄河漫滩湿地、源区湿地
丹顶鹤	国家一级保护动物,中国濒危动物红皮书规定的濒危物种,收入 CITES 附录Ⅰ等级;在河口湿地为冬候鸟,在沿河河漫滩湿地为旅鸟	河口湿地、沿黄河漫滩湿地
大天鹅	国家二级保护动物,中国濒危动物红皮书规定的易危物种,属中日候鸟保护协定的鸟类;三门峡水库湿地为其重要越冬地之一,在中下游沿河河漫滩湿地、河南黄河故道湿地、源区湿地为冬候鸟,在上游沿河河漫滩湿地、青铜峡水库湿地为旅鸟	三门峡水库湿地、沿黄河漫滩湿地、源区湿地、青铜峡水库湿地、河南黄河故道湿地

名称	保护意义	分布
白鹤	国家一级保护动物,中国濒危动物红皮书规定的濒危物种,收入 CITES 附录 I 等级;在河口湿地为旅鸟	河口湿地
白枕鹤	国家二级保护动物,中国濒危动物红皮书规定的易危物种,收入 CITES 附录 I 等级,属中日候鸟保护协定的鸟类;在河口湿地为旅鸟	河口湿地
小杓鹬	国家二级保护动物,收入 CITES 附录 I 等级,属中澳候鸟保护协定的鸟类;河口湿地是小杓鹬在迁徙路线上的第一个重要的集中停歇地	河口湿地
蓝马鸡	国家二级保护动物,中国濒危动物红皮书规定的易危物种,中国特产种;在源区湿地为留鸟	源区湿地
白头鹤	国家一级保护动物,中国濒危动物红皮书规定的濒危物种,收入 CITES 附录 I 等级;属中澳候鸟保护协定的鸟类,在河口湿地、沿河河漫滩湿地为旅鸟	河口湿地 中游沿河河漫滩湿地
蓑羽鹤	国家二级保护动物,中国濒危动物红皮书规定的稀有物种,收入 CITES 附录 II 等级;在河口湿地、中游沿河漫滩湿地为旅鸟,青铜峡水库湿地为夏候鸟	河口湿地、中游沿河河漫滩湿地、青铜峡水库湿地
金雕	国家一级保护动物,中国濒危动物红皮书规定的易危物种,收入 CITES 附录 II 等级;在源区湿地、河口湿地为旅鸟,青铜峡水库湿地为候鸟,中游沿河河漫滩湿地为留鸟	中游沿河河漫滩湿地、青铜峡水库库区湿地、源区湿地、河口湿地
大鸨	国家一级保护动物,中国濒危动物红皮书规定的易危物种,收入 CITES 附录 II 等级;在青铜峡水库湿地为留鸟,河口湿地、河南黄河故道湿地为冬候鸟,中游沿河漫滩湿地为旅鸟	青铜峡水库库区湿地、河口湿地、河南黄河故道湿地、中游沿黄河漫滩湿地
黑鹳	国家一级保护动物,中国濒危动物红皮书规定的濒危物种,收入 CITES 附录 II 等级;在源区湿地、河口湿地、上游沿河河漫滩湿地为旅鸟,青铜峡水库湿地为夏候鸟,中游沿河河漫滩湿地为冬候鸟	源区湿地、河口湿地、沿黄河漫滩湿地、青铜峡水库库区湿地
秃鹫	国家二级保护动物,中国濒危动物红皮书规定的易危物种,收入 CITES 附录 II 等级;源区湿地、青铜峡水库湿地为留鸟	源区湿地、青铜峡水库库区湿地
草原雕	国家二级保护动物,中国濒危动物红皮书规定的易危物种,收入 CITES 附录 II 等级;在源区湿地为旅鸟,青铜峡水库湿地为留鸟	源区湿地、青铜峡水库库区湿地

名称	保护意义	分布
猎隼	国家二级保护动物,中国濒危动物红皮书规定的易危物种,收入 CITES 附录 Ⅱ 等级;在源区湿地为留鸟	源区湿地
高山秃鹫	国家二级保护动物,中国濒危动物红皮书规定的易危物种,收入 CITES 附录 Ⅱ 等级;在源区湿地为留鸟	源区湿地
白肩雕	国家一级保护动物,中国濒危动物红皮书规定的濒危物种,收入 CITES 附录 Ⅰ 等级;中下游沿河河漫滩湿地为冬候鸟	中下游沿黄河漫滩湿地
雕鸮	国家二级保护动物,中国濒危动物红皮书规定的稀有物种,收入 CITES 附录 Ⅱ 等级;在源区湿地为夏候鸟,青铜峡水库湿地、中下游沿河河漫滩湿地、河口湿地为留鸟	源区湿地、青铜峡水库库区湿地、中下游河漫滩湿地、河口湿地
灰鹤	国家二级保护区动物,属中日候鸟保护协定的鸟类;在源区湿地、青铜峡水库湿地为夏候鸟,中下游沿河河漫滩湿地、河口湿地为冬候鸟	源区湿地、青铜峡水库湿地、中下游河漫滩湿地、河口湿地
栗鸢	国家二级保护动物,中国濒危动物红皮书规定的稀有物种,收入 CITES 附录 Ⅱ 等级;在河口湿地为留鸟,中游沿河河漫滩湿地为旅鸟	河口湿地、中游河漫滩湿地
白琵鹭	国家二级保护动物,中国濒危动物红皮书规定的易危物种,收入 CITES 附录 Ⅱ 等级;在青铜峡水库湿地为旅鸟,中下游河漫滩湿地、河口湿地为冬候鸟	中下游沿黄河漫滩湿地、河口湿地、青铜峡水库库区湿地
小鸥	国家一级保护动物,中国濒危动物红皮书规定的易危物种,收入 CITES 附录 Ⅱ 等级;在青铜峡水库湿地为留鸟	青铜峡水库库区湿地
长嘴百灵	我国特产种,在源区湿地为留鸟	源区湿地
褐背拟地鸦	我国特产种,在源区湿地为繁殖鸟	源区湿地
白腰雪雀	我国特产种,在源区湿地为留鸟	源区湿地

由表 5-1 可见,由于地理、气候和社会背景不同,沿河保护鸟类的分布特点不同:

(1)黄河河源区是青藏高原特有鹤类、国家一级保护动物和世界濒危珍禽黑颈鹤的重要繁殖地之一;还有属于国家 Ⅰ 级保护动物的黑鹳、白鹳、金雕、玉带海雕、胡兀鹫、黑颈鹤、白尾海雕、斑榛鸡等,Ⅱ 级保护鸟类大天鹅、小天鹅、蓝马鸡、水獭、豺、藏原羚、灰鹤、草原雕和秃鹫等,我国特产种蓝马鸡、长嘴百灵、褐背拟地鸦等,它们大部分被列入中国濒危动物红皮书。高寒沼泽湿地、高寒草甸湿地和高原湖泊湿地等是这些珍稀鸟类的主要栖息地。

（2）黄河兰州以下河段栖息有国家Ⅰ级或Ⅱ级保护动物金雕、大鸨、丹顶鹤、灰鹤、白头鹤、黑鹳、东方白鹳、白鹤、小鸨、中华秋沙鸭、大天鹅、白琵鹭等，由黄河泥沙淤积形成的河漫滩沼泽湿地及其邻近农田草地湿地、大型水库湿地等为其主要栖息地之一。

（3）黄河河口湿地有国家Ⅰ级保护鸟类丹顶鹤、白头鹤、白鹤、东方白鹳、黑鹳、大鸨、金雕、白尾海雕、中华秋沙鸭9种，二级保护鸟类41种；在《中澳保护候鸟及其栖息环境的协定》所列84种鸟类中，自然保护区有53种；这里是东北亚内陆和环西太平洋鸟类迁徙的"中转站"、越冬地和繁殖地。由于湿地类型多样，珍贵、稀有、濒危种类甚多，如丹顶鹤、东方白鹳、黑嘴鸥、白鹤、白头鹤、大鸨、蓑羽鹤、大天鹅、小杓鹬等。水禽资源丰富，种群数量大，是本区鸟类的重要特征之一，其中鹤类资源尤其突出。河口的沼泽湿地、滩涂湿地（是黑嘴鸥在世界的三大繁殖地之一）、坑塘湿地等是其主要栖息地。这里也是许多具有较高生态和经济价值植物（柽柳、翅碱蓬等）的家园和植物保护基因库（如野大豆）。

为了使珍稀鸟类栖息地得到妥善保护，自20世纪80年代起，国家和沿黄省（区）的湿地主管部门就根据黄河不同河段的湿地生态功能、珍稀鸟类分布情况、自然环境和社会环境等，沿河陆续划定了15处省级以上自然保护区（见表5-2），其中国家级自然保护区5处，包括青海三江源自然保护区、四川若尔盖湿地国家级自然保护区、河南黄河湿地自然保护区、河南新乡黄河湿地国家级自然保护区、黄河三角洲自然保护区等；列入省级保护的有四川曼则塘自然保护区、甘肃黄河首曲湿地自然保护区、甘肃黄河三峡湿地自然保护区、宁夏青铜峡水库湿地自然保护区、内蒙古南海子湿地自然保护区、内蒙古杭锦淖尔自然保护区、陕西黄河湿地、山西运城湿地自然保护区、河南郑州黄河湿地自然保护区和开封柳园口湿地自然保护区等10处。

表5-2 黄河河流生态系统内的重要湿地名录

序	湿地名称	地理位置	面积（hm²）	级别	主要保护对象
1	青海三江源自然保护区	曲麻莱、玛多、兴海、玛沁、同德、久治等	15 230 000	国家级★★	鸟类、源区湿地、野生动物 注：扎陵湖和鄂陵湖为国际重要湿地
2	四川曼则塘自然保护区	阿坝	165 874	省级	湿地及珍稀野生动植物
3	四川若尔盖湿地国家自然保护区	若尔盖	166 571	国家级★★	高寒沼泽湿地及黑颈鹤等野生动物
4	甘肃黄河首曲湿地自然保护区	玛曲	37 500	省级	湿地、鸟类
5	甘肃黄河三峡湿地自然保护区	刘家峡	19 500	省级	水生动植物及其生境

序	湿地名称	地理位置	面积(hm²)	级别	主要保护对象
6	宁夏青铜峡库区湿地保护区	青铜峡	19 500	省级★	天鹅及珍禽
7	内蒙古包头南海子湿地自然保护区	包头市	1 585	省级	湿地、大天鹅等珍禽
8	内蒙古杭锦淖尔自然保护区	鄂尔多斯	85 750	省级	湿地、大鸨和大天鹅等珍禽
9	陕西黄河湿地自然保护区	韩城、合阳、大荔	57 348	省级	黑鹳、丹顶鹤、白鹤、大鸨、大天鹅、鸳鸯、灰鹤等珍稀鸟类和湿地
10	山西运城湿地自然保护区	河津、万荣、永济、芮城、平陆	86 861	省级	大天鹅、黑鹳、丹顶鹤、白鹤、大鸨和灰鹤等珍稀鸟类和湿地
11	河南黄河湿地国家级自然保护区	三门峡、洛阳	68 000	国家级★	天鹅、灰鹤、白鹭等珍稀鸟类和湿地
12	河南新乡黄河湿地国家级自然保护区	封丘和长垣	22 780	国家级★	黑鹳、白鹤、金雕、丹顶鹤、白头鹤、大鸨等珍稀鸟类及湿地
13	河南郑州黄河湿地自然保护区	巩义、荥阳、中牟	38 007	省级	湿地生态及珍稀鸟类
14	河南开封柳园口自然保护区	开封	16 148	省级	湿地及冬候鸟
15	山东黄河三角洲自然保护区	东营	153 000	国家级★	东方白鹳、丹顶鹤、黑嘴鸥等珍禽及原生性湿地生态系统

注:有★者表示该湿地也在国家重要湿地名录中;有★★者表示该湿地不仅在国家重要湿地名录中,而且也在国际重要湿地名录中。

根据以上保护区的自然特点,可将其分为四大类,即黄河源区湿地、河口三角洲湿地、河漫滩天然湿地和水库湿地。

(1)黄河源区湿地。在黄河河源区 12 万 km² 的区域内,分布着众多的湖泊和沼泽,已列入国家级湿地保护计划的有若尔盖高原沼泽湿地、扎陵湖湿地、鄂陵湖湿地、玛多湖湿地、玛曲湿地、岗纳格玛错湿地等。位于黄河源区的青海三江源自然保护区(含扎陵湖湿地、鄂陵湖湿地、玛多湖湿地和岗纳格玛错湿地等国际或国家重要湿地)、四川若尔盖(国际重要湿地)和曼则塘湿地、甘肃首曲湿地等黄河河源湿地不仅是许多珍稀物种的栖息地、世界范围内非常稀有的湿地,而且是黄河水资源的涵养地(黄河径流量约38%来自唐乃亥以上的黄河源区),对维护沿河其他湿地、保护河流生态系统、提供人类生活生产用水等,意义极其重大。其中,若尔盖、首曲和曼则塘湿地是青藏高原面积最大、最典型的高寒沼泽湿地,也是世界上面积最大的高原泥炭湿地。

(2)河口三角洲湿地。现在的黄河三角洲是 1855 年兰考铜瓦厢决口改道后形成的。同下游相似,河口段也具有堆积性强、摆动改道频繁的特点。155 年来,伴随着河口流路"淤积—延伸—摆动—改道"的过程,使黄河三角洲成为我国生物多样性最为丰富、最具保护价值的河口三角洲生态系统。黄河三角洲国家级自然保护区地处渔洼以下黄河清水沟流路入海口和刁口河入海口处,以保护新生湿地生态系统和珍稀、濒危鸟类为主。天然状态下以黄河水为主要水源的湿地单元除少量河滩地外,主要是分布在入海流路两侧的芦苇湿地,包括芦苇沼泽、芦苇草甸、香蒲沼泽、天然柳湿地、水面等。以芦苇湿地为主要栖息地的重要鸟类包括丹顶鹤、东方白鹳、黑鹳、灰鹤、大天鹅、小天鹅、蓑羽鹤、绿头鸭、白琵鹭、鸳鸯、黑嘴鸥等。

(3)河漫滩天然湿地。黄河的内蒙古巴彦高勒—头道拐河段、小北干流河段和下游高村以上河段均为游荡性河段,随着河床冲淤和摆动、水流侧渗和洪水漫滩等,缔造出一个个河漫滩湿地。黄河源源不断的水流、沿河众多的河心滩、河滩上大片的农田和点状分布的沼泽、独特的地理位置(黄河以北基本没有大型河流)等,为鸟类的留居和越冬等提供了良好的栖息条件。不过,由于黄河滩区也是 180 多万人的生产生活的聚居地,故河漫滩湿地的大多数区域目前实际为农田和村庄所覆盖。

(4)水库湿地。尽管黄河干流大型水库的修建对鱼类的产卵、觅食和洄游造成了很大破坏,但水库修建后形成的水面和伴随库水位涨落形成的滩涂等却为鸟类提供了良好的栖息环境。黄河生态系统中列入国家级自然保护区、国家重要湿地的有河南黄河湿地的三门峡库区部分和宁夏青铜峡库区湿地,其中三门峡水库湿地是国家二级保护动物大天鹅的重要越冬地,青铜峡水库湿地是国家一级保护动物大鸨等的重要栖息地之一。

分析以上湿地与黄河径流的关系发现,在沿黄各类湿地中,除黄河河源区湿地外,其他黄河湿地除部分依赖本地区降水外,更主要的是靠黄河向其提供水源,属黄河的竞争性用水者之一。由此带来的问题是,各湿地不仅与人类之间存在竞争性用水关系,上下游湿地之间也存在着突出的用水矛盾。就某省(区)来说,湿地的维护显然给本地区带来生态甚或经济社会效益,但过分保护显然将对下游其他生态单元造成伤害。由此可见,黄河湿地保护应该纳入全流域水资源管理和配置的整体规划中统筹考虑,要站在全流域高度权衡沿河各湿地的生态价值、社会价值和经济价值,权衡黄河水资源供需矛盾日益尖锐背景下湿地保护用水与人类经济社会用水的竞争关系,进而从河流生态的整体效益角度,科学合理地确定黄河湿地的优先保护序、保护规模和合理布局。

根据以上分析,并参照国家湿地主管部门意见,本研究将黄河河源区湿地、河口三角洲湿地、列入国家级自然保护区或国家重要湿地名录的湿地列为黄河河流生态系统的鸟类优先保护栖息地,共8处,它们分别是青海三江源自然保护区、四川若尔盖湿地国家级自然保护区、四川曼则塘自然保护区、甘肃黄河首曲湿地自然保护区、宁夏青铜峡水库湿地自然保护区、河南黄河湿地自然保护区、河南新乡黄河湿地国家级自然保护区、黄河三角洲国家级自然保护区。理论上,湿地生态系统保护的目标应体现在系统的生物多样性和生态完整性。不过,从为鸟类提供良好栖息环境角度和河流管理者角度,湿地规模更易理解和掌握。其保护规模和结构应基本达到或超过自然保护区明确为相应级别时确定的核心区、缓冲区和试验区面积。

在水资源和其他条件许可的情况下,其他已经列入省级自然保护区名录的黄河湿地也应得到保护,包括甘肃黄河三峡湿地自然保护区、内蒙古南海子湿地自然保护区、内蒙古杭锦淖尔自然保护区、陕西黄河湿地、山西运城湿地自然保护区、河南郑州黄河湿地自然保护区、河南开封柳园口湿地自然保护区等7处,但其重要程度应较前者降低。

需要指出的是,由于缺乏沟通和协商,目前,位于黄河平原河段的8处湿地保护区的区划与黄河防洪工程建设和维护存在较大矛盾,而保障黄河防洪安全显然更重要。为此,建议湿地主管部门在深入认识防洪工程的建设和运行对湿地健康影响的基础上,对其保护区的核心区、缓冲区和试验区的边界进行适当调整,实现防洪安全和湿地保护双赢。

黄河流域除以上15个重要湿地外,还有甘肃尕海—则岔国家级自然保护区、宁夏沙湖自然保护区、宁夏哈巴湖国家级自然保护区(位于闭流区)、内蒙古乌梁素海自然保护区、内蒙古遗鸥国家级自然保护区(位于闭流区)、陕西红碱淖自然保护区(位于闭流区)、陕西泾渭湿地自然保护区等重要湿地。但由于它们不在河流生态系统内,故未列入黄河健康标准的考虑范围。

5.2.2.2　重要保护鱼类

鱼类的种类与数量是河流水质好坏和流量丰沛程度的指示器。

由于地理位置、气候条件和河流水文条件等不同,黄河不同河段鱼类也有较大区别。

1) 龙羊峡以上河段

黄河龙羊峡以上河段的鱼类以裂腹鱼亚科和鮈亚科、雅罗鱼亚科及条鳅亚科的鱼类为主,也是我国最具特有性的高寒冷水鱼类栖息地之一,许多为黄河流域乃至中国所特有。其土著鱼类主要有似鲶高原鳅、扁咽齿鱼、骨唇黄河鱼、花斑裸鲤、厚唇裸重唇鱼、黄河裸裂尻鱼、黄河高原鳅、黄河雅罗鱼、黄河鮈、斜口裸鲤、刺鮈、钉鮈、大鮈、拟硬刺高原鳅、硬刺高原鳅、北方花鳅等,其中,扁咽齿鱼、骨唇黄河鱼、斜口裸鲤和黄河裸裂尻鱼是仅分布在黄河上游水系的鱼类,花斑裸鲤和扁咽齿鱼是该河段的优势种群。黄河源区鱼类大多具有较高的生态价值和经济价值,如花斑裸鲤、似鲶高原鳅、扁咽齿鱼、骨唇黄河鱼等。鱼种多样性最为丰富的河段为久治、同德、扎陵湖、鄂陵湖、玛曲和若尔盖等河段。产卵期多在河水开冻后的5~6月,产卵场多为砾石河床。

分布在该河段的鱼类中,似鲶高原鳅、扁咽齿鱼、骨唇黄河鱼、花斑裸鲤、厚唇裸重唇鱼、黄河裸裂尻鱼、黄河高原鳅和黄河雅罗鱼等是省(区)重点保护鱼类(见表5-3)。为了保护我国特有的高原寒区水生生态系统,必须保护好它们的产卵场、索饵场、越冬场和洄游通道。

表 5-3　黄河源区的重要保护鱼类

鱼类名称	分布和生态特点	产卵特点	保护或濒危等级
扁咽齿鱼	主要分布在海拔 3 000 m 以上的羊曲—玛曲河段和星宿海、扎陵湖、鄂陵湖。越冬期需较大水深,主食着生藻类	产卵水深 1 m 左右,砾石河床,有水草,产沉性卵,产卵场在羊曲、军功、玛曲的缓流河段	濒危,省级保护
似鲶高原鳅	急流鱼类,分布在唐乃亥以上的干支流,栖息于水深 1~4 m 的河床底层,以其他鱼类为食	产卵场在玛曲河段,峡谷地带的缓流环境,7、8月产卵	濒危,省级保护
骨唇黄河鱼	急流鱼类,分布在唐乃亥以上的干支流宽谷河段,主要在羊曲—玛曲,深水中越冬。主食底栖无脊椎动物,兼食藻类	产卵场在羊曲—玛曲河段,产卵场要求水流较急的砾石河床,5月产卵	濒危,省级保护
厚唇裸重唇鱼	主要分布在龙羊峡—玛曲等高原宽谷河道和扎陵湖、鄂陵湖。主食底栖无脊椎动物,兼食藻类	5月河水开冰时逆河产卵,沉性卵,产卵场在水流较急的砾石河床	省级保护
黄河裸裂尻鱼	分布在星宿海、扎陵湖、鄂陵湖、玛多、达日、久治、玛沁、贵南河段,主食着生藻类	产黏性卵	省级保护
花斑裸鲤	主要分布在龙羊峡以上至两湖的黄河干流,喜宽阔河道和湖泊,越冬需较大水深。主食藻类、底栖无脊椎动物	5月下旬产卵,产黏性卵,产卵水深 1 m 左右,砾石河床,有水草,缓流	省级保护
黄河高原鳅	广泛分布在源区河段。主食端足类钩虾和水生昆虫	7、8月产卵,产黏性卵,峡谷地带的缓流环境	省级保护

2) 刘家峡—花园口河段

黄河刘家峡—花园口河段鱼类大体相似,兰州鲶、黄河鲤、赤眼鳟、大鼻吻鮈、北方铜鱼、平鳍鳅鮀、乌鳢、鲫鱼、餐条和泥鳅等是其最具有代表性的鱼类,以鲤科鱼类为主。其中北方铜鱼和平鳍鳅鮀(主要生活在兰州河段)已列入国家濒危鱼类红皮书,北方铜鱼、大鼻吻鮈、兰州鲶已列入相关省区的重要保护计划。四大家鱼(鲢、草、鳙、青)原本不是该河段的土著鱼类,但现在也可在此河段发现。据2006年农业部和国家环境保护总局颁布的"中国渔业生态环境状况公报",该河段的主要产卵索饵场包括刘家峡河段花斑裸鲤和兰州鲶等产卵索饵场、内蒙古河段主要经济鱼类产卵索饵场、龙门—三门峡河段鲤鱼、鲫鱼及鲶鱼的产卵索饵场、伊洛河口黄河鲤天然产卵场、黄河河南段重要经济鱼类产卵场等。

历史上,北方铜鱼曾广泛分布在刘家峡—青铜峡河段,1982年黄河水生生物调查时在黄河中游河段也有发现。现在,由于水体污染、过度捕捞、繁殖生境破坏等因素,连北方铜鱼的个体都很难找到了。北方铜鱼属于急流鱼类,且对水体溶解氧的要求特别高,喜栖息于河流水体中下层、河湾、底质多砾石、水流较缓慢的水体中,水深1.5~4 m,喜集群游弋,每年5~7月溯游至激流型变化水体产卵,产漂流性卵;9~10月退至产卵场下游。

大鼻吻鮈主要分布在甘肃和宁夏河段,但历史上黄河北干流河段也有发现。

兰州鲶为凶猛鱼类,主食鱼、虾、蛙、蛇、虫等,常栖息于河流缓流处或静水中,或潜伏在水底,多在黄昏和夜间活动。兰州鲶的分布可一直到黄河河口,但主要在三门峡以上河段,尤以宁夏中卫河段产量最高,每年5~6月洄游产卵,其产卵场要求静水环境和草丛。

黄河鲤因产于黄河而得名,与淞江鲈鱼、兴凯湖白鱼、松花江鲑鱼(大马哈鱼)共同被誉为我国淡水四大名鱼,是黄河最著名的土著鱼种,自古就有"岂其食鱼,必河之鲤"、"洤鲤伊鲂,贵如牛羊"之说,具有独特的遗传育种价值、文化价值和经济价值。黄河鲤是中下层杂食性鱼类,对生存环境的适应能力很强。喜栖息在流速缓慢、水深1~4 m、水草丰沛的松软河底水域,4~5月洄游至河滩浅水处产卵,其产卵场包括黄河宁蒙河段、乌梁素海、禹门口—三门峡河段、伊洛河河口段,其中龙门以上河段产卵时间主要集中在5~6月(尤以5月最为集中);禹门口以下河段黄河鲤产卵时间一般在4~5月,尤以4月中下旬至5月上旬最为集中。

3)艾山以下河段

黄河东平湖以下河段的鱼类以鲤科为主,主要有鲫鱼、餐条、麦穗鱼、赤眼鳟、黄河鲤、四大家鱼和泥鳅等;生活在该河段的近海溯河洄游鱼类淞江鲈已列入国家濒危鱼类红皮书,1982年黄河水生生物普查时曾有发现。据2006年农业部和国家环境保护总局颁布的"中国渔业生态环境状况公报",东平湖至黄河入海口河段为鱼类产卵索饵场。不过,该河段没有国家或省级保护鱼类;由于水深流急、水体含沙量大等因素,该河段的淡水渔业一直没有形成规模。

鲚鲦、鳗鲡、梭鱼、鲈鱼、银鱼和螃蟹等过河口洄游鱼类是东平湖以下河段重点关注的鱼类。其中,鲚鲦是黄河下游过河口洄游鱼类的典型鱼类,其产卵季节主要在5~6月,尤以5月最为集中,最早在清明节前后,通常认为其产卵地点在东平湖附近的静水水域。在鲚鱼产卵季节,需要有流量变化以刺激性腺,流速刺激4~6 h即可产卵;溶解氧对其产卵孵化非常重要。不过,由于水质污染、过度捕捞、产卵场破坏和20世纪90年代的频繁断流等多方面因素,目前,黄河鲚鲦已经很难捕获到;其他洄游鱼类(如梭鱼、鲈鱼等)仍具有一定规模。

由于黄河挟带泥沙有机质多、含氮高、营养丰富,为浮游生物和底栖生物创造了良好的条件,黄河口滩涂水生物和近海水域鱼虾资源十分丰富,是我国沿渤海湾最重要的渔场之一。据调查,该区域生长的淡水鱼和海水鱼193种(多数在本区域繁殖后代),曾有达式鲟和白鲟等国家一级保护鱼类、淞江鲈和江豚等7种国家二级保护动物。淡水鱼的种类与黄河下游种类大体相似,其数量约占56%;海水鱼包括鮸鲚、带鱼、鳓鱼和小黄鱼等。由于水质污染、来水减少和产卵场破坏等因素,有些原列入国家重点保护Ⅰ类名录的鱼类,如达氏鲟和白鲟等,早在20世纪80年代初就没有捕获到标本;列入国家Ⅱ保护名录的淞江鲈也在20世纪80年代以后未见捕获纪录。

4)黄河鱼类重要保护栖息地筛选

为保护鱼类种质资源,我国农业部综合考虑鱼类的濒危程度、物种价值、土著意义、鱼种灭绝后引起的遗传基因损失评价,该鱼类在河流生态系统食物链上的重要程度、经济价值和优势种等因素,于2007年和2008年批准在黄河干流建立10处国家级水产种质资源保护区(见表5-4)。其中,在黄河上游特有鱼类保护区中,重点保护的鱼类包括厚唇重唇鱼、花斑裸鲤、极边扁咽齿鱼、黄河裸裂尻鱼、似鲇高原鳅等青藏高原特有土著鱼类;刘家峡保护区除了保护兰州鲇外,还要对黄河鲤和似鲇高原鳅等土著鱼类的栖息地进行有效保护;鄂尔多斯保护区则不仅保护黄河鲇,该河段的黄河鲤也已经列入内蒙古自治区水产种质保护对象。

表5-4 黄河干流鱼类种质资源国家级保护区名录

保护区名称	地理位置	重点保护对象
扎陵湖鄂陵湖花斑裸鲤极边扁咽齿鱼国家级水产种质资源保护区	扎陵湖、鄂陵湖	花斑裸鲤、极边扁咽齿鱼、骨唇黄河鱼、黄河裸裂尻鱼、厚唇裸重唇鱼、似鲇高原鳅等高原冷水鱼类
黄河上游特有鱼类国家级水产种质资源保护区	青海久治、四川若尔盖、甘肃玛曲和河南(军功—门堂河段)	似鲇高原鳅、骨唇黄河鱼、极边扁咽齿鱼、厚唇裸重唇鱼、花斑裸鲤、黄河裸裂尻鱼、黄河雅罗鱼等高原冷水鱼类
黄河刘家峡兰州鲇国家级水产种质资源保护区	刘家峡水库库区	似鲇高原鳅、黄河鲤、兰州鲇
黄河卫宁段兰州鲇国家级水产种质资源保护区	中卫、中宁	兰州鲇等
黄河青石段大鼻吻鮈国家级水产种质资源保护区	青铜峡—石嘴山河段	大鼻吻鮈等
黄河鄂尔多斯段黄河鲇国家级水产种质资源保护区	黄河内蒙古河段	兰州鲇、黄河鲤等
黄河合川段乌鳢国家级水产种质资源保护区	黄河陕西合川段	乌鳢、黄河鲤、黄河鲇等
圣天湖鲇鱼黄河鲤国家级水产种质资源保护区	三门峡库区	鲇鱼、黄河鲤等
黄河郑州段黄河鲤国家级水产种质资源保护区	巩义至中牟,有伊洛河口和花园口两个核心区	黄河鲤等
黄河口半滑舌鳎国家级水产种质资源保护区	黄河河口近海水域	半滑舌鳎、花鲈、梭鱼、鲻鱼、黑鲷、中国毛虾等

在以上 10 处保护区中,"扎陵湖鄂陵湖花斑裸鲤极边扁咽齿鱼国家级水产种质资源保护区"和"黄河上游特有鱼类国家级水产种质资源保护区"位于唐乃亥以上的黄河源区,以保护高原冷水土著鱼类为主;"黄河刘家峡兰州鲶国家级水产种质资源保护区"、"黄河卫宁段兰州鲶国家级水产种质资源保护区"和"圣天湖鮎鱼黄河鲤国家级水产种质资源保护区"位于龙羊峡和青铜峡之间的梯级水电站群中,以保护兰州鲶和黄河鲤等静水鱼类为主;其他位于黄河宽河段,重点保护黄河鲤、黄河鲶、乌鳢和大鼻吻鮈等。

黄河流域各省(区)也在近年纷纷出台黄河野生鱼类保护政策,如宁夏回族自治区2004 年通过的"实施《中华人民共和国渔业法》办法"中明确将黄河鲤、草鱼、大鼻吻鮈、鲶鱼、铜鱼、白鲢、花鲢、赤眼鳟等列入保护品种,并禁止在非养殖水域捕捞低于 1.5 kg 重的鲤鱼、草鱼、鲶鱼、白鲢和花鲢,禁止捕捞属于濒危水生野生动物的北方铜鱼、大鼻吻鮈、赤眼鳟和瓦氏雅罗鱼等;甘肃公布将厚唇重唇鱼、花斑裸鲤、(极边)扁咽齿鱼、黄河裸裂尻鱼、黄河雅罗鱼、赤眼鳟、似鲶高原鳅和兰州鲶等列入重点保护野生动物名录;青海省通过实施渔业资源环境保护和人工增养殖、健全珍稀濒危物种救护体系、保护和修复水域生态环境等举措,大力保护青藏高原特有的高原冷水鱼类;内蒙古和河南等省区也实施了人工放流增殖和野生鱼类保护等措施,力图使黄河鲤和黄河鲶等黄河特有土著鱼类得到很好的保护。

本研究认为,已经被国家渔业主管部门列入国家级水产种质资源保护区名录的河段,应该成为黄河优先保护的鱼类栖息地河段。

5.2.3 生态保护目标分析

综上分析可见,由于黄河地跨不同的地理和气候带,不同河段水文情势差异,沿程生境各异,进而使栖息的鸟类和鱼类有所不同。

截至目前,国家有关部门和沿黄省区有关部门,根据濒危程度、保护级别、特有性等及鱼类濒危程度、物种价值、土著意义等,在黄河的河流生态系统内重要鸟类或鱼类的栖息地河段,设立了 15 个省级以上湿地自然保护区和 10 个鱼类种质资源保护区。本书认同国家或省区生态主管部门的意见,将"维持 15 个湿地保护区和 10 个鱼类种质资源保护区的生态系统在良好状态"作为黄河生态健康的适宜标准,具体应体现在生态系统完整性和生物多样性。不过,因监测资料匮乏、学科发展限制和研究基础薄弱,目前很难对几十年前或十几年前各保护区天然状况下的生物多样性和生态系统完整性本底值给出量化的结论,因此国家湿地保护规划和各保护区规划目前均没有对其生物多样性和生态完整性给出量化标准。鉴于此,建议暂用"鸟类或鱼类的种类和数量"作为衡量保护区生态系统健康程度的指示性因子。

对位于黄河河源区的湿地保护区和鱼类种质资源保护区,由于人类用水量很少,河流生态系统的健康标准主要取决于天然降水丰枯。由图 5-4 可见,在重要湿地和重要鱼类所在河段的玛多、玛曲和久治等气象站,20 世纪 70 ~ 80 年代降水基本属于平水情况。此外,人类对湿地的破坏程度(如开挖排水沟、开采泥炭等)和新上大坝的数量和位置等也会对河源区生态状况具有很大影响。考虑到国家已经对三江源区人类活动采取了严格的限制措施、降水一般丰枯交替、2030 年前的水质前景和人类活动影响,如果国家颁布的三江源生态环境保护政策可以得到实施,可将"鸟类或鱼类达到20世纪80年代后期水平"作为该河段各保护区生态健康的适宜标准。

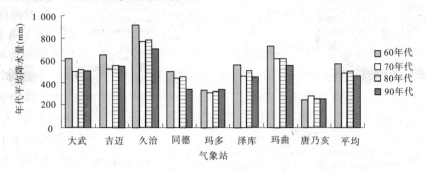

图5-4　河源区各站1960年以来降水变化(引自胡兴林,2003)

对于位于龙羊峡—青铜峡河段和中游峡谷河段的水库库区水域及其附近的湿地保护区和鱼类种质资源保护区,其可能达到的健康标准主要取决于水质状况:只要水质能够恢复到Ⅲ类,生态系统应可以达到其理想状态。不过,由于水库修建后已经完全改变了相应区域生态系统原有的结构和特点,因此相应的保护区生态健康标准只能以"水库修建后且水质良好"时期的生态系统为参照。根据黄河干流水库修建时间,其生态健康的适宜标准大体上可按水质尚可的20世纪80年代后期水平掌握。

位于平原河段(包括宁蒙河段、小北干流河段和下游河段)的保护区,在河流水质能够达到Ⅲ类的情况下,无论是沿黄滩地内的湿地,还是鱼类种质资源保护区,其生态质量均主要取决于黄河相应河段的流量和其他人类活动(如对湿地的围垦和对鱼类的过度捕捞等)。不过,由于大型水库调蓄、人类用水增加和降水变化等因素,各保护区所在河段的径流条件20世纪70年代以后均发生了很大变化(见图5-5、图5-6、图1-6),尤其是1986年汛末龙羊峡水库投入运用以后。其突出特点是:对鸟类、湿地植物和鱼类生长期觅食非常重要的5~10月流量大幅度减少(绝大部分河段的流量减少幅度30%~70%)。漫滩洪水对沿黄湿地和鱼类都是至关重要的,湿地依靠漫滩洪水得到充足的水分补充,鱼类靠漫滩洪水到食物丰富的滩地觅食。20世纪50年代,黄河下游年年发生漫滩洪水,但1987年以后,宁蒙河段伏秋汛期几乎告别了漫滩洪水,而黄河下游也由以前的每1~2年漫滩一次减少为6~7年漫滩一次,洪水流量如此大的削减对生态的影响显然是不言而喻的。大多数河段在水生生物繁殖关键期5~6月流量有所降低,但其减幅一般不超过50%;12~4月流量不仅没有减少,反而有所增加。在此期间,入黄污染水量也从20世纪80年代初的21.7亿t增加到80年代末的25亿~26亿t、90年代末的41亿~42亿t。

展望未来:①目前,黄河天然径流量已经由580亿m³降低至535亿m³,至2030年可能进一步降低至515亿m³左右;②由于区域经济社会持续发展和国务院"黄河可供水量分水方案"的实施,人类耗水量未来仍将不低于20世纪80年代以来的300亿m³水平;③由于灌溉和发电的需要,该河段非汛期径流条件仍将基本维持20世纪80年代末期以来的状况;④汛期径流条件,特别是对水生生态健康具有重要意义的漫滩洪水量级、频率和历时,很难较现状有大的改善。⑤河流水质可望在2020~2030年基本实现Ⅲ类水水质目标。综合考虑以上因素,在没有外部水源补充黄河之前,各保护区生态健康的适宜标准

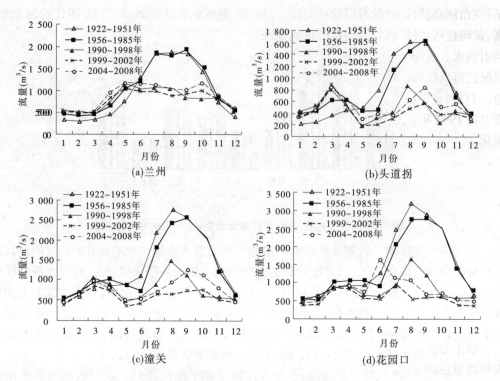

图 5-5　黄河典型断面历年月均流量变化

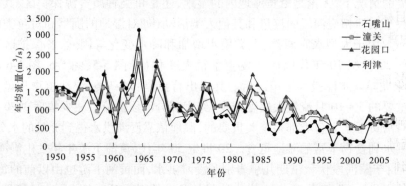

图 5-6　黄河典型断面历年年均流量变化（1950～2008）

不宜高于 20 世纪 80 年代后期水平。

　　与其他河段不同，近 20 多年来，黄河河口段的径流条件各月均发生大幅度削减（见图 5-7）。比较各期流量变化可见，2003～2007 年，由于流域降水条件改善（年均天然径流量 495.7 亿 m³）和全河水量精细调度，使对近海水生生物繁衍生息至关重要的 5～8 月入海流量较前期显著改善，年入海水量达 198.8 亿 m³，入海径流过程与 20 世纪 80 年代末和 90 年代初的入海径流过程相当。据国家海洋局 2006 年和 2007 年海洋环境质量报告，黄河口近海水域生态系统已由 2005 年以前的"不健康"转变为"亚健康"，造成生态系统仍不健康的主要因素是污染、过度捕捞、油田开发和黄河来水偏少等。黄河河口段陆域湿地很大程度上取决于湿地引黄工程的引水能力，但目前湿地引黄工程的引水能力严重不足:三角洲自然保护区现有的4个引水闸全部分布在保护区南部区域,在闸底板高程太高、黄河近年主槽大幅度刷深两因素的共同作用下,只有大河流量3 500 m³/s以上才能顺利引到水。近年来,由于水流条件适宜和保护区管理部门的努力,三角洲自然保护区鸟类状况已得到很好的恢复,并被媒体广泛宣传。不过,因缺乏引水设施,自然保护区北部湿地(刁口河流路附近)则很难得到黄河水的补充。据此推测,该区域生态系统健康理想标准可按1992年黄河三角洲国家级自然保护区建立时的水平掌握,至少应维持现状不再恶化。

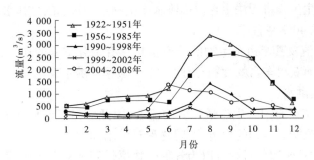

图5-7 利津断面历年月均流量变化

综上分析,建议将15个湿地保护区和10个鱼类种质资源保护区内的"鸟类或鱼类种类和数量达到20世纪80年代末或90年代初期水平"作为黄河生态健康的适宜标准;鉴于适宜标准分析中已经充分考虑了未来的径流条件和水质条件,故也应作为2030年前生态恢复的目标。同时,将以上保护区的"重要保护鸟类或鱼类的种类和数量较现状有所增加"作为黄河生态健康的低限标准,以遏制黄河生态状况恶化的趋势。

5.3 影响河流生态的水力要素

影响河流生态系统健康的因素很多,包括:①水流条件,包括河流的水循环状态或降水、河川流量、流速和流态等,它是生态系统中生命的基础元素;②碳、氮、磷等重要营养物质条件,它们分别是生态系统的骨架元素、代谢元素和信息元素;③湿地附近的土地利用方式,它直接影响湿地的规模和结构;④水体和空气质量,它对生物的生存环境具有重要影响;⑤气候变化;⑥外来生物物种入侵;⑦河流泥沙通量;⑧河床渠化、硬化和节点化,它使河流生物栖息地环境发生改变。

在以上要素中,径流、水质、泥沙、大坝和河势约束工程等是最重要的水力要素,其中径流要素包括流量和水量大小、流速和流态、洪水频率及持续时间、洪水发生时间及发生周期等。鉴于水质问题已经在前节阐述,且对生态的影响显而易见,以下重点分析径流、泥沙、大坝和河势约束工程等对河流生态系统健康的影响。

5.3.1 水量和流量

水量和流量对河流生态系统的影响是不言而喻的。20世纪70年代以来,国外淡水生态学家对径流条件与水生生物生存状况的关系进行了大量观测研究,取得了许多新认识:

（1）流量过程（包括流量的时空分布、洪水的周期性发生、洪水或极小流量的频率及其持续时间等）对河流生态系统中的水生生物至关重要，是水生生物栖息地的决定性因素，影响着水生生物的组成和群落结构。水生生物顺应天然的流量过程，进化它们的生命历史周期和习性。

（2）对于很多河流物种，维持河流纵向（即上下游之间）和横向（河流和洪泛区之间）的天然联系，是维持其种群生存的必不可少的条件。

（3）从河流中移走一部分水并不会导致河流生态系统明显退化；但当河川径流低于某流量水平时，水生生物将无法生存。影响水生生物生存状态的可移水量阈值因河而异，大体为天然流量的40%左右。

（4）洪水对河流及其岸边带生物的繁衍生息具有十分重要的作用，很多鱼类正是靠洪水达到滩区，从而获得丰富的食物，因此河流必须保证洪水发生，包括非汛期的小脉冲洪水和汛期的较大洪水。

（5）天然河流流态是河流生态最需要的流态，因此应尽可能使河流流态与其天然流态相似，以维持河流所有生物的生境；不同物种对洪水和枯水会有不同的响应，因此河流数年内丰枯交替的径流演化过程可以为各种生物提供利弊交替的生境条件，从而使所有的土著物种得以繁衍生息。

（6）流量过程的改变往往促进外来物种的入侵和繁殖。

将黄河各河段历年流量状况与其需要的环境流量对比可见，1986年以后，尽管兰州以下各断面实测径流流量减少很多，但在鱼类产卵期（上游5月、龙门—花园口4月），除内蒙古河段减少至天然状况的40%外，其他各断面径流量并未减少；越冬期流量更是充足；干流绝大部分河段的径流变化主要反映在对鱼类觅食和滩区湿地补水非常重要的漫滩洪水几率减少了70%。河口段的径流变化则是全方位，不仅洪水量级和历时大幅度减少，而且3~6月关键期的80%~90%时段不能满足最低生态用水需求甚至频繁断流，是黄河水量调度最困难、最需要关注的时段。

水的理化性质是决定水生生物生长繁殖的重要因素，而黄河水体含沙量是影响其理化性质的关键因素之一。在黄河下游的7~9月份，泥沙含量有时高达200 kg/m³以上，使其透明度由原来的15~20 cm降低至0.3~1.5 cm，阳光难以透射进去，因此使需要阳光的水生动植物生长和繁殖受到限制，进而影响以其为食的鱼类生长。水中的含氧量对水生生物（特别是鱼类）的呼吸影响很大，过少易使鱼类患病甚至死亡，而黄河泥沙往往使得水中的溶解氧含量降低。从20世纪80年代中期黄河中游的吴堡、龙门、潼关、三门峡4个断面的汛期水质监测资料看，水体中的溶解氧含量与含沙量呈负相关关系。大量观测证明，在高温酷暑季节，当洪水含沙量过高，鱼类往往出现呛死现象，即"流鱼现象"。因此，从保护鱼类角度，应尽可能避免出现高含沙洪水。

水量对湿地的影响可能是双面的。以黄河湿地的典型植物芦苇为例，当地表水不足时，芦苇群落就会向白茅或杂草群落演替；但水深过大时也会抑制芦苇的生长。而以上两种生境演替都将会对以芦苇湿地为栖息地的鸟类生存造成不利影响。就黄河20世纪80年代以来的实际情况看，湿地面临的主要问题是水分补给不足和人类活动干预。

泥沙对湿地的影响也是双面的。一方面，新淤土地可扩大湿地规模，如三角洲湿地就是一片不断成长的湿地;另一方面,大量泥沙落淤又对现有沼泽湿地和滩涂湿地的生境造成破坏。

综上所述,当人类耗用了河流的绝大部分水量、改变了径流的季节分配、污染了水体、干扰了河床形态、改变河流的来沙量,河流生态系统都将受到伤害。

5.3.2 大坝

拦河水利枢纽工程是保障防洪安全和人们用水、提供能源、塑造合理水沙过程的基本工具。不过,大坝在给人类造福的同时,也给河流生态系统带来影响。

近几十年来,修建大坝对河流生态系统中水生生物(特别是鱼类)的影响一直是广受关注的问题。国内外大量研究证明,大坝对本区鱼类的影响主要表现在以下方面:①阻隔鱼类洄游通道;②下泄水流过急使有些鱼类难以适应;③喜急流性鱼类从库中消失;④改变鱼类区系组成,影响鱼类种质交流;⑤产漂流性卵和产沉性卵鱼类资源下降;⑥水库下泄的低氧冷水或过饱和气体会伤害鱼类,甚至使其死亡。所有这些,最终将改变鱼类区系组成,影响鱼类种质交流,使喜急流性鱼类从库中消失和产漂流性卵鱼类资源下降。

为减轻水利枢纽工程对鱼类的不利影响,越来越多的国家在修(改)建拦河大坝时为鱼类设置鱼道。莱茵河保护国际委员会和沿岸国家共同实施的莱茵河"鲑鱼2000"计划之重点之一就是改造现有的拦河工程,为鲑鱼增设鱼道,使莱茵河的标志性物种——鲑鱼及其他鱼类重返莱茵河上游产卵,该计划已取得了成功:至1995年已有鲑鱼出现在距离河口700 km处的iffezheim坝附近,2002年监测到180尾鲑鱼上溯到iffezheim坝的上游。

限于当时人们对水生生态系统的认识水平,目前黄河干流已建的十几座大型水利枢纽均没考虑预留鱼道,而实际上黄河绝大部分鱼类的产卵场、索饵场和越冬场都不在一个固定场所,因此拦河工程或多或少都将损害水生生态系统的健康。1960年三门峡水库投入运用至1985年以前,黄河干流共有7座拦河水利工程投入运用,包括刘家峡、盐锅峡、八盘峡、青铜峡、三盛公、天桥和三门峡等,由于这些拦河工程均未留鱼道,显然对该河段鱼类的洄游产卵和觅食等造成一定影响,而且可能使相应河段鱼类种群中的急流鱼类消失。如黄河潼关河段因水面开阔,本盛产鲤鱼,20世纪50年代仅专业捕鱼队的年捕鱼量可达3万~4万kg,但20世纪60年代下降为1.5万~2万kg,70年代更进一步下降至0.5万kg;龙羊峡和刘家峡等梯级水电站建成后,除了花斑裸鲤、黄河裸裂尻和黄河高原鳅还能够生存外,其他高原冷水鱼类和急流鱼类多在此河段消失了。

大坝对其下游生态状况的影响是双面的。一方面,年调节水库大坝修建往往改变进入其下游的径流时空分布,特别是减少洪水量级和频率,进而损害河流生态系统健康。另一方面,对于生态已经严重恶化的河段,如果没有水库作用河流水量调度手段,也难以得到恢复,黄河三角洲近年来生态恢复情况正说明此点。

5.3.3 河势控导工程

以稳定河势为目的的控导工程尽管对维持主槽不萎缩和控制二级悬河发展有一定的负面影响,但由于使水流相对稳定,从而十分有利于沿河湿地自然保护区的稳定和发育。分析黄河宁夏—河南的8处河道湿地可见,芦苇、沼泽和草甸均是其最重要的生态单元,它们是湿地重要保护鸟类的主要生境。但如果没有河势控制工程的约束,任黄河主流自由摆动,诸如运城湿地保护区和位于下游宽河段的河道湿地保护区,都将会因为河床冲淤频繁、底栖生物难以繁殖等,使沼泽和草甸的生长条件不能得到满足。这些年来,黄河中下游的河道湿地保护区在很大程度上得益于河势控导工程的保护:首先,河势控制工程使位于背河侧的湿地免受冲淤之苦,从而为植被生长创造了良好基础;其次,由于河势控制工程使河槽淤积加剧,进而增加了水分侧渗补给条件和小漫滩洪水频率,为湿地的沼泽化发育创造了良好条件。有些河道湿地近年来出现的萎缩现象则多因人类围垦破坏所致。

不过,因观测资料匮乏,目前尚需要以典型的河漫滩湿地和整治工程为对象,分析湿地发育过程及其结构组成特点、影响湿地发育的关键因素,论证整治工程的取土、弃土、施工和运用等关键环节对湿地景观格局、重要鸟类生境和种类及数量、湿地水资源补给等要素的影响。

与宽河段河势控制工程不同,黄河入海流路的适度摆动却是十分有利于三角洲湿地的维护。黄河河口流路的延伸、摆动和洪水漫溢形成了我国温带最广阔、最完整和最年轻的河口湿地生态系统,它拥有独特的河口生态类型和丰富的湿地生物资源。自然状态下,通过河槽输往河口的泥沙除少部分被带至深海外,2/3 以上将沉积在河口三角洲。1949年以前,进入河口的泥沙是以频繁改道的形式摊铺在河口地区,结果形成了以宁海为顶点的黄河大三角洲;1949 年以后,为保障河口地区发展,通过有计划的人工干涉使改道点下移至渔洼。近 20 多年来,在河口来水来沙大幅度减少的同时,随着当地经济社会的快速发展,黄河入海流路摆动范围受到了更大的限制:入海流路的固定和尾闾河段堤防的修建等使河口尾闾流路摆动和洪水漫溢的几率大幅度减小,从而促使三角洲保护区湿地严重萎缩。

以堆石和土为结构的控导工程对鱼类的影响也是正面的。第一,控导工程多孔的堆石结构是良好的幼鱼避难场和成鱼越冬场;第二,丁坝附近的局部紊流则会刺激鱼类产卵;第三,堆石体的孔洞是兰州鲇最喜爱的栖息场所;第四,控导工程虽可能加剧主槽萎缩,但主槽萎缩必然意味着漫滩几率增加,从而有利于鱼类到长有青草的滩地上觅食。如果说控导工程可能带给鱼类的少量负面影响,则主要反映在控导工程施工期对鱼类的惊扰和对局部底栖生物的破坏。

未来,如果国家相关部门之间加强沟通,完全可能使沿黄各保护区的位置确定和功能区划定、控导工程位置和结构更加协调,实现防洪安全和生态保护双赢。

5.4　鱼类生态需水量分析

鱼类生态需水一直是国外环境流研究的重点。

前文提到,ELOHA 方法可能在目前是最受关注的环境流确定方法。不过,该方法实际上是以"鱼类的种类和数量变化均是由河流流量变化引起的"为基本假设,但这样的假设在黄河河口是不合理的。事实上,黄河河口鱼类状况的变化是过度捕捞、水质恶化、黄河来水减少和产卵场破坏等多方面因素的综合作用,早在水量和水质尚好的 20 世纪 80年代初期黄河鱼类就已经大幅度减少,难以识别黄河径流变化引起的效应。此外,由于含沙量大,与其他江河相比,黄河中下游水生生物资源本不丰富,系统的生态监测资料更是严重缺乏,目前的黄河仅有个别典型鱼类的零星观测数据、底栖和浮游生物资料更少,从而限制了栖息地法和整体分析法的直接应用;湿周法虽然比较适于宽浅河流,但它显然也忽视了洪水和天然流态丰枯变化对水生生物的重要作用,更重要的是黄河中下游河床冲淤变化频繁,底栖生物量原本贫乏,从而限制了河流底栖生物和浮游生物的生存,故湿周法不适于黄河。如何针对黄河实际,尽快提出可供生产采用的鱼类生态需水推算方法,是本研究面临的挑战。

根据黄河重要保护鱼类的栖息地分布,前文提出兰州以下需要重点关注的河段或水域是:卫宁段兰州鲶国家鱼类种质资源保护区、青石段大鼻吻鮈国家鱼类种质资源保护区、鄂尔多斯段黄河鲶国家鱼类种质资源保护区、郑州段黄河鲤国家鱼类种质资源保护区、禹门口—潼关河段、东平湖以下河段和近海水域。其中,由于卫宁段兰州鲶保护区实际位于水库段,故真正需要考虑生态需水的河段全部位于青铜峡以下的黄河平原河段。以下分青铜峡—花园口、东平湖—入海口和近海水域等三个生态单元,紧密结合黄河不同河段鱼类面临的实际情况,论证其生态需水。

5.4.1 青铜峡—花园口河段

青铜峡—花园口河段共有青石段大鼻吻鮈、鄂尔多斯段黄河鲶、合川段乌鳢和郑州段黄河鲤等四个国家鱼类种质资源保护区(不含库区)。

宁蒙河段(含青石段大鼻吻鮈和鄂尔多斯段黄河鲶保护区)的代表性鱼类有黄河鲤、兰州鲶、黄河雅罗鱼、赤眼鳟和大鼻吻鮈等,均为地方性保护鱼类。其产卵场、索饵场、越冬场基本上分布在水深大、水流缓、水面宽的河湾处。据调查,该河段鱼类产卵期一般在5~6月,尤以5月更为集中;因多属静水鱼类,产卵期间一般要求水面可淹没岸边水草,生长期要求水深1.5 m以上,可淹没岸边水草,越冬期要求冰下水深1 m以上。以黄河鲤为例,作为静水鱼类,喜栖息在流速缓、水草丰的松软河底水域,产黏性卵,生长期要求水深1~2 m、水面宽50 m以上,产卵期对流速的要求为0.1~0.6 m/s。

禹门口以下河段的代表性鱼类有乌鳢、黄河鲤、兰州鲶、赤眼鳟和四大家鱼等,其中乌鳢、黄河鲤、兰州鲶和赤眼鳟等为地方保护鱼类。该河段鱼类产卵期一般在3~5月,尤以4月中下旬至5月上旬为盛,其产卵场一般在水草较丰的浅滩或干支流汇流区域;不同时段对水深或流速等方面的要求与宁蒙河段相似。四大家鱼是草、青、鲢、鳙的合称,它们通常在被水淹没的浅滩草地和浅水区域摄食,12~2月在深水越冬。四大家鱼有洄游产卵特性,其产卵地点一般选择在江河干流的河流汇合处、河曲一侧的深槽水域、两岸突然紧缩的江河段为适宜的产卵场所,产卵期多在5月份,产漂浮性卵,故影响其产卵孵化的主要因素是水流速度、温度、流程。这种鱼一定要洄游到受精卵正常孵化的距离后产卵才能使卵孵化成活,如果距离短,受精卵就会沉入水底,窒息死亡。其孵化大约需要4天以上的时间。草鱼等四大家鱼在产卵期要求有稍大且变化的流速以刺激产卵。

漫滩洪水对该青铜峡—花园口河段的鱼类觅食具有十分重要的意义。很多鱼类正是靠漫滩洪水达到滩区,从而获得丰富的食物。因此,从鱼类生存角度,河流必须保证有漫滩洪水发生。不过,此处所谓漫滩洪水,是指水面可淹没岸边青草等植物的洪水,与防洪和泥沙领域的漫滩洪水含义略有不同。

众所周知,河流鱼类繁衍生息受流量、含沙量、水质、拦河工程建设、捕捞强度和外来物种入侵等多方面因素影响。

据调查,宁蒙河段20世纪80年代鱼类捕获量较50年代以前降低了60%以上,潼关河段80年代初的捕获量较60年代下降了90%以上,河南段80年代初的捕获量也较50年代降低了80%左右;20世纪80年代以后,鱼类状况进一步恶化。然而,20世纪80年代前期黄河径流与天然情况径流相比并无明显减少;80年代后期以来,宁蒙河段和潼关河段在鱼类越冬期(12~3月)流量和汛期基流并无减少,鱼类产卵期(4~5月)和宁蒙河段鱼类产卵期(5月)的流量减少幅度为10%~50%,国内外研究认为这样的流量减少幅度尚不至于对鱼类产生严重威胁;20世纪80年代以来,花园口河段4~5月流量甚至没有减少。黄河流量条件在过去的20多年中发生的最大变化是鱼类生长期(6~9月)洪水量级和频率的减少:20世纪50年代,黄河几乎每年都有漫滩洪水发生;1986年以后,能够满足鱼类觅食需要的漫滩洪水发生频率降低至3~5年一次。

实测资料表明,在过去的几十年中,黄河各河段含沙量总体上也变化不大,以花园口断面为例,天然状态下(1950~1959年)7~10月和11~6月平均含沙量分别约为43 kg/m³和13 kg/m³,1986~1999年两时段含沙量分别约44 kg/m³和7 kg/m³,由此说明含沙量变化不是导致近年鱼类减少的重要因素。

青铜峡—花园口河段水质在过去的几十年中确实发生了很大变化(见图4-5~图4-7)。20世纪90年代后期以来,黄河兰州以下大部分河段水质长期处于Ⅳ类水平,部分河段甚至达Ⅴ类或劣Ⅴ类,如此恶劣的水质显然是构成该河段鱼类生长的最不利因素。

由此可见,水质恶化和6~9月漫滩洪水减少是导致黄河鱼类减少的主要径流因素(不含径流连续性)。鉴于此且该河段各断面11~3月自净流量均可达其天然流量的80%以上,4~6月可达天然流量的30%~60%,故现阶段可将该河段自净需水与6~9月漫滩洪水的耦合作为鱼类的适宜生态需水(见表5-5,已进行上下断面连续性处理),并用典型鱼类在关键期对径流条件的要求进行校核,如头道拐5月份自净流量120 m³/s不能满足鱼类产卵对水深和流速的要求,需要适当提高。据实测资料,头道拐断面流量50 m³/s左右时,平均水深可达0.5 m以上,最大水深一般在1 m以上,平均流速0.3~0.4 m/s,与该河段鱼类对径流条件的要求相比偏低;流量100 m³/s左右时,其平均水深一般可达1 m以上,最大水深1.5 m以上,平均流速0.35~0.55 m/s,可满足该河段鱼类越冬要求,并勉强满足鱼类产卵要求;当流量200 m³/s左右,其平均水深可达1.5 m以上,最大水深2 m以上,平均流速0.4~0.6 m/s,可满足鱼类产卵期的要求。可见,头道拐断面5月份流量应达150~200 m³/s。

同理,建议将低限自净流量与鱼类所要求的洪水进行耦合作为该河段的最小生态需水,其中汛期的平水期流量按基本满足鱼类洄游要求控制(一般为200~300 m³/s),产卵期流量仍按基本满足鱼类对流速和水深的要求进行校核。根据原国家水产总局20世纪80年代完成的黄河鱼类调查成果,在鱼类繁殖季节,黄河流量应至少达180 m³/s,该结论在本项目确定鱼类产卵场附近断面(如石嘴山、头道拐、潼关和花园口)最小流量时应予以采纳。分析结果见表5-6(已进行上下断面连续性处理)。

表 5-5　典型断面鱼类生态需水适宜值　　　　　　（单位:m³/s）

断面	1月	2月	3月	4月	5月	6月	7月~10月	11月	12月
石嘴山	330	330	330	330	330	330	或330,或漫滩洪水	330	330
头道拐	120	120	120	120	200	200	或300,漫滩洪水	120	120
龙门	240	240	240	240	240	240	或400,漫滩洪水	240	240
潼关	300	300	300	300	300★	300	或500,漫滩洪水	300	300
花园口	320	320	320	320	320★	320	或320,漫滩洪水	320	320

注:表中★表示小脉冲洪水,为四大家鱼产卵期所需要。

表 5-6　典型断面鱼类生态需水低限值　　　　　　（单位:m³/s）

断面	1月	2月	3月	4月	5月	6月	7月~10月	11月	12月
石嘴山	330	330	330	330	330	330	或330,或漫滩洪水	330	330
头道拐	75	75	75	75	180	180	或200,漫滩洪水	75	75
龙门	130	130	130	180	180	180	或230,漫滩洪水	130	130
潼关	150	150	150	180	180	180	或250,漫滩洪水	150	150
花园口	170	170	170	180	180	180	或300,漫滩洪水	170	170

毋庸置疑,由于观测资料匮乏,以上成果存在不少值得探讨的地方。未来,仍需要加大生态监测,以进一步摸清黄河重要鱼类产卵场、觅食场、越冬场和洄游习性,摸清重要鱼类及其生物饵料在其不同生育时期对水流条件的要求,并结合其时水质状况,提出更符合实际情况的黄河各河段鱼类生态需水。

5.4.2　东平湖—入海口河段

东平湖—入海口河段鱼类生态需水计算重点考虑洄游鱼类对黄河水流条件的要求,并兼顾淡水鱼类的用水需求。关注的重点断面是利津断面。

与青铜峡—花园口河段鱼类面临的问题有所不同,20世纪80年代以来,该河段水质虽也有所恶化,但鱼类面临的最主要问题是鱼类产卵期、生长期和越冬期等各时段流量都大幅度降低(见图5-7),且洄游鱼类产卵场被不同程度地破坏。鉴于此,并考虑到水生生态监测资料匮乏的现实,本研究将参照栖息地法原理、Tennant法原理以及Fraser对Tennant法的修改建议、迄今国内外关于径流条件对鱼类生存的影响等成果,按以下思路确定黄河河口段的鱼类生态需水:

(1)借鉴近几十年来国外鱼类生态学家研究提出的"天然流态是河流生态系统最需要的流态"、"河流流量减少至天然流量的20%~30%时,鱼类生存就开始出现明显的胁迫效应;继续减少至10%左右时,鱼类生存变得十分困难"和"洪水,尤其是漫滩洪水,对鱼类生长期觅食特别重要"等一系列重要研究结论,并结合黄河水资源十分紧缺的实际情况,首先逐月取黄河入海断面天然状态下实测月平均流量的10%和20%分别作为河口河段最小生态需水和适宜生态需水的初值(见表5-7),从而使生态需水初值基本体现径流的年内丰枯变化。其中,入海断面水文资料借用利津断面,其天然流量系列取黄河下游未开展引黄灌溉前的1919~1951年实测径流系列。

月份	1月	2月	3月	4月	5月	6月	7月	8月	9月	10月	11月	12月
10%	55	65	90	95	95	120	265	340	305	245	145	65
20%	110	130	175	190	190	245	530	680	610	490	290	130

（2）根据黄河河口段代表性鱼类在其生长期的不同时段对水深、流速和水面宽等水力要素的要求,参考黄河入海断面流量与水深和流速等水力因子的关系,对生态需水初值进行校核。凡不满足相应时期鱼类生境要求者,增大流量直至满足。

（3）以河流自然功能和社会功能均衡发挥为原则,并考虑黄河该河段的水文特点,对以上结果进行修正。

据调查,本河段洄游鱼类主要包括刀鲚、梭鱼、鲈鱼、鳗鲡、银鱼等,其洄游产卵期主要在5~6月。刀鲚系海水鱼,但有溯河洄游产卵特性,每年5~6月洄游至东平湖附近产卵（根据20世纪80年代观测调查,尤以5月中旬最为集中）,产卵期喜变化流速（0.7~1.4 m/s）、水深要求达1~2 m。梭鱼、鲈鱼和银鱼等亦为洄游产卵鱼类,对水流条件的要求大致为水深1~2 m,平均1.5 m以上。鳗鲡生在大海、长在江河,是降河性洄游鱼类,其亲鱼在秋末入海产卵,幼鳗春季从大海进入江河,洄游和生长期对流速和水深的要求分别为0.3~0.5 m/s和1 m以上。统筹考虑以上情况,认为生态需水计算时段应重点考虑5~6月,此期对径流条件的要求大致可按水深1~2 m、流速0.5~1 m/s,并时有小脉冲洪水。

由于黄河含沙量大、河床冲淤变化剧烈,限制了浮游生物和底栖生物的生存,故本河段淡水鱼类并不丰富,主要有赤眼鳟、餐条、鲫鱼、黄桑鱼、黄河鲤、鲫鱼、青鱼、草鱼、鲢鱼等,无国家或地方性保护鱼类。该河段淡水鱼类产卵期多在5~6月,生长期6~10月;对水流条件要求不高,水深1~2 m、流速0.3~0.6 m/s、水面宽50 m以上即可满足其产卵期和洄游通道要求,水深1 m以上即可满足其越冬要求。

此外,国内外研究证明,6~9月可淹没岸边青草的"漫滩洪水"对鱼类生长期觅食非常重要（说明:此处的漫滩主要体现在水流可淹没长有青草的滩地,与本书其他地方所谈的漫滩含义有所不同）。目前,该河段可淹没青草的洪水量级在2 500~3 000 m³/s以上,但其漫滩历时和频率等仍需要进一步探索。值得注意的是,淡水鱼类在其生长期对漫滩洪水的要求与黄河下游输沙用水的时段和量级基本一致,因此二者可以兼顾。

黄河河口段水域宽浅,据水文实测资料,流量大于30~50 m³/s时的河宽均可达50 m以上。以下借用利津断面实测水文资料,重点检查不同流量情况下的水深和流速情况（见图5-8）,以判断水流条件对鱼类繁衍和洄游的适应程度。

对比典型鱼类生境条件与不同流量下的流速和水深可见:流量50 m³/s左右时,最大水深可达1 m左右,最大流速可达0.5 m/s左右,可勉强满足淡水鱼类越冬期对洄游通道的最低要求;流量100 m³/s左右时,其平均水深可达1 m左右,可较好地满足淡水鱼类越冬期要求;流量100~150 m³/s时,其平均水深可达1~2 m,最大流速可达0.6~1.3 m/s,

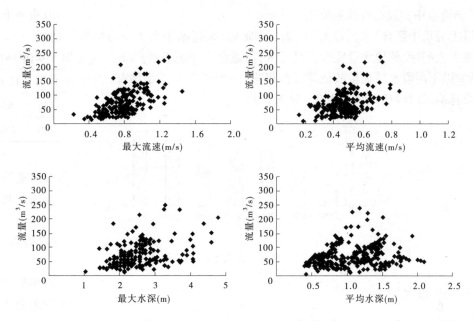

图 5-8　利津断面流量—水深—流速关系

平均流速可达 0.5~0.7 m/s,可勉强满足多数鱼类产卵要求;流量 200 m³/s 左右时,平均水深可达 1.2~2 m,最大流速可达 0.7~1.5 m/s,平均流速可达 0.5~0.8 m/s,可基本满足刀鲚洄游产卵的要求;流量 300~500 m³/s 时,平均流速达 0.6~1.5 m/s,可很好地满足刀鲚产卵的要求;流量大于 30~50 m³/s 时,河宽均可达 50 m 以上。

　　根据以上分析,并考虑鲥鱼产卵对脉冲小洪水的要求,利津至入海断面(112 km)的自然水损耗和经济用水(11~2 月 15~20 m³/s,3~6 月 20~30 m³/s),修正表 5-7 数据即可得到本河段鱼类生态需水(见表 5-8)。为便于水量调度,表中数据已作归整处理。因本河段生态需水计算需重点考虑的对象是洄游鱼类,而洄游鱼类的生殖洄游时段主要在 5~6 月,主要体现在流量大小,对汛期径流条件无特殊要求。按此流量过程,非汛期水量宜达 40 亿 m³ 以上。该河段淡水鱼对产卵期的要求与洄游鱼类相似,对汛期径流条件的要求关键是能够淹没岸边草丛的"漫滩"洪水,"漫滩"历时和频率显然越大越好,难以确定其适宜阈值,但最少应保证有一次"漫滩"洪水发生。

表 5-8　河口段鱼类生态需水(利津断面)　　　　　　　　　　　　　　(单位:m³/s)

月份	1 月	2 月	3 月	4 月	5 月	6 月	7 月	8 月	9 月	10 月	11 月	12 月
最小	70~80				160★		200~300/"漫滩"洪水☆				70~80	
适宜	120	130	170	190	250★		300~400/"漫滩"洪水☆				290	130

注:表中★表示该时段不仅要满足表中数据要求,而且还要间断释放流量 300~500 m³/s 的小脉冲洪水,以满足鱼类产卵要求;☆表示汛期平水期可按小流量、洪水期流量应是"漫滩"洪水。

　　需要指出的是,由于各种鱼类生态习性、不同历史时期鱼类种类和数量等生态观测资料匮乏,以上计算过程仅考虑了几种典型鱼类对水流条件的要求,因此按表 5-8 推荐的径流条件,能不能实现前节提出的"河口生态状况恢复到 20 世纪 80 年代末或 90 年代初期水平"仍待应用实践的检验和修正。

以上分析中隐含"水质良好"的前提,即表5-8是基于水质良好情况下的生态需水。若水质严重超标,即使水量完全满足要求,河流水生生态系统仍将严重恶化。不过,近年来,利津以下河段水质远较其他河段好得多,一般没有Ⅴ类水情况;2004年以来,满足Ⅲ类水质标准的时段达60%~90%(见图5-9)。

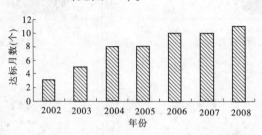

图5-9 利津断面近年水质状况

5.4.3 近海水域

由于黄河挟带泥沙有机质多、含氮高、营养丰富,加之三角洲独特的气候和地理条件,为浮游生物和底栖生物创造了良好的生境,黄河口滩涂水生物和近海水域鱼虾资源十分丰富,是我国沿渤海湾最重要的渔场之一。据调查(引自黄河三角洲自然保护区科学考察集),该区海域共有鱼类193种(其中淡水鱼108种),国家一级保护动物2种、二级保护动物7种。

近海水域生态需水是近年来科研工作者关注的内容。文献认为,盐度是影响该水域鱼类的关键因素,进而提出4~6月需要保障的生态水量24亿~40亿m³,但文献没有说明鱼类在不同季节对盐度的耐受阈值和有此盐度要求的合理区域。

限于项目经费和时间,本项研究主要充分利用可检索的技术文献和相关观测资料,对该水域生态需水重新进行了分析。

经对69种鱼的性腺发育观测结果表明(引自黄河三角洲自然保护区科学考察集),有39种鱼在本区繁殖后代,其产卵期取决于亲鱼的适温习性和环境水温变化,35种鱼都在10℃以上的5~8月产卵,6月产卵鱼种数达到高峰(达25种);绝大部分鱼种的产卵期持续2~3个月。

温度和盐度是影响鱼类繁殖与生长的关键因素,而盐度变化主要取决于黄河入海水量大小。在春季,虽然盐度也对鱼类繁殖有一定影响,但温度起决定作用;在夏季和秋季,盐度对鱼类繁殖和生长的影响远大于温度;在冬季,盐度和温度的影响都很微弱。由此可见,夏秋季节(5~9月)黄河入海水量的大小是影响该区鱼类生长的关键因素,所谓近海水域生态需水实际指5~9月份近海生态系统对黄河入海水量的要求。

然而,现有的观测资料和文献仍不能给出该区鱼虾在不同时段所需要的盐度阈值和有此阈值要求的空间范围。要解决此问题,可能需要大量的耐盐实验和长期的实地观测调查。

值得注意的是,鱼虾繁殖和生长对水域盐度要求主要在5~9月,而此期盐度主要取

决于黄河入海水量大小,因此拟借鉴 ELOHA 方法,按以下思路确定其生态需水:

(1)设定该水域生态恢复目标为"20世纪90年代初期水平",即与芦苇湿地保护目标一致。据《黄河三角洲自然保护区科学考察集》等有关资料,该区域在20世纪90年代初仍具有丰富的初级生产力和饵料生物资源,重要鱼类及其卵和幼鱼数量减少显然是过度捕捞的恶果。

(2)分析20世纪90年代初和与90年代初生态状况相似时期的实际入海径流条件,类比推求近海水域生态需水。考虑到生态系统的生物生存状况对水流条件的反应有一定滞后性,将连续5年的平均径流条件作为与此时期生态状况相对应的径流条件。

据实测资料,1988～1992年,利津断面每年5～9月份的径流总量分别为144亿 m^3、134亿 m^3、156亿 m^3、70亿 m^3、72亿 m^3,平均115亿 m^3,其中5～6月平均21亿 m^3;另据国家海洋局"中国海洋环境质量报告",2005～2008年,黄河口近海水域生态系统已由之前的"不健康"转变为"亚健康",仍不够健康的主要原因是污染和过度捕捞等,而2004～2008年利津断面每年5～9月份的径流总量分别为147亿 m^3、100亿 m^3、144亿 m^3、132亿 m^3 和86亿 m^3,平均121.8亿 m^3。

综合以上两时期分析,推荐将120亿 m^3 左右作为黄河每年5～9月适宜入海水量;参照1988～1992年逐月径流过程,5～6月利津径流总量应达21亿 m^3 左右。同时,建议加强该水域生态状况监测,待获得更多监测资料后再对以上数值进行修正。

5.5　鸟类生态需水量分析

根据湿地国际公约,湿地的定义是:不问其为天然或人工,长久或暂时之沼泽地、泥炭地或水域地带,带有或静止或流动、或为淡水、半咸水或咸水水体者,包括低潮时水深不超过6 m的水域。考虑到沿黄湿地实际情况和我国湿地管理现实,本节仅重点考虑各保护区的河漫滩地或介于水位变化带滩地部分,并将其称做陆域湿地。

5.5.1　河口三角洲陆域淡水湿地

由于水少沙多、水沙关系不协调,黄河下游河床淤积严重,遇大洪水易导致决口改道。公元前602年至1938年,黄河曾经发生过26次大的改道。现在的黄河三角洲是1855年兰考铜瓦厢决口改道后形成的。

同黄河下游相似,其河口段也具有堆积性强、摆动改道频繁的特点。150多年以来,伴随着河口流路"淤积—延伸—摆动—改道"的过程,形成了我国暖温带最完整、最广阔、最年轻的新生生态系统。丰富的水沙资源和相对较少的人类活动,使黄河三角洲成为中国三大河流三角洲中生物多样性最为丰富和最具保护价值的生态系统。

黄河三角洲是东亚至澳洲涉禽迁徙的重要停歇地和繁殖地,东北亚鹤类的重要越冬地和迁徙停歇地,世界珍稀濒危鸟类黑嘴鸥、东方白鹳、黑鹳等重要的繁殖、迁徙停歇地,以及其他如天鹅、斑嘴鹈鹕、红隼等保护性鸟类的重要的越冬地、迁徙停歇地和繁殖栖息地。据调查(引自黄河三角洲自然保护区科学考察集),这里共有鸟类283种(留鸟32种、夏候鸟63种、冬候鸟28种、旅鸟160种),其中国家一级保护鸟类9种,包括丹顶鹤、白头鹤、白鹤、东方白鹳、黑鹳、大鸨、金雕、白尾海雕、中华秋沙鸭等,二级保护鸟类41种;区内主要植被类型多样,共有植物393种,其中野大豆是国家二级保护植物。灌丛、河流、滩涂和沼泽等构成了生态类型多样的鸟类栖息与觅食的主要生境条件。

1992年,国家设立黄河三角洲国家级自然保护区,其主要保护对象为原生性湿地生态系统和濒危珍稀鸟类,特别是国际迁徙鸟类和国家重要保护鸟类的主要生境。保护区位于黄河渔洼以下(见图5-10),分南北两片,总面积15.3万hm²。目前,保护区有核心区面积5.8万hm²、缓冲区面积1.3万hm²。

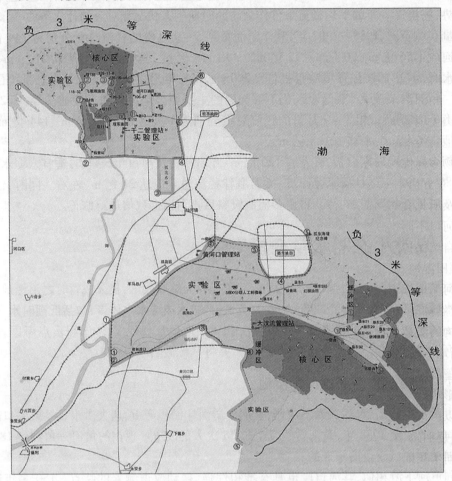

图5-10 黄河三角洲自然保护区范围

1986年至21世纪初,黄河连续枯水年和居高不下的流域人类用水使黄河三角洲淡水资源日益短缺,生态状况日趋恶化,陆域淡水湿地面积较20世纪80年代中期减少约60%,其中作为保护性鸟类主要生境的芦苇湿地面积减少了2/3,严重影响了珍稀鸟类赖以生存的环境。因此,合理确定黄河河口地区陆域湿地生态需水量成为科学研究的热点项目。

从已发表的文献来看,自然保护区内的陆域湿地生态需水是迄今研究最多的方面,研究者采用的思路基本上为基于降水—蒸发—补给的水量平衡法,而对具体生态单元或生物目标的需水涉及很少,更缺少根据生物多样性保护要求考虑多目标生物生境需水和生态系统的需水。因选择参数不同和考虑的空间范围不同,其计算结果变动在 15 亿~40 亿 m³。然而,文献对陆域湿地的各个单元对黄河径流的依赖程度、不同湿地单元内典型植被和鸟类在不同季节对淡水条件的要求等未给出明确的说明。

2005~2007 年,在中荷水利科技合作框架下,中荷联合工作组从该生态系统的结构、功能、物种多样性保护及其对黄河径流的依赖程度入手,着重分析其生态系统良性维持对黄河径流条件的需求。本研究认同、借用该成果,并在此成果基础上,结合黄河水资源供需形势,提出现阶段可用于黄河水量调度实践的利津断面(下距入海口 112 km)控制水量和流量。

河口不同鸟类栖息所要求的植被类型、盖度和食物资源各异,在考虑某种鸟类栖息生境需水时,主要应考虑其栖息和繁殖生境的植被需水与所需食物资源的生产或生长需水。黄河三角洲沼泽湿地是河口鹤类和鹳类代表性濒危鸟类栖息与繁殖的主要生境,也是河口鸟类生境需水计算的主要生态单元。但如果只考虑单一鸟类物种的生境需水,则可能对其他鸟类的繁衍和生存构成不利影响,故在考虑河口鸟类栖息生境需水问题时,应在遵循生物多样性保护原则基础上统筹考虑不同代表性鸟类生境的保护问题。在优先确定丹顶鹤、东方白鹳、黑鹳、灰鹤、蓑羽鹤等水生鸟类对乔木、灌丛和沼泽湿地等栖息植被生境要求及所觅食物生产或生长需水的同时,还需综合考虑黑嘴鸥、天鹅、绿头鸭、白琵鹭、鸳鸯等河口不同代表性鸟类栖息和觅食环境的需水要求。

自然保护区湿地类型丰富,主要包括芦苇沼泽湿地、香蒲沼泽湿地、潮滩和潮下带湿地、稻田湿地、盐田湿地、养殖池湿地等。天然状态下以黄河水为主要水源的湿地单元除少量河滩地外,主要是分布在入海流路两侧的芦苇湿地,包括芦苇沼泽、芦苇草甸、香蒲沼泽、天然柳湿地、水面等。其湿地生态类型因水分补给条件和土壤盐分的变化而发生功能与结构的演替。淡水不足时,湿地功能退化,其典型植被芦苇群落向白茅和旱生群落演替;当地下水盐度升高和土壤盐化趋势加剧时,芦苇、柽柳等淡水植被则向耐盐性较强的翅碱蓬群落演替。而其植被群落和生态景观格局的改变,将对河口不同鸟类的栖息生境产生影响。

以芦苇湿地为主要栖息地的重要鸟类包括丹顶鹤、东方白鹳、黑鹳、灰鹤、大天鹅、小天鹅、蓑羽鹤、绿头鸭、白琵鹭、鸳鸯、黑嘴鸥等。据观测,芦苇湿地的鸟类栖息和典型植被在不同生长期对水深的要求如表 5-9 所示。

表 5-9　鸟类和芦苇对水深的要求

需水时段	平均需水水深(cm)	需水水深范围(cm)	需水原因
4~6 月	30	10~50	芦苇发芽和生长
7~10 月	50	20~80	芦苇生长、鸟类栖息
11~3 月	20	10~20	满足鸟类越冬栖息需要

陆域湿地所需要的黄河水量显然取决于芦苇湿地的保护规模。据遥感影像,1992 年自然保护区设立时的芦苇湿地面积为 2.36 万 hm²。20 世纪 80 年代前,芦苇湿地的淡水

补给主要靠黄河漫滩洪水和侧渗。目前,因堤防阻隔,芦苇湿地已不得不靠人工引水,可能利用黄河水的芦苇湿地分布在清水沟流路两侧,面积约 1.07 万 hm² (2005 年遥感资料)。鉴于此,将 2.36 万 hm² 和 1.07 万 hm² 分别作为芦苇湿地保护的适宜目标和最低目标,其分布见图 5-11 和图 5-12。

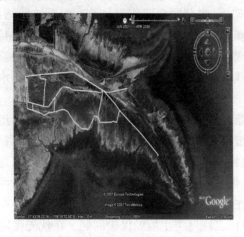

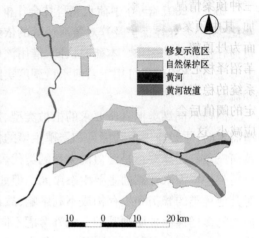

图 5-11　最低目标下的湿地补水范围　　　　图 5-12　适宜目标下的湿地补水范围

　　针对适宜目标,在考虑地表和地下水转换及植物蒸散发基础上,利用 LEDESS 景观模拟和情景分析模型,计算了不同补水条件下湿地景观的演变情况,并选取代表性的 2.8 亿 m³、3.5 亿 m³ 和 4.2 亿 m³ 等三种不同补水下(见表 5-10)芦苇沼泽、芦苇草甸、水面、翅碱蓬和柽柳灌丛等典型鸟类生境的变化情况及其对典型鸟类数量的影响进行分析。

表 5-10　湿地补水方案设计

方案		方案 A	方案 B	方案 C
补水影响范围(hm²)		23 614	23 614	23 614
补水月份		3~10 月	3~10 月	3~10 月
平均补水水深(cm)		15	30	45
补水量(亿 m³)	南部	2.36	2.96	3.54
	北部	0.44	0.54	0.66
	合计	2.8	3.5	4.2

　　不同补水方案下自然保护区湿地 5 年后的生境变化见图 5-13。从图可以看出,三种引水预案都能够显著提高芦苇湿地尤其是芦苇沼泽的面积,其中芦苇沼泽面积则从现状的 5 600 hm² 分别增加到 15 800 hm²、16 400 hm²、17 700 hm²,广泛分布于引水补给区低洼处;各补水预案措施下,芦苇草甸面积则变化不大,方案 C 条件下较现状减少约 200 hm²,但芦苇草甸的空间分布或景观格局较现状有很大不同,原有的芦苇草甸由于淡水补给大多演化为芦苇沼泽,而新生成的芦苇草甸则分布在补给区内地势较高部位及补给区周边。在潮上带及部分潮间带,由于淡水资源的补给,咸淡水混合的环境更有利于翅碱蓬

的生长。三种引水预案下的翅碱蓬滩涂面积有很大幅度的增加,但彼此差别较小,从 4 500 hm² 增加到修复后的 7 000 hm²。由此可以看出,芦苇湿地淡水对滩涂的补给使翅碱蓬滩涂的面积显著增加,在实施科学的补水方案情况下,芦苇植被的扩展并不会对以滩涂尤其是翅碱蓬滩涂为主要栖息地的珍稀鸟类如黑嘴鸥的生境造成太大影响。柽柳灌丛三种预案情况下,面积较现状均有增加,但变化幅度不大。水面面积各预案均有大幅度增加,其中预案 C 增加最为显著,从现状 500 hm² 增至约 3 100 hm²。水面面积的增加,一方面为丹顶鹤、白鹳、大天鹅、小天鹅、疣鼻天鹅等许多水禽提供了理想栖息地;另一方面芦苇沼泽核心区的水面可以在旱季作为湿地的水源和鸟类的饮水源,有利于河口湿地生态系统的稳定与健康发展。当然,对芦苇湿地的修复并非引水量越大越好,湿地水深超过一定的阈值后会对芦苇生长形成抑制,这时加大引水量只能增加水面面积,而芦苇面积则相应减小,这一点从预案 A 到预案 C 芦苇湿地面积的变化可以看出。

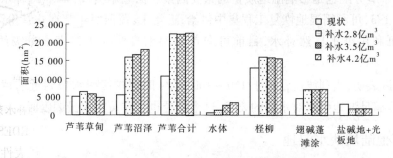

图 5-13 不同补水方案的典型植被面积变化

不同补水量条件下,黄河三角洲指示物种数量将较现状显著增加(见图 5-14),表明退化的芦苇湿地、盐碱地已被湿地修复新产生的高质量芦苇沼泽所替代,成为丹顶鹤、东方白鹳和小天鹅等淡水沼泽鸟类适宜的栖息地;保护区黑嘴鸥的数量也较有所增长,但增长缓慢,仅增加 1.3 倍左右,原因在于其适宜的生境为咸淡水交替的滩涂,芦苇湿地的恢复对黑嘴鸥的栖息地带来了一定的淡水补充,产生了一定的有利影响,但仅靠补水对黑嘴鸥栖息地修复作用并不十分明显,过多的补水反而会不利于黑嘴鸥栖息地质量的提高。

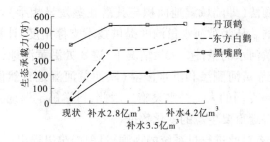

图 5-14 不同补水方案的典型鸟类数量变化

综上分析可见,三方案都能有效提高芦苇湿地(尤其是芦苇沼泽)的面积,原有的芦苇草甸因淡水补给大多演化为芦苇沼泽,而新生芦苇草甸则分布在补给区内地势较高部位及周边;鸟类数量随水量增加和植被条件改善而增加。但当水深超过一定阈值后,沼泽湿地周边的草甸和灌丛等季节性湿地面积和功能也会受到抑制,沼泽芦苇生物量下降,芦苇面积和盖度会减小,黑嘴鸥的生境面积和功能受到胁迫。综合分析不同补水方案的生态效益和经济投入,认为补水量3.5亿 m^3 可作为实现1992年芦苇湿地规模所需要黄河补给的适宜水量。湿地补水后少部分以蒸腾、蒸发和渗漏形式消耗,大部分则在深秋后放归大海,待来年重新补水,以保证湿地良好水质和鸟类对越冬期生境的要求。

由于黄河入海流路的改变,北部刁口河流路附近的湿地早已与黄河径流脱离联系,人工补水成本很高,故本不需在生态需水计算时考虑。不过,当黄河丰水年来临时,可以结合黄河备用入海流路的保护使刁口河流路适时行水,对该区湿地适当补水。

仍按以上思路,可推出将芦苇湿地维持在现状规模(1.07万 hm^2)需要黄河补给的水量,约1.6亿 m^3。该水量与保护区主管部门近年向黄河水资源主管部门提出的用水要求基本一致(1.5亿~2亿 m^3)。

补水量季节分配也是影响湿地质量的重要因素。据近年实践,4~5月补水量最好达总补水量的1/3,可利用湿地恢复工程集中供给;近年来,黄河每年都在6月份调水调沙,故6~9月可利用洪水自然补水,目前可向芦苇湿地自然补水的洪水量级约为3 000 m^3/s。

多年实践表明,当利津流量小于150~160 m^3/s 时保护区引水口附近的黄河水体呈半咸水,不能满足湿地引水对水质的要求,这个问题也应在黄河水量调度时给予关注。

5.5.2 其他陆域淡水湿地

位于兰州—利津区间的黄河湿地保护区有9处。分析这9处湿地的特点可见,其中黄河青铜峡水库和河南黄河湿地的三门峡库区段等实际上就是水库本身,因此没必要考虑其生态需水问题。真正需要考虑生态需水的湿地全部位于黄河的平原河段,包括内蒙古杭锦淖尔自然保护区、内蒙古包头南海子湿地自然保护区、陕西黄河湿地自然保护区、山西运城湿地自然保护区、河南黄河湿地国家级自然保护区、河南新乡黄河湿地国家级自然保护区、河南郑州黄河湿地自然保护区、河南开封柳园口自然保护区等。湿地用水的关键季节为每年的3~10月。

直接采用水量平衡法(即陆域湿地面积与其潜在蒸发量相乘)计算湿地对黄河径流条件的要求是不合理的。从为黄河水量调度提供技术支撑角度,计算湿地生态需水时必须考虑湿地可能利用黄河水的条件。天然情况下,这8处沿黄湿地(陆域部分)的水源除了天然降水外,大多依靠黄河侧渗和洪水漫溢(陕西黄河湿地自然保护区的部分地区依靠泉水),目前基本不设专门的人工补水设施。因此,科学确定湿地生态需水需要依赖黄河不同流量情况下的湿地重要生境的变化数据。

然而,由于以往没有对此进行过系统的观测,目前尚难以提出一套科学合理的生态流量推荐意见。建议暂将相应河段鱼类生态需水作为该河段陆域湿地生态需水,未来需要湿地主管部门与水利部门合作,开展黄河不同流量情况下的湿地重要生境的变化情况监测,进一步修改完善现有成果。

值得注意的是,湿地补水可集中进行。2008年3月上中旬,结合内蒙古河段防凌分洪,使内蒙古杭锦淖尔和包头南海子两保护区得到约6 000万 m^3 的黄河水补给。

5.6 海岸稳定对黄河径流条件的要求

以上计算三角洲陆域湿地生态需水时,没有考虑海岸线的稳定性对湿地规模的影响。实际上,由于黄河河口三角洲湿地是伴随河口流路"淤积—延伸—摆动—改道"的造陆过程而产生的,因此海岸线稳定性也是维持黄河三角洲陆域湿地稳定和发育的重要因素,而三角洲海岸的淤进或蚀退则是海洋动力(包括波浪和海流)与黄河入海水沙相互作用的结果。

历史上,黄河三角洲岸线的淤进和蚀退现象是并存的,即新流路口门附近的岸线不断淤进,原流路口门附近的岸线则发生蚀退,但由于黄河来沙量很大,新口门的淤积一般远大于老口门的蚀退,因此三角洲海岸线总体上处于淤进状态,年均净造陆达 24 km² 左右。但 1986 年以来,由于进入河口地区的水沙量大幅度减少(表 5-11),结果出现了人们始料未及的河口岸线蚀退现象。根据观测资料,1992～2007 年,黄河三角洲北部海岸平均蚀退 1 km 左右;南部海岸 2000 年以前基本平衡,2000 年以后轻微淤积,海岸平均淤伸 0.3 km 左右;黄河三角洲海岸线总体上处于蚀退状态,1992～2007 年年均蚀退 3.89 km²。

表 5-11 利津断面水沙变化

项目	1950～1963	1964～1975	1976～1995	1996～2007
年径流量(亿 m³)	465.84	431.73	257.25	123.27
年输沙量(亿 t)	11.48	11.16	6.44	1.85

河口岸线蚀退显然有利于减轻黄河下游河槽淤积,但对河口三角洲生态系统和当地经济带来诸多负面影响。据胡春宏和庞家珍等分析,虽然各时期黄河口来沙量不同、尾闾河道和滨海淤积量不同,但输沙至深海的年沙量却大致维持在 2 亿～2.4 亿 t。当利津年沙量达 2 亿～2.4 亿 t 时,河口附近岸线基本平衡;当利津年来沙量达 3 亿～3.5 亿 t,三角洲岸线基本呈动态平衡状态。因此,要维持清水沟流路附近的陆域湿地稳定,应当使进入河口的泥沙量不小于 2 亿～2.4 亿 t;要维持三角洲自然保护区所有陆域湿地稳定,应使进入河口的泥沙量不小于 3 亿 t 左右,不过此时的"稳定"并不意味着刁口河流路附近的湿地海岸线不蚀退。

按多年平均水平推测,在河口地区来沙 2 亿～3 亿 t 时,黄河下游相应来沙量约 4 亿 t。在未来黄河水沙条件下,该数值显然不对下游主槽的维持构成明显威胁:小浪底水库拦沙期结束前,进入下游的泥沙量一般应在 5 亿～6 亿 t。

实测资料表明,河口汛期来水量和来沙量基本同步。当利津来沙达 2 亿～3 亿 t 水平时,其汛期径流量在 70 亿～90 亿 m³(见图 5-15)。因此,维护三角洲陆域湿地稳定的泥沙条件"利津来沙量不小于 2 亿～3 亿 t"也可以表达为"汛期水量不小于 70 亿～90 亿 m³",该水量显然可以被维持下游主槽不萎缩的汛期输沙水量所覆盖。

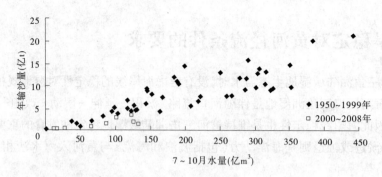

图5-15 利津断面来水来沙关系图(1952~2008年)

5.7 水生态保护对径流连续性的要求

鱼类对黄河径流条件的要求不仅体现在不同生长期的流量大小及其持续时间,而且体现在径流连续性。传统的理念认为,水电属绿色能源,应大力开发。但近一个世纪以来全世界水电开发的实践却证明,不当或过度的水电开发已经使很多河流出现了严重的健康恶化问题,包括因截断鱼类通道和改变鱼类生境等引起的土著鱼类减少甚或灭绝、因水体不流动而导致的库区水质恶化、因水沙条件改变等引起的下游河床过度淤积或过度冲刷等。由此可见,如何平衡水电开发的经济利益和对河流健康带来的危害,已经成为关系到区域经济社会能否可持续发展的重要问题。

水库对黄河鱼类的负面影响主要反映在鱼类产卵期,重点是产沉性卵、漂性卵和溪流环境产卵的鱼类。产沉性卵的鱼类多为青藏高原冷水鱼类,它们除了需要有合适产卵地点,还要有水流刺激和流水条件,水温能够满足孵化要求,水深过大也使鱼卵窒息死亡,河流的流水环境是这种鱼类产卵场能否存在的重要因素。峡谷地带是黄河龙羊峡以上河段似鲇高原鳅的主要栖息地和产卵场,产卵期需要流速刺激,水电站建设将使这样的产卵场破坏。对于产漂流卵的鱼类,如四大家鱼,影响其产卵的主要因素是水流速度、温度、流程,这种鱼一定要洄游到受精卵正常孵化的距离后产卵才能使卵孵化成活,如果距离短,受精卵就会沉入水底,窒息死亡。

大坝阻隔不仅切断鱼类生殖洄游的通道,而且水库的低温还延长鱼卵的孵化期,增加病毒感染风险,降低孵化率;水库水位变化频繁不利于回水区植被生长,进而破坏鱼类产卵环境。

不过,水库对鱼类索饵和越冬多为正面影响。水库增加了浮游生物和底栖生物,使基础饵料资源增多。水库的水深大、流速慢、冬季底层温度高,且饵料丰富,所以对鱼类越冬非常有利。不过,对急流鱼类,水库的建成改变了它的生境,所以可能使其灭绝,进而会影响以其为食的鱼类生长。

综合考虑多方面因素,从维护黄河水生态健康角度,人类应尽可能少修拦河大坝,至少尽可能不在重要保护鱼类、重要土著鱼类和濒危鱼类的主要栖息地修建拦河大坝。不过,对于本研究重点关注的黄河兰州以下的适宜建坝河段,规划的水电工程多已建成或在建。

在河漫滩修建的高出滩面的河势控制工程可能会对河漫滩湿地补水带来负面影响。以黄河河口自然保护区为例,沿清水沟流路修建的导流堤使湿地淡水补给方式由原来的自然漫溢改变为人工补水，从而使其淡水湿地补水量较以往明显减少。

5.8 小结

调查黄河水生态系统可见，目前黄河干流有 5 种鱼列入濒危鱼类名录，黄河鲤和兰州鲇等多种鱼类列入省区保护名录，国家 I 级保护鸟类十几种和 II 级保护鸟类几十种，为此，国家和相关省区在黄河重要鸟类或鱼类的栖息地河段设立了 15 个省级以上湿地自然保护区和 10 个鱼类种质资源保护区。

通过分析黄河的河流生态系统特点、组成和现状，并充分考虑生态健康指标及其标准的易接受性和可操作性，选择"鸟类和鱼类的种类与数量"作为河流生态健康指标，将"保护区鸟类或鱼类的种类和数量达到 20 世纪 80 年代后期或 90 年代初期水平"作为适宜标准，将"保护区重要保护鸟类或鱼类的种类和数量较现状有所改善"作为低限标准和现阶段生态恢复目标。

流量、水量、水质、含沙量和径流连续性等是影响黄河水生态健康的最重要的水力要素：流量的时空分布、洪水的周期性发生及其持续时间、极小流量发生频率等对河流生态系统中的水生生物繁衍生息至关重要，是水生生物组成和群落结构的决定性因素；天然流态是河流水生生物最需要的流态；水库大坝对黄河鱼类的负面影响主要反映在鱼类产卵期，重点是产沉性卵、漂性卵和溪流环境产卵的鱼类，而对鱼类索饵和越冬则多为正面影响。20 世纪 80 年代以来，黄河平原河段生态恶化的主要水力因素是洪水减少和水质恶化；龙羊峡以下峡谷河段生态恶化的主要水力因素是大坝建设和水质恶化；河口段生态恶化的主要水力因素是 3～9 月入海流量和水量均大幅度减少。

本书重点分析了黄河河口地区的生态需水。通过分析黄河三角洲生态系统的结构、组成和功能演替特点，认为该区的生态关键期为 5～9 月；将黄河渔洼以下三角洲生态系统中的陆域湿地、河流湿地和近海水域等三个重要生态单元的生态需水分别分析并进行耦合，即可提出它们对黄河入海水量及其流量过程的共同要求：在 5～6 月，利津应具有的适宜径流条件应为芦苇湿地生态需水（1.2 亿 m³）、河流鱼类生态需水（250 m³/s + 小脉冲洪水）和近海水域生态需水（21 亿 m³ 左右）的外包线，耦合后的流量为"250 m³/s（最低不低于 160 m³/s）+ 小脉冲洪水"、总水量约 22 亿 m³；在 7～9 月，流量大于 3 000 m³/s 的洪水不仅可满足鱼类觅食的要求，也可满足芦苇湿地自然补水的要求，平水期流量不低于 200～300 m³/s，总水量则暂按满足近海水生生物的要求进行控制（约 100 亿 m³）；其他时段按基本满足淡水鱼类要求，如 11～4 月流量应不低于 70～80 m³/s，并争取达到 120 m³/s。

项目研究认为，鉴于水质恶化和 6～9 月漫滩洪水减少是导致黄河干流平原河段鱼类减少的主要径流因素，且花园口以上各断面 11～3 月自净流量均可达其天然流量的 80%以上，4～6 月可达天然流量的 30%～60%，河漫滩湿地从黄河补水的方式又主要靠洪水漫滩和侧渗，故将该河段自净需水与 6～9 月漫滩洪水的耦合作为其生态需水，并用典型鱼类在关键期对径流条件的要求进行修正，其结果见表 5-5 和表 5-6。

从维护黄河水生态健康角度，人类应尽可能不在重要保护鱼类、重要土著鱼类和濒危鱼类的主要栖息地修建拦河大坝，并尽可能使滩地上的河势控制工程顶面不高于滩面高程。

第6章 黄河环境流耦合分析

6.1 黄河自然功能需水耦合分析

第3章至第5章分别分析了维持黄河重点河段主槽不萎缩所需要的汛期水量及其过程、实现现阶段水质目标所需要的自净流量、实现现阶段生态目标所需要的生态水量及其过程。将以上三方面需水耦合,即为维持黄河良好自然功能所需要的径流条件。对黄河兰州以下河段,因径流连续性已难以恢复,故其环境流主要体现在流量和水量两方面。

以下以利津、头道拐和花园口断面为例,说明自然功能需水的耦合过程。

1)利津断面

(1)汛期7~10月。在确定汛期径流条件时,应考虑维持下游良好主槽的水量要求(即在来沙6.5亿~8亿t情况下185亿~230亿m³,来沙极少情况下110亿~120亿m³)和流量要求(洪水量级不小于2 500 m³/s,并尽可能大于3 500 m³/s),也应考虑近海水域要求的7~9月入海水量应达100亿m³左右、陆域淡水湿地和河道内淡水鱼类希望有一定历时的"漫滩"洪水(流量应大于2 500~3 000 m³/s)且平水期流量不低于200~300 m³/s(即满足鱼类洄游和淡水湿地对河水盐度的要求)。耦合后的汛期需水量为185亿~230亿m³(最低约115亿m³),汛期流量按洪水期不低于2 500~3 000 m³/s且尽可能大于3 500 m³/s,平水期200~500 m³/s。

(2)非汛期11~6月。在确定非汛期径流条件时,认为5~6月为生态关键期,利津应具有的适宜径流条件应为芦苇湿地生态需水(1.2亿m³)、河流鱼类生态需水(250 m³/s+小脉冲洪水)和近海水域生态需水(21亿m³左右)的外包线,耦合后的流量为"250 m³/s(最少不低于150 m³/s)+小脉冲洪水",总水量约22亿m³。11~4月流量应不低于70~80 m³/s,并争取达120 m³/s左右。

2)头道拐断面

(1)汛期。由于该河段生态和自净所需要的流量和水量均不大,其汛期自然功能需水量的确定主要考虑维持良好主槽对流量和水量的要求,即洪水流量应尽可能达到1 500~2 000 m³/s以上;若孔兑不发生洪水则汛期需水量为90亿m³左右,该水量可以视为内蒙古河段的汛期最小需水量;若孔兑每3年左右发生1次洪水,则年均汛期需水量应达110亿m³以上。在汛期的平水期,流量200~300 m³/s可满足水环境和水生态的用水需求。

(2)非汛期。5~6月是该河段鱼类产卵关键期,在此期间流量应达200 m³/s以上,最低不低于180 m³/s;其他月份应不低于75 m³/s,并力争120 m³/s以上。

3)花园口断面

前文已经对花园口断面的自净需水和生态需水进行分析并耦合,此处重点讨论高村以下河槽减淤对花园口流量的要求,以推求花园口断面在平水期的上限流量。平水期高村以下河槽淤积主要发生在 3~6 月的下游灌溉高峰期,前文分析认为,要减轻该时期高村以下淤积,花园口断面流量应不大于下游引水流量、利津断面环境流量和花园口以下自然损耗量之和,经估算(见表 6-1),其值大体在 700~900 m³/s。考虑以往研究成果的应用情况,将小于 800 m³/s 作为灌溉期花园口断面控制流量。

表 6-1 3~6 月花园口断面控制流量 （单位:m³/s）

项目	3 月	4 月	5 月	6 月
下游经济用水(2000 年以来平均)	535	605	455	322
利津环境流量	120	120	250	250
下游自然损耗(含未控引水)	100	125	120	80
花园口控制流量	735	850	825	652

注:表中引用的下游自然损耗量(含未控引水)为近 3 年来的实测均值。

此外,黄河自身的水文特点也是耦合时必须考虑的因素,重点体现河流上下段的流量协调和水量平衡。例如,头道拐和潼关断面天然径流量分别占全河的 62% 和 90%,如果要求利津断面下泄水量不低于 200 亿 m³,则头道拐和潼关断面的下泄水量应不低于 124 亿 m³ 和 180 亿 m³;如果要求龙门站流量达到 240 m³/s,则头道拐流量至少应达 200 m³/s;因花园口以下河段在非洪水期支流水加入很少,故若利津断面要求保证最小流量 120 m³/s,考虑下游沿程自然蒸发和渗漏(含未控引水,据近年实测资料,3~6 月约 150 m³/s、其他月份约 60 m³/s),则花园口断面流量应达 180~270 m³/s;中游因有支流沿程加入,可忽略此因素。

依照以上思路,可提出黄河各重要断面的自然功能需水量见表 6-2~表 6-4。鉴于干旱和特大干旱发生时所有用水都应压缩,故在低限环境流量耦合时 3~6 月的自然损耗水量取值稍低。耦合后,花园口断面 11~3 月和 4 月低限环境流量应为 170 m³/s 和 180 m³/s,考虑到历史时期花园口实测流量均大于 180 m³/s,故从便于操作角度将 11~4 月花园口低限流量取值为 180 m³/s。

表 6-2 基本维持黄河良好自然功能的适宜流量 （单位:m³/s）

断面	1 月	2 月	3 月	4 月	5 月	6 月	7 月~10 月	11 月	12 月
兰州	350	350	350	350	350	350	或洪水,或 350	350	350
下河沿	340	340	340	340	340	340	或洪水,或 340	340	340
石嘴山	330	330	330	330	330	330	或洪水,或 330	330	330
头道拐	200	200	200	200	200	200	或洪水,或 300	200	200
龙门	240	240	240	240	240	240	或洪水,或 400	240	240
潼关	300	300	300	300	300	300	或洪水,或 500	300	300
花园口	320~340,灌溉期 <800				400★,灌溉期 <800		或洪水,或 400	320~340	
利津	120	130	170	190	250 ★		或洪水,或 300~400	190	130

表 6-3　基本维持黄河良好自然功能的低限流量　　　　（单位:m³/s）

断面	1 月	2 月	3 月	4 月	5 月	6 月	7 ~ 10 月	11 ~ 12 月
兰州	350						或洪水,或 350	350
下河沿	340						或洪水,或 340	340
石嘴山	330						或洪水,或 330	330
头道拐	75				180		或洪水,或 200	75
龙门	130				180		或洪水,或 230	130
潼关	150				180		或洪水,或 250	150
花园口	180				300		或洪水,或 300	180
利津	70 ~ 80				160★		或洪水,或 200 ~ 300	70 ~ 80

注:★表示小脉冲洪水。"洪水"在宁蒙河段的量级应尽可能不低于 1 500 ~ 2 000 m³/s,在下游应尽可能不低于 2 500 m³/s。各河段应尽可能有漫滩洪水发生,其中下游大漫滩洪水频率应达 5 年左右一次。

表 6-4　基本维持黄河良好自然功能的需水量

断面名称	年水量(亿 m³)		汛期水量(亿 m³)	
	适宜	低限	适宜	低限
头道拐	152	110	110	90
利津	235 ~ 280	145	185 ~ 230	115

注:头道拐断面水量计算时按孔兑每 3 年发生 1 次洪水,并将该年维持良好主槽的汛期需水量平均到 3 年内而得。

6.2　黄河自然功能用水的社会约束因素

环境流是河流自然功能的用水需求,是确定人类开发利用水资源的上限约束条件,但它并不直接等于河流各项自然功能需水的耦合。根据本书给出的河流环境流定义,环境流的确定不仅要考虑将河流的河道、水质和生态维持在良好状态所需要的河川径流条件,而且要考虑黄河自然功能和社会功能的均衡发挥。因此,要合理确定黄河各重要断面环境流,还必须全面分析其他用水户对河川径流条件的要求,以明晰黄河环境流的约束因素。

6.2.1　"八七"分水方案

国务院颁布的"八七"分水方案是确定环境流所必须考虑的首要因素。

按照 1987 年国务院颁布的黄河可供水量分配方案,黄河 580 亿 m³(1919 ~ 1975 年系列)的地表水资源量中的 370 亿 m³ 分配给沿黄各省区,成为相关省区的法定初始水权。黄河分水方案既是人们对黄河水文特点和社会经济背景的科研成果,更是相关省区和部门反复协商与平衡的结果。近 20 年来,该分水方案一直是黄河水资源管理和调度的基本依据,并逐渐得到相关省区的一致认可;2006 年,国务院颁布的《黄河水量调度条例》(国务院 2006 年 472 号令)对其落实方法进一步明确。因此,在没有较大外部水源补充黄河前(如西线南水北调工程),几乎不可能对此方案进行调整。

由于国务院"八七"分水方案的约束,在没有较大外部水源补充黄河之前,未来流域多年平均降水情况下可能进入黄河下游的水量难以超过270亿~295亿 m³。扣除汛期花园口以下人类用水(分水指标约30亿 m³,1999~2007年以来下游汛期实际年均耗水约20亿 m³),则利津断面汛期实际可能用于环境的年均水量难以超过140亿 m³ 左右,该值大体相当于2004~2007年的实际情况(含近年6月用于调水调沙的洪峰水量)。在此情况下,根据第3章中的式(3-14)和式(3-15),要维持黄河下游主槽不萎缩,即使小浪底水库可以通过"拦粗排细"使进入下游的细泥沙比例由历史上的55%左右提高到65%左右,也必须控制进入下游的泥沙量不超过5亿~6亿 t(注:1986~1999年花园口年均径流量276.5亿 m³、年均输沙量6.84亿 t,同期潼关年均输沙量7.77亿 t)。

为了深入认识因下游输沙用水量不足所可能导致的下游冲淤情景,利用黄河下游准二维非恒定流水沙演进数学模型,以2008年汛前下游地形为初始地形(对个别断面稍作处理,使所有断面平滩流量均达到4 000 m³/s 以上),计算了未来2008~2030年期间在"花园口年来沙分别为5.4亿 t和6.4亿 t、下游大漫滩洪水分别发生4次和5次"等多种情景的下游各断面平滩流量变化情况,其中"4次大漫滩洪水"方案的漫滩洪水量级分别为7 860 m³/s、6 600 m³/s、6 600 m³/s 和7 860 m³/s,"5次大漫滩洪水"方案较"4次大漫滩洪水方案"增加1场量级为6 600 m³/s 的漫滩洪水。计算采用的水沙系列以"1990~1999年+1978~1980年+1990~1993年+1997~1999年+1978~1979+1996年"花园口断面日均流量和含沙量为基础,花园口断面年来水量基本为275亿 m³ 左右。在此期间,小浪底水库的调控方式设计为:

(1)非汛期调控方式。设计的非汛期调控方式主要参考小浪底水库运用以来的花园口站实际非汛期水沙过程及组成、下游非汛期冲淤量;当该年非汛期来水量相对较多时,汛前调水调沙人造洪水的水量设计为40亿 m³ 左右;当该年非汛期来水量较少时,汛前调水调沙的水量设计为30亿 m³ 左右;调水调沙最大日均为流量4 000 m³/s。

(2)汛期调控方式。当预计花园口日均流量大于6 000 m³/s 时,不改变原水沙过程及组成,使下游自由漫滩;预计花园口日均流量小于4 000 m³/s 且含沙量小于100 kg/m³时,不改变原水沙过程及组成;预计花园口日均流量小于4 000 m³/s 且含沙量大于100 kg/m³ 时,将小流量调至2 500~4 000 m³/s;视洪水水量将流量4 000~6 000 m³/s 的洪水调至大于6 000 m³/s 或4 000 m³/s 左右。

(3)泥沙级配。鉴于小浪底水库拦粗排细的运行方式,计算时假定:若花园口断面粒径小于0.025 mm的细沙比例小于65%,调至65%下泄;若花园口断面粒径小于0.025 mm的细沙比例大于65%,自由下泄。

按此方式调控后,花园口汛期水量(含每年汛前6月份造峰洪量)为90亿~224亿 m³,平均约159亿 m³;利津断面汛期水量(含每年汛前6月份造峰洪量)135亿~140亿 m³。

计算结果表明(见表6-5和表6-6):①若未来23年内仅有4次大漫滩洪水,且没有"58·8"或"82·8"那样的大量级漫滩洪水出现,在花园口年来沙量5.4亿 t(相应小浪底水库出库沙量6亿~6.3亿 t)情况下,2030年孙口以下河段平滩流量可维持在3 800~3 900 m³/s,孙口以上可维持在4 000~4 500 m³/s;若花园口来沙量为6.4亿 t,则孙口以下河段平滩流量只能达到 3 600～3 700 m³/s。②若将大漫滩洪水增加为 5 次(花园口年来沙为 5.5 亿 t),则 2030 年孙口以下河段平滩流量可提高至 3 860～3 950 m³/s,其他河段可以维持 4 000 m³/s 以上。

表 6-5　下游不同来沙量情况下冲淤结果(23 年内 4 次大漫滩洪水)

| 河段 | 花园口来沙 6.4 亿 t | | | | 花园口年来沙 5.4 亿 t | | | |
| | 冲淤量(亿 t) | | 平滩流量(m³/s) | | 冲淤量(亿 t) | | 平滩流量(m³/s) | |
	全断面	河槽	时段初	时段末	全断面	河槽	时段初	时段末
花园口—夹河滩	5.95	4.37	6 150	4 310	5.19	3.67	6 150	4 550
夹河滩—高村	4.62	2.76	5 450	4 290	4.09	2.29	5 450	4 510
高村—孙口	2.66	1.38	4 300	3 840	2.30	1.09	4 300	4 050
孙口—艾山	1.73	1.08	4 000	3 610	1.46	0.84	4 000	3 810
艾山—泺口	1.10	0.69	4 000	3 630	0.92	0.55	4 000	3 840
泺口—利津	0.91	0.42	4 100	3 680	0.79	0.33	4 100	3 890
花园口—利津	16.97	10.69			14.75	8.76		

表 6-6　下游不同来沙量情况下冲淤结果(23 年内 5 次大漫滩洪水,花园口来沙 5.5 亿 t)

河段	全断面冲淤(亿 t)	河槽冲淤(亿 t)	时段初平滩流量(m³/s)	时段末平滩流量(m³/s)
花园口—夹河滩	5.70	3.78	6 150	4 610
夹河滩—高村	4.67	2.41	5 450	4 580
高村—孙口	2.44	0.94	4 300	4 100
孙口—艾山	1.43	0.68	4 000	3 860
艾山—泺口	0.84	0.44	4 000	3 900
泺口—利津	0.71	0.21	4 100	3 950
花园口—利津	15.79	8.46		

由此可见,在未来正常来水年份(花园口年水量 275 亿 m³ 和汛期水量 160 亿 m³,每 5～6 年有 1 次大漫滩洪水),要实现 2030 年之前下游平滩流量维持在 4 000 m³/s 左右的目标,必须控制花园口沙量不超过 5.5 亿 t。

通过以上分析,建议将 140 亿 m³ 作为未来多年平均情况下黄河必须保障的汛期输沙水量。由于该水量是以"花园口来沙量 5.5 亿 t 左右"为前提的,而这样的来沙水平可以通过水库拦沙等措施实现,故建议同时将"花园口来沙量不超过 5.5 亿 t"也作为维护黄河健康的约束性指标。对照河口段和近海生态需水计算结果,140 亿 m³ 也能够满足其生态用水要求。

落实分水方案过程中也要考虑黄河的水文特点。如头道拐断面天然径流量占全河的 62%,则该断面以上区域需要承担的向社会供水任务应为 229.4 亿 m³(按 370×62%),鉴于目前头道拐断面以上省区的分水指标约为 127 亿 m³,且黄河天然径流量已由 580 亿 m³ 降低至 535 亿 m³,故从保障中下游向社会正常供水角度,头道拐断面应保障的下泄水量约为 85 亿 m^3,其低限值按现状全河耗水 300 亿 m^3 为基础进行推算,约 60 亿 m^3。

6.2.2 经济用水关键期

人类用水高峰的时段分布也是确定环境流时需要重点考虑的因素。从近年来黄河水量统一调度的实践看,该因素对利津断面尤其重要。

实践表明,每年 3~6 月是黄河下游农业灌溉用水的高峰(约占全年的 55%),是最难保障入海水量的时段。对比鱼类生态习性可见,3~4 月尚不是该区绝大多数鱼类产卵的关键期,故利津断面流量可按基本满足鱼类洄游通道要求适当压缩;12~2 月是鱼类生长的越冬期,故可按基本满足鱼类洄游通道和越冬期水深要求对计算流量进行适当压缩。此外,汛期的平水期可按基本满足淡水鱼类洄游要求掌握(因黄河青铜峡以下河段的鱼类主要为静水鱼类,满足其洄游通道要求的流量为 200~300 m^3/s);11 月并非鱼类生长的关键期,其流量也可按满足洄游通道掌握。考虑以上因素,可将表 5-8 数据调整为表 6-7,其中 5~6 月利津断面径流量适宜值仍应达 22 亿 m^3 以上(含陆域湿地生态用水)。

表 6-7 黄河河口段河流湿地可用生态流量(利津断面) (单位:m^3/s)

月份	1 月	2 月	3 月	4 月	5 月	6 月	7 月	8 月	9 月	10 月	11 月	12 月
最小	75				150★		或 200 左右,或 ≥3 500				75	
适宜	120	120	120	120	250★		或 300 左右,或 ≥3 500				120	120

注:表中★表示该时段不仅要满足表中数据要求,而且还要间断释放流量 300~500 m^3/s 的小脉冲洪水,以满足鱼类产卵要求。

6.3 黄河环境流耦合结果

统筹考虑自然功能用水和社会功能用水的平衡,并充分考虑河流上下游水流连续性,可提出维持黄河重要河段各断面适宜环境流量和环境水量,环境流量和环境水量共同构成黄河的环境流。不过,低限环境流不受社会功能需水的影响,本书仅从可操作、易使用角度稍作归整。耦合结果见表 6-8~表 6-10。

表 6-8 黄河重要断面适宜环境流量 (单位:m^3/s)

断面	1 月	2 月	3 月	4 月	5 月	6 月	7~10 月	11 月	12 月
兰州	350	350	350	350	350	350	或洪水,或 350	350	350
下河沿	340	340	340	340	340	340	或洪水,或 340	340	340
石嘴山	330	330	330	330	330	330	或洪水,或 330	330	330
头道拐	200	200	200	200	200	200	或洪水,或 300	200	200
龙门	240	240	240	240	240	240	或洪水,或 400	240	240
潼关	300	300	300	300	300	300	或洪水,或 500	300	300
花园口	320,灌溉期 <800				400★,灌溉期 <800		或洪水,或 400	320	
利津	120	120	120	120	250★		或洪水,或 300	120	120

注:★表示小脉冲洪水。"洪水"在宁蒙河段的量级应尽可能不低于 1 500~2 000 m^3/s,在下游应尽可能不低于 2 500 m^3/s,各河段应尽可能有漫滩洪水发生,其中下游大漫滩洪水频率应达 5 年左右一次。下同。

表 6-9　黄河重要断面低限环境流量　　　　　　　　　（单位:m³/s）

断面	1 月	2 月	3 月	4 月	5 月	6 月	7 ~ 10 月	11 ~ 12 月
兰州	350						或洪水,或 350	350
下河沿	340						或洪水,或 340	340
石嘴山	330						或洪水,或 330	330
头道拐	80				180		或洪水,或 200	80
龙门	200						或洪水,或 200	200
潼关	150			180			或洪水,或 250	150
花园口	180				300		或洪水,或 300	180
利津	80				160 ★		或洪水,或 200	80

表 6-10　黄河重要断面环境水量

断面名称	年水量(亿 m³)		汛期水量(亿 m³)	
	适宜	低限	适宜	低限
头道拐	152	110	110	90
利津	181	145	140	115

适宜环境流是正常降水年份黄河各断面应该保障的流量,其保证率应达 50%,实际调度时要根据来水情况丰增枯减,如当黄河天然径流量为 480 亿 ~ 500 亿 m³ 时(相当于 2007 年情况),利津 5 ~ 6 月流量应达 225 m³/s、3 ~ 4 月流量应达 110 m³/s。低限环境流是枯水年水量调度应重点关注的阈值、人类用水的红线,是黄河各断面任何时候都必须保证的流量(即保证率应达 100%),而且只允许在短时段和短河段出现。

如果把非汛期和汛期的平水期水流称做基流,则黄河环境流量实际上等于"基流 + 洪水",其中基流的服务对象重点是水质和生态,洪水的服务对象重点是河槽和生态,二者都是维护黄河健康不可或缺的部分。汛期的洪水(特别是漫滩洪水)不仅对良好主槽的塑造和维持至关重要,而且也是河流生态系统中水生生物觅食和生长非常重要的条件;平水期流量总体上按基本满足鱼类洄游通道要求和自净流量要求掌握,其中,上游 5 月、中游龙门以下 4 ~ 5 月、河口段 5 ~ 6 月等三个时段是鱼类繁殖的关键期,此时大河流量应重点保证。因黄河兰州以下河段的鱼类多属静水鱼类,故流量 300 ~ 500 m³/s 一般可满足其洄游要求,决定鱼类生态健康的约束因素是水质。

需要说明的是,表 6-10 推荐的适宜环境水量是以"花园口来沙量 5.5 亿 t 左右(对应利津环境水量 181 亿 m³)"和"COD 45.28 万 t/a 和氨氮 3.86 万 t/a,主要支流入黄断面水质满足相应的水功能目标"为前提的,否则难以实现下游既定的主槽、水质和生态目标,这一点在确定黄河健康修复措施时必须给以足够的重视。小浪底水库拦沙期结束后,如果古贤水库能够及时生效,加上中游水土流失治理工程效果的进一步增大,进入下游的沙量可望继续控制在 5 亿~6 亿 t 以内,则表 6-8~表 6-10 建议的各断面环境流仍可适用。

6.4 成果合理性分析

将黄河兰州以下各断面环境流量的基流与黄河 20 世纪 50 年代以来的实测水文资料对比可见(见表 6-11):

表 6-11 不同时期典型断面实测月均流量与环境流量的对比分析结果

时段	项目	头道拐	龙门	潼关	花园口	利津
1970~1986	小于适宜环境流量的月比例(%)	4.4	2.5	2	2.5	11.3
	小于低限环境流量的月比例(%)	2.5	1.0	0.5	2	7.4
1987~2008	小于适宜环境流量的月比例(%)	15.5	9.1	9.8	12.5	37.9
	小于低限环境流量的月比例(%)	9.5	3.8	1.9	7.5	28.0
1997~2002	小于适宜环境流量的月比例(%)	23.6	15.3	16.7	23.6	70.8
	小于低限环境流量的月比例(%)	15.3	9.7	5.6	7.0	55.6
2004~2008	小于适宜环境流量的月比例(%)	8.3	5.0	8.3	7.0	10
	小于低限环境流量的月比例(%)	1.7	1.7	0	1.7	1.7

注:(1)尽管 1999 年以后开始黄河水量统一调度,但当时采用的各断面低限环境流量控制标准低于本书推荐流量。

(2)花园口环境流量不足的月份多在冬季,其生态关键期 4~9 月的适宜环境流不满足率在各时期都只有低于 3%。

(1)黄河生态关键期 4~9 月的适宜环境流结果大体相当于 20 世纪 80 年代末或 90 年代初期的径流水平。因此,如果水质也能够恢复到 Ⅲ 类水平,对无坝的平原河段,估计可以把黄河生态状况恢复到 20 世纪 80 年代末或 90 年代初期水平(注:80 年代末期黄河有些河段已经出现 Ⅳ 类甚或 Ⅴ 类水质)。

(2)1970~2008 年,兰州、下河沿和石嘴山断面实测月均流量对相应断面平水期适宜环境流量的满足率均在 98% 以上,头道拐、龙门、潼关和花园口断面对平水期适宜环境流量的满足程度都在 70% 以上;即使是最下游的利津断面,对平水期适宜环境流量的满足度也接近 50%。实测流量显著小于环境流量的断面主要在利津断面,环境流量不足的年份主要在 1997~2002 年,该时期黄河年均天然径流量只有 358 亿 m³。

(3)众所周知,黄河水量统一调度始于 1999 年 3 月。经艰苦探索,至 2004 年以后调度技术逐渐成熟。2004~2008 年,尽管全河年均天然径流量不足 460 亿 m³,但全河各断面低于低限环境流量的月份均已不足 2%(未考虑洪水因素),低于适宜环境流量的月份在 10% 以内(未考虑洪水因素)(见表 6-11),充分说明通过水量统一调度和科学调度可以基本保障各断面平水期环境流量的基流。

不过,以上对比分析没有考虑鱼类产卵、育幼和生长期对洪水的要求,也没有考虑河槽健康对洪水(尤其是漫滩洪水)量级及其持续时间的要求。若考虑此因素,1987 年以来不满足环境流量的情况将更多。

从径流量角度,1986 年以前,头道拐和利津断面实测年径流量基本上都达到或超过适宜环境水量,实测汛期水量不满足适宜环境水量的比例也小于33%;1987年以来,年径流量不满足适宜值的比例分别为33%和57%,但汛期径流量几乎均小于适宜环境水量,对低限环境水量的满足程度也小于50%,由此也说明该时期主槽萎缩的原因。

若利津年径流量达145亿m³、汛期水量达115亿m³,从其来水来沙关系可见(图5-15),相应的利津年来沙量一般在3亿~5.5亿t,可基本满足河口岸线不蚀退对入海沙量的要求。

分析说明,以上推荐的环境水量及平水期环境流量基本合理。不过,对照1987年以来的洪水情况可见,要实现黄河健康对洪水(尤其是漫滩洪水)的要求,现阶段仍存在一定困难。

6.5 成果应用及修正

必须清醒地认识到,由于前期研究基础薄弱和观测资料不足,有关黄河环境流的许多问题仍需要进一步认识,包括:主槽形态塑造与黄河水沙条件的响应机理;典型污染物在黄河多沙河段的降解规律和面源污染量时空分布;黄河不同径流条件下的沿黄重要湿地演替特点;黄河重要保护鱼类不同生长期对径流条件(特别是洪水条件)的要求;近海水生生物不同生长期对水体盐度的要求,黄河入海水量与近海水体盐度的响应关系等。鉴于此,本项研究中一直坚持两个原则:一是广泛听取各相关学科专家和各利益相关者的意见,二是在应用实践中修正和完善成果,即边研究、边应用、边监测、边完善的原则。

环境流的确定不仅仅是一个科学命题,更是一个社会抉择,环境流的确定涉及水利、环境和生态等多学科,因此项目组织中不仅在工作组的成员组成上充分考虑了多学科联合攻关,更在成果产出的每个阶段都邀请各方面专家进行咨询指导。项目组不仅多方面听取了各相关学科专家意见,还多次召开形式各样的流域利益相关者会议,走访沿黄省区的湿地、鱼类、海洋和环境等相关管理与科研部门以及国家相关部门,听取利益相关部门的意见(见图6-1)。

图6-1 项目组听取相关学科和利益相关者意见

2008年3月,基于项目组提出的河口生态需水研究成果,黄河水利委员会在东营市组织召开"黄河河口地区生态需水研讨会",邀请国家湿地主管部门、国家环保部门、黄河口湿地主管部门、黄河口海洋和淡水鱼类研究部门、水利和生态研究部门等方面的30多名专家和代表对成果进行讨论与咨询。

2008 年 4 月,基于提出的黄河干流自净需水研究成果,项目组邀请国家和相关省区环保部门、环境流研究者、黄河水资源主管部门等十几名专家对成果进行了咨询讨论。

2008 年 6 月,基于项目组提出的黄河干流各断面环境流研究成果,黄河水利委员会和世界自然基金会(WWF 中国)在郑州组织召开"河流环境流量研讨会",邀请国家湿地和环境主管部门、沿黄主要省区生态和环境主管部门、国内环境流研究者等 60 多位专家和代表对成果进行咨询与研讨,项目组充分吸纳会议意见对成果进行了修正,包括黄河重要鱼类的栖息地分布和生态用水需求、自净需水的合理表达和计算方法、环境流的内涵等。

围绕黄河环境流研究成果的讨论和咨询会远不止以上案例。2005 年以来,项目组一直在通过不同平台和不同方式广泛听取意见。众多专家和相关人士的意见使研究成果逐渐趋于合理,从而提高了成果的应用价值。

不断根据环境流应用情况进行成果修正也是本书坚持的重要原则。

在项目提出的环境流成果经咨询和修改后,2008 年 5 月,黄河水利委员会水调部门发函,正式采纳本研究提出的利津断面环境流量成果。2008 年 3 月至 2009 年 8 月,黄委已两次利用汛前调水调沙洪水主动向河口自然保护区补水(见图 6-2),补水量分别为 1 356 万 m^3 和 1 508 万 m^3(之前的 7 次调水调沙洪水对河口自然保护区的补水量大体在 1 500 万 ~ 2 000 万 m^3),补水后核心区水面面积大幅度增加,周边地下水水位抬高 10 ~ 60 cm。根据补水后的生态效果判断,本研究提出的现阶段河口淡水湿地需水量能够满足要求。在平水期,通过精心调度,利津断面流量 5 ~ 9 月基本维持在 200 ~ 600 m^3/s,月均流量全部满足低限流量要求,且 85% 的时段满足适宜流量要求,但汛期 7 ~ 10 月入海水量不能达到低限环境水量要求;其中,生态关键期 5 ~ 6 月不足 160 m^3/s 的天数约占 14%,但入海水量远大于 22 亿 m^3。一年多来的应用实践证明,本研究所提出的低限环境流和适宜环境流基本合理,但需从有利于操作角度对环境流量进行归整处理,这点已在表 6-9 和表 6-8 中考虑;在河口淡水湿地需要补充淡水的 3 ~ 9 月,可基本保证大河流量不低于 160 m^3/s(满足湿地对河水盐度的要求),导致生态补水量不足的原因主要是引水能力差和洪水过程少。

图 6-2 2008 年 6 月河口生态补水

本研究提出的环境流研究成果不仅已应用于黄河水量日常调度,还被黄河流域综合规划修编、黄河水资源综合规划和黄河河口综合规划等重要规划与科研项目引用。

未来,项目组将密切跟踪应用情况,并加强成果应用效果监测,特别是重要生态单元的生态恢复效果监测,以进一步修正本成果。

6.6　小结

通过耦合河道健康、水环境健康和水生态健康对河川径流条件的要求,并深入分析环境流的社会约束因素,提出了黄河各重要断面的适宜环境流量/水量、低限环境流量/水量,其结果见表6-8～表6-10。实际水量调度时,适宜环境流的保证率应达50%,低限环境流的保证率应达100%;适宜环境流是黄河水资源规划的重要依据。

需要指出的是,以上耦合分析时只涉及了环境流的流量和水量方面,没有涉及径流连续性因素,但后者是维护黄河水生态健康的重要径流要素,对径流连续性有显著要求的河段已经在本书第4章第3节中阐述;以上耦合也仅部分考虑了环境流的水质因素,如果不能达标排放并控制入黄污染物的数量,即使实现以上流量条件,黄河水质也不能满足水生生物和人类对河流水质的要求;以上结果是以花园口来沙量不超过 5.5 亿 t 为前提的,估计此约束条件在小浪底水库拦沙期结束前能够实现。

黄河环境流成果与"八七"分水方案基本一致。2030 年黄河天然径流量将由 2000 年水平年的 535 亿 m³ 降低至 515 亿 m³,按分水方案和水量实时调度执行的丰增枯减原则,届时黄河自身用水应由分水方案的 210 亿 m³ 降低至 186 亿 m³ 左右。此处的"186 亿 m³"不仅包括本书所提出的"利津断面适宜环境水量 181 亿 m³",也包括利津断面的防凌控制流量——每年 1～2 月 200 m³/s 左右。因此,本书提出的环境流研究成果可以视为"八七"分水方案的细化——据国务院《黄河水量调度条例》,该细化工作应由黄河水利委员会组织确定。

考虑利津断面环境水量和防凌安全控制流量后,现阶段黄河对人类经济社会的平均可供水量将由 370 亿 m³ 降低至 330 亿～340 亿 m³,约占黄河天然径流量的 64%。从黄河流域地表水耗用量的变化过程看,20 世纪 70 年代后期以来,尽管相关区域经济一直在快速发展,但由于有些省区用水条件限制和黄河水量分配执行的"丰增枯减"原则等因素,人类耗用黄河水量基本维持在 280 亿～310 亿 m³;加上目前各行业存在的节水潜力,估计 330 亿～340 亿 m³ 的可供水水量在现阶段仍可基本满足相关区域经济社会的用水要求,但远期必然对区域经济发展造成很大压力。

对于头道拐断面,同样有防凌控制流量问题。根据多年实践,要保证宁蒙河段防凌安全,12～2 月封河期的头道拐断面宜分别控制在 550 m³/s、450 m³/s 和 400 m³/s 左右。这样,综合考虑该河段环境流要求(152 亿 m³)、12～2 月防凌要求(约 37 亿 m³)和满足全河经济用水 330 亿～340 亿 m³ 对该断面下泄水量的要求(约 210 亿 m³),则实际头道拐断面多年平均情况下应保障的下泄水量为 210 亿 m³。

第7章 黄河环境流保障措施

7.1 环境流保证度不足的原因

黄河环境流不足问题主要产生在1972年4月23日的利津首次断流以后。1997年至2003年的上半年,由于流域降水严重偏枯,使环境流不足问题升级至高峰:不仅河口段小于低限环境流量的时段高达57%,其他河段也出现低限环境流量不足问题,其中利津断面年均汛期水量不足32亿 m^3,三湖河口断面汛期水量不足43亿 m^3。

表6-11已经分析了不同时期黄河各典型断面实测径流情况对环境流的满足程度。进一步分析发现,环境流不足的时段主要集中在两个时期:一是在生态关键期(5~6月);二是汛期洪水,特别是对鱼类觅食非常重要的漫滩洪水大幅度减少,如20世纪50年代黄河下游漫滩洪水年年发生,但1986年以来的20年中下游漫滩洪水只发生2次。该特点透过典型断面的月均流量历年变化更容易看到(见图5-5)。

从年径流量角度,在流域来水最枯的1997~2002年,头道拐断面年径流量有4年小于其适宜环境水量(140亿 m^3)、1年低于其低限环境水量(110亿 m^3),而利津断面年水量均小于其低限环境水量(145亿 m^3);2004~2007年,头道拐断面仅1年出现小于低限水量的问题,利津断面全部大于适宜环境水量(181亿 m^3)。

从汛期水量看,头道拐断面1997年以来各时期均小于其低限环境水量(90亿 m^3);利津断面在1997~2002年也是如此,但2004年以后汛期水量(含6月份的人造洪水水量)都达到130亿~140亿 m^3。

以下对环境流保证度不足的原因进行初步分析。

7.1.1 管理体制和机制的影响

从实测资料分析(见表7-1),将发生在20世纪70年代至90年代的下游断流原因简单地归结为"天然降水减少或人类用水增加"是失当的。国务院授权黄河水利委员会对全河水量实行统一调度后的2000~2007年,花园口实测年径流量分别为165.3亿 m^3、165.5亿 m^3、195.6亿 m^3、272.7亿 m^3、240.6亿 m^3、257亿 m^3、281.1亿 m^3、273.3亿 m^3和236.1亿 m^3,平均231.5亿 m^3,远低于发生断流年份的平均值342.6亿 m^3,但下游无一年断流。而1972~1998年,花园口实测径流量高达400亿~600多亿 m^3的有些年份仍然发生断流。值得注意的是,在发生断流年份,花园口—利津河段的耗水量平均约111亿 m^3,远小于花园口实测径流量,充分说明发生断流的年份并非水量不能满足生产需求,首要原因在于水资源管理不到位,包括对两岸灌溉引水缺乏行之有效的管理体制、机制和政策,同时也缺乏像小浪底水库那样可以调丰补枯的水资源有效配置手段。

表 7-1 黄河下游发生断流年份的径流状况

年份	花园口年实测径流量(亿 m³)	下游耗水量(亿 m³)	全年断流天数	7~9月断流天数	断流长度(km)
1972	289.8	67	19	0	310
1974	276	44.4	20	11	316
1975	549.1	71	13	0	278
1976	534	84.9	8	0	166
1978	350	91	5	0	104
1979	372	102	21	9	278
1980	292	103	8	1	104
1981	485	139	36	0	662
1982	427	130	10	0	278
1983	614	123	5	0	104
1987	228	120	17	0	216
1988	357	163	5	1	150
1989	425	183.3	24	14	277
1991	241	118.6	16	0	131
1992	267	133.5	83	27	303
1993	305	119.9	60	0	278
1994	305.5	85.5	74	1	308
1995	238.9	102.2	122	23	683
1996	277.3	122.1	136	15	579
1997	142.6	124	226	76	704
1998	217.9	111.8	142	19	515

注:1.年实测径流量指花园口断面。

2.下游耗水量按花园口与利津两断面实测径流量之差值,不代表下游实际引水量。

比较天然径流量相近的 1988~1996 年系列(利津天然径流量 499.4 亿 m³)和 2003~2007 年(利津天然径流量 495.7 亿 m³),利津断面实测年均径流量分别为 188.3 亿 m³ 和 198.8 亿 m³,说明全河水量统一调度不仅可以消除严重的断流现象,而且还可促进相关区域节约用水,增加入海水量。

需要指出,仅靠加强水资源管理和统一调度,尚难以解决维护黄河健康对洪水(尤其是漫滩洪水)的要求。

7.1.2 人类用水的影响

图 7-1 和图 7-2 分别是黄河流域 20 世纪 50 年代以来天然降水变化、天然径流量变

化、人类耗水变化和利津实测径流量变化,由图可见,1990～2006年,黄河流域降水总体上一直处于偏枯水平,其年均天然径流量只有436亿m³(较正常年份偏枯18.7%),其中特别干旱的1997～2002年,天然径流量只有357.6亿m³(较正常年份偏枯33%)。然而,从20世纪50年代以来人类耗用黄河水量的变化情况可见,近30年来,除个别年份人类耗用黄河水量超300亿m³以外,绝大部分年份在280亿～300亿m³浮动,结果使1986年以后利津断面实测年径流量有12年达不到相应年份的黄河健康年用水量的比例,其中9年低于低限环境水量(145亿m³)。

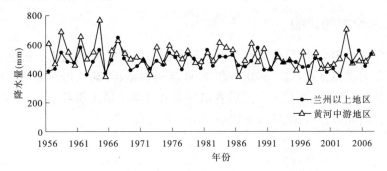

图7-1　1956～2008年黄河流域不同区域年降水量变化

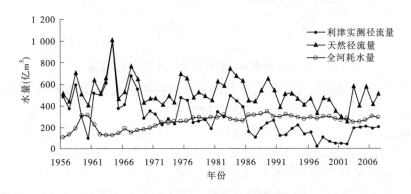

图7-2　1956～2008年人类耗用黄河水量变化

　　研究认为,如果说"花园口实测年径流量400亿～600多亿m³时仍然发生断流"的原因在于水资源管理不善,那么枯水年黄河健康用水严重不足的原因除了管理不善外,更大程度上在于人类在枯水年的求生本能使然。

　　理论上,在枯水年来临时,人类用水和黄河健康用水要同比例打折,并保证各断面流量不低于低限环境流量,按此原则,1990～2006年代以来的人类可用水量是280亿m³,其中1994～2002年的人类可用水量只有119亿～308亿m³,平均255亿m³。

　　然而,黄河供水区农业用水目前仍占其总耗水量的75%～78%,而各用水地区的实际农业需水量是本地降水和黄河补水的总和,当本地降水偏枯,引黄补水的需求量必然增大,如在没有实行黄河水量统一调度的1989年,下游年降水量较多年平均偏少约30%,引黄水量则较20世纪80年代以来的多年平均值增大56%;而当本地降水偏丰时,即使黄河水量丰沛,当地也不会主动引黄,如 2004～2005 年,下游降水偏多 26%,同期下游引黄水量则偏少近 30%,结果当年入海水量达 200 亿 m³ 左右。

可见,在枯水年来临时,各用水区域的本地降水量往往也同样减少,故要想达到同样的经济状况,必然需要更多的外部水源补充,强行压减各用水户的引水量十分困难,这样的情景在黄河水量统一调度后最枯的 1999 年 3 月至 2003 年上半年已经得到充分反映。而且,强行压减人类用水确实无法保障区域经济社会发展,也与维护黄河健康的初衷相违背。因此,当枯水年来临时,应采取开源措施解决黄河供水问题,否则难免损害黄河健康。

7.1.3 水库调控的影响

除了天然降水影响外,目前黄河兰州—头道拐河段的径流状况很大程度上取决于龙刘水库对径流的调控方式。以 1970 年和 2000 年为典型年,其兰州断面实测年径流量分别为 257.2 亿 m³ 和 259.4 亿 m³,但后者汛期最大月均流量比前者小 1/3(见图 7-3);演进至三湖河口断面后,后者洪峰流量比前者小 1/2 左右。

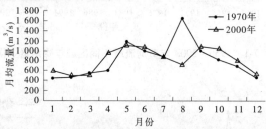

图 7-3　兰州断面实测径流相同情况下月均流量变化

相比之下,下游汛期流量虽然也受龙刘水库调控的影响,但影响程度远小于宁蒙河段。比较小浪底水库运用前的几个典型年:1969 年、1993 年和 1994 年的花园口实测径流量均约 305 亿 m³,1957 年和 1988 年花园口实测径流量均为 357 亿 m³,从实测月均流量变化曲线看,对下游来水偏丰年份,龙羊峡水库运用前后的月均流量变化不明显(见图 7-4);进一步分析花园口历年最大洪峰流量(见表 7-2),也看不出相同来水年份的洪峰差异。由于龙刘水库对下游汛期的影响主要体现在基流减少,其影响可能对枯水年更明显,但因 1986 年以前鲜有实测年径流量低于 270 亿 m³ 的年份(花园口),故目前仍难以量化评估对枯水年的影响程度。赵业安等(1998)认为,龙刘水库对下游的影响主要体现在洪水基流的减少。

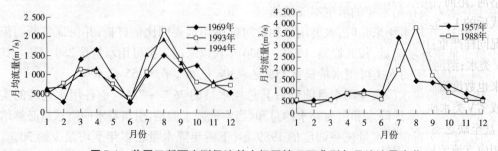

图 7-4　花园口断面实测径流基本相同情况下典型年月均流量变化

表 7-2　龙羊峡水库运用前后花园口最大洪峰流量对比

实测径流量	年实测径流量均约 305 亿 m³			年实测径流量均约 357 亿 m³	
年份	1969	1993	1994	1957	1988
最大洪峰流量(m³/s)	4 500	4 300	6 300,5 170,3 860	13 000,8 670	6 160,6 640,7 000

除汛期水量外,水库对洪峰流量及其历时的影响可能更为突出。本书第 1 章第 2 节、第 3 章第 4 节和第 5 节等相关章节都对此进行了分析,认为水库运用是黄河各河段洪峰、洪量和汛期水量变化的主要因素。

7.2　环境流保障措施分析

既然水资源管理不善、天然来水少和水库调控失当是造成环境流不足的主要因素,面临未来更为严峻的水资源情势,环境流保障措施应着重以下方面。

7.2.1　强化用水总量控制和重要断面流量控制

维持黄河健康生命重要途径之一就是要在黄河水资源分配中为盲目扩张的人类活动限定一个不可逾越的保护区,让黄河与人类和其他生物群共享水资源。共享水资源的核心在于维持黄河一定的河川径流量和合理的时空分布。幸运的是,与国内其他大江大河不同,早在 1987 年,国家就对黄河的可供水量及其在各省区的分配等作出明确规定,1999 年之前下游断流问题很大程度上在于该分水方案没有真正得到贯彻落实。

黄河流域面大线长,因此完全由流域管理机构监控沿河所有引水口门、监控各支流地表水用水量和流域地下水开采量等几乎是不可能的,可能和可行的水资源管理方式是控制各省区耗水总量、控制干流重要断面流量过程和水量、控制各主要支流入黄断面的流量过程和水量,丰增枯减,从而体现我国水法规定的水资源管理要流域管理和区域管理相结合的原则。

通过 10 年来的水量统一调度实践,黄河水利委员会和相关省区水利主管部门已经在干流取用水控制方面取得了丰富的经验,支流取用水和地下水开采是目前黄河水量管理的薄弱环节。

从全流域用水现状看,人类耗用黄河水量约 1/4 取自支流,主要包括渭河、湟水、汾河、北洛河、沁河、伊洛河和大汶河等。然而,沁河和大汶河早在 20 世纪 60 年代就出现断流,80 年代后的 1～5 月几乎年年断流,1989 年大汶河戴村坝断面甚至全年断流;汾河流域的耗水情况同样严重:1997～2002 年,其年均入黄径流量只有其天然径流量的 9.5%,而且全部为劣Ⅴ类水;渭河是黄河最大的支流,其天然径流量为 80.93 亿 m³,然而 20 世纪 90 年代后期以来也数度濒临断流,1997～2002 年年均入黄径流量只有其天然径流量的 33%,且主要为Ⅴ类或劣Ⅴ类水质。然而直至近年,流域管理机构对黄河主要支流的实际耗水情况仍不太掌握,甚至缺乏支流入黄断面流量和水量的适宜,控制标准,而支流入黄水量的大小不仅反映出相应支流流域内的地表水使用情况,也可反映浅层地下水利用情况,是黄河流域水资源管理必须给予充分关注的重要指标。

对黄河径流量影响较大的 13 条一级支流包括渭河、洮河、大通河、伊洛河、湟水、汾河、沁河、大汶河、无定河、大夏河、北洛河、窟野河和秃尾河等,其天然径流量之和占全河的 51%。

黄河重要支流入黄断面控制水量的确定至少应考虑四方面因素:①反映黄河流域水文特点,主要体现在天然情况下该支流入黄水量占黄河总水量的比例,这是维持黄河水系健康的要求;②维持该支流自身在该河段自然功能的需要,包括水沙输送功能、生态功能和自净功能等;③维持干流典型断面必要的径流条件对支流水量的要求;④体现支流社会功能用水需求。

为落实 2006 年国务院颁布的《黄河水量调度条例》,黄河水利委员会曾出台了渭河、洮河、伊洛河、湟水、汾河、沁河和大汶河等 7 条支流入黄断面最小流量控制指标,不过该流量控制指标对相应河段自然功能和社会功能的满足程度考虑很少。

因资料匮乏、前期研究基础薄弱、研究时间和经费限制,本书也未对各支流入黄断面的适宜环境流和低限环境流进行深入研究,仅初步探索了黄河中游主要支流入黄断面应该保证的水量。其中,渭河和北洛河入黄水量采纳国务院批复的《渭河流域重点治理规划》的规定,即渭河华县断面和北洛河洑头断面的年入黄径流量分别不得低于 45.7 亿 m^3 和 5.4 亿 m^3;对其他支流,暂参照黄河干流环境流占各相应断面天然流量的比例,取其天然径流量的 35% ~ 45%;凡计算结果大于 1969 年以前的实测最小值时,取实测最小值。初步分析结果见表 7-3。

表 7-3　黄河中游主要支流入黄断面控制水量

支流名称	天然径流量（亿 m^3）	天然径流量占黄河径流量的比例（%）	满足干流环境流对支流的要求（亿 m^3）	维持其自然功能对入黄径流量的要求（亿 m^3）	入黄断面控制水量（亿 m^3）
渭河(华县)	80.93	15.13	28.74	45.70	45.7
伊洛河	28.32	5.29	10.06	11.33	11.3
汾河	18.47	3.45	6.56	6.46	6.5
沁河	13.00	2.43	4.52	4.55	4.5
无定河	11.51	2.15	4.08	5.18	5.2
北洛河	8.96	1.67	3.18	5.4	5.4
窟野河	5.54	1.03	1.97	2.21	2.2
秃尾河	3.64	0.70	1.26	1.64	1.6

不过,总体上看,目前人们对黄河主要支流入黄断面的水量和流量控制的适宜指标与低限指标研究很不充分,应作为未来黄河水资源研究的重点内容。原则上,流域机构应重点做好黄河可供水量的省区分配方案、黄河干流省际和重要断面环境流量的确定,与相关

省区一起做好主要支流入黄流量及其省际断面的环境流量(水量)确定工作,省区水行政主管部门负责相应省区分配水量的再分配和用水管理。

要使省区耗水总量、干支流重要断面流量和水量等得到控制,重点要在省区水资源管理层面上大力推进节水型社会建设,提高各行业用水效率,包括以下方面:

(1)结合水权转让进行渠道衬砌。内蒙古南岸灌区分水指标6.2亿 m^3,经渠系衬砌节水改造后,节水量可达1.6亿~1.7亿 m^3,有关部门已将其1.3亿 m^3 分水指标通过水权转让方式用于发展工业,相应的渠系衬砌工作也已经完成。

(2)采用先进的生产工艺,大力推进工业节水。据黄河流域2006年以来新上燃煤电厂耗水量统计,将其冷却方式由湿冷改为空冷后,加之采取干除灰和干除渣、限制300 MW以下机组上马等措施,单位装机耗水量可由原来的0.5~0.8 $m^3/(s \cdot GW)$ 减少至0.10~0.14 $m^3/(s \cdot GW)$,节水约3/4以上。

(3)调整农业种植结构,改革灌溉制度。据内蒙古河套灌区转换种植结构的实践,番茄的种植成本是粮豆作物的1/3,耗水比粮豆节省约2/3,收益是粮豆的2~3倍,所以群众种植番茄的积极性很高,当地也正在规划将灌区现有的1.6万 hm^2 番茄扩大至6.7万~10万 hm^2;伴随着种植结构调整,今后应进一步考虑灌溉制度的调整。在地下水位较高的宁蒙灌区,应发展井渠双灌,并通过漫灌水回收水监测和回收成本分摊等,控制用水和土地盐碱化。

(4)推广中水回用、雨洪利用技术,挖掘其他水源潜力。近年来,在国家产业政策引导下,黄河流域新上工业项目大都优先考虑使用中水或矿井水;据"黄河水资源综合规划"编制组研究,至2030年,通过污水处理还可以得到中水19.36亿 m^3。2003年秋天,渭河流域洪水虽使一些地区严重受灾,但同时也使这些地区的地下水水位普遍升高了2 m左右,因此如何适当延长地下水漏斗严重地区洪水滞留时间、使地下水得到补充、平衡洪水资源化和洪灾的矛盾,应成为未来洪水管理的新课题。

至2006年,黄河流域万元GDP耗水量虽然已经从1980年3 742 m^3 降低至308 m^3、万元工业增加值用水量由1980年的876 m^3 降低至104 m^3,不过,此值与2009年全国水资源会议提出的2020年目标125 m^3 和65 m^3 相比仍有很大距离,也低于现状全国平均水平;即使是目前略高于全国平均水平的农业灌溉水利用系数(2006年为0.49),也明显低于2020年目标值(0.55),因此,节约用水仍任重道远。

7.2.2 科学调控河川径流

前文分析可见,对于黄河大部分河段,其环境流不足问题很大程度上表现为汛期水量、流量和洪量的大幅度减少,以及4~6月生态关键期流量的减少;水库运用是黄河各河段洪峰、洪量和汛期水量变化的主要因素。

目前,黄河已经是一条径流完全受人工调控的河流,而且这样的调控对解决日益尖锐的水资源供需矛盾往往是十分必要的。2006年,全河天然径流量只有408亿 m^3,若无龙羊峡水库和小浪底水库分别补水47.7亿 m^3 和30.4亿 m^3,必然对全河供水带来巨大压力,也难以保证入海水量;小浪底水库投入运用后的2000~2008年,花园口实测年均径流量为231.5亿 m^3,远低于发生断流年份的平均值342.6亿 m^3,但下游无一年断流。实际上,水库正是通过汛期蓄水来补充非汛期的供水不足。

在未来黄河径流情势难以比现在改善的情况下,如何兼顾工农业供水、防止断流发生并满足环境流要求,确实是当前面临的巨大挑战。现阶段应重点关注4~9月环境流的保障。

对上游,可通过调整龙刘水库运用方式,科学调控进入宁蒙河段的洪水量级,在不超过相应河段设防标准的前提下,使进入该河段(三湖河口)的洪水量级尽可能不小于1 500~2 000 m³/s、汛期水量达到90亿 m³ 左右;科学调控5~6月下限流量,以尽可能保证头道拐断面环境流量。不过,在西线南水北调工程生效前,期望各河段的洪水量级及其历时恢复到天然状态可能十分困难,它不仅涉及到水电企业的经济损失,而且关系到全河平水期供水安全。

与上游相比,中下游环境流的保障尤为困难。不过,近年来小浪底水库的运用已经为此作出了很有价值的探索,反映在3~6月花园口断面的流量控制、调水调沙人造洪水的实现等。

2006 年以来,黄河天然径流量只有约450亿 m³,但利津5~6月径流量均达30亿 m³ 以上,流量小于160 m³/s 的天数只有14%,月均流量全部满足低限流量要求;三年平均的5~9月径流量达122亿 m³,基本满足近海水域的生态要求。目前存在的主要问题在于7~9月洪水量级及历时严重不足,从而影响黄河三角洲陆域湿地补水和河道内淡水鱼类生长。

2002 年以来连续开展的汛前调水调沙更为健康河槽塑造和水生生态保护创造了有利条件(见表7-4)。近年来,为确保下游供水安全、杜绝断流现象、充分发挥水库发电功能,小浪底水库每年8月下旬或9月初即开始蓄水运用,汛期蓄水量15亿~40亿 m³;每年6月份均要利用小浪底水库汛限水位以上的蓄水体进行调水调沙;在潼关年来沙3.66亿 t 情况下,调水调沙期间利津断面平均输沙量达0.624亿 t(占17%);利津断面汛期水量(计入6月调水调沙洪量)比例占全年水量的比例仍为59%。与之相比,1986~1999年利津断面7~10月水量一般占年水量的59%、9~10月输沙量0.95亿 t(相应潼关年来沙7.77亿 t)。由此可见,近年汛前的人造洪水可视为小浪底水库后汛期蓄水的补偿,而且由于未来调水调沙洪峰流量一般可在3 500 m³/s 以上,这样的补偿对下游减淤或输沙可能更为有效,而且对保障下游平水期不断流具有十分重要的作用。由于河口水域水生生物对黄河水的需求主要在5~9月,故2004年以来的水量年内配置模式对三角洲生态系统的良性维持也更为有利。

表 7-4　黄河中下游6次汛前调水调沙效果

时间	小浪底出库水沙量		调控流量 (m³/s)	利津断面水沙量		下游冲淤量 (亿 t)
	水量(亿 m³)	沙量(亿 t)		水量(亿 m³)	输沙量(亿 t)	
2002	26.06	0.319	2 600	22.94	0.664	0.362
2004	46.80	0.044	2 700	48.01	0.697	0.665
2005	52.11	0.023	3 000~3 300	42.04	0.613	0.646 7
2006	54.97	0.084	3 500~3 700	48.13	0.648	0.601 1
2007	39.72	0.261	2 600~4 000	36.28	0.524	0.288 0
2008	40.30	0.516	2 600~4 100	40.75	0.598	0.200 7

鉴于此,本研究认为:①应继续坚持每年汛前的调水调沙;②造峰水量不仅要满足"流量 3 500 ~ 4 000 m³/s、历时 7 天以上"的要求,而且应不小于上年小浪底水库的汛期蓄水量。

不过,由于黄河干支流已建和在建水库库容已达 716 亿 m³,未来仍将有数百亿 m³ 库容的大型蓄水工程陆续生效,汛期蓄水几乎是所有季、年或多年调节水库的必然选择,因此仅靠水库造峰恐难以实现黄河健康对洪水的要求。如何兼顾水电开发、工农业供水、拦截泥沙和洪水"保护",可能是今后长期面临的挑战。

尽可能少修大坝是保障河川径流连续性的主要手段。不过,黄河唐乃亥以下河段的规划水电站大多已经建成,目前只有大柳树、古贤和碛口等以防洪减淤为主要目标的水利枢纽工程仍在规划中。对照黄河生态保护目标可见,这些工程所在河段没有国家或省级以上自然保护区,近 20 多年来也没有发现珍稀水生生物,因此该河段的水电开发估计不会对河流生态系统造成显著影响,且有利于宁蒙河段和下游河槽减淤。

7.2.3 调整国家水资源配置模式

无论黄河天然径流量如何变化,近 20 多年来全河耗用水量一直维持在 280 亿 ~ 300 亿 m³,这样的现实虽然不符合国务院"八七"分水方案,枯水年严重损害了黄河健康,但却反映出维持相关区域国民经济平稳发展对黄河水资源的基本需求。以 20 世纪 50 年代以来最枯的 1997 ~ 2002 年为例,利津年均天然径流量仅 357. 6 亿 m³,同期全河耗用水量仍达 283. 65 亿 m³,致使利津年均实测径流量只有 55 亿 m³。

理论上,黄河水量调度要坚持"丰增枯减"的原则,但 9 年多来黄河水量统一调度的实践证明,由于黄河来水偏枯之时往往也是灌区干旱之时,所以解决枯水年黄河用水和人类用水的矛盾,仅靠强行压减人类用水十分困难,只能作为现阶段的权宜之计。

当然,黄河的枯水年一般也往往是枯沙年,如 1997 ~ 2002 年潼关来沙量不足 5 亿 t,但是,根据本项目研究,要维持黄河健康,即使下游来沙量很少,黄河健康用水量也必须保证达到 145 亿 m³ 以上(利津断面),以保障维护黄河健康对河道水量的最低需求。那么,要基本保障相关区域现状经济社会水平和黄河健康用水,流域天然径流量至少应达到 445 亿 m³ 以上。但黄河 1986 年以来的 21 年中有 9 年小于此量,偏小量最大达 190 亿 m³。

头道拐断面形势更为严重,即使按现状经济社会水平,1986 年以来也只有 20% 的年份能够满足断面控制水量的要求,平均年缺水达 50 亿 m³,最大年缺水 88 亿 m³;对比头道拐断面的环境水量,1986 年以来虽然有 2/3 的年水量能够达到适宜值要求,但汛期水量几乎全部不达标,平均缺水 50 亿 m³。

现阶段,部分年份的黄河耗水量仍低于相应时期可供水量的主要原因在于有些省区引水能力较低,如山西省近 20 多年来耗用黄河地表水量只有 10 亿 ~ 13 亿 m³,不足其分水指标的 1/3;河北和天津年引水量也只有其分水指标的 1/2(约 10 亿 m³)。未来,随着流域经济进一步发展和省区引水能力的增加,耗用水量还将进一步增大,因此平枯水年缺水形势将更为严峻。由于人畜饮用水占区域总用水量的比例不足 5%,所以枯水年水量的不足可能主要反映在经济用水不足。

解决黄河缺水问题,不外有两种思路:或通过从长江等丰水流域调水补充黄河,或减轻黄河对海河和淮河等流域供水的负担。

从我国天然水资源分布来看,现阶段可能为黄河补水的河流主要是长江。目前,有关单位正在论证的调水区包括雅砻江、大渡河和大通河等在内的长江源区河流,长江干流,长江的汉江和小江等支流等多种方案,并分别进行了大量前期研究工作。分析头道拐断面1986年以来的缺水情况可见,即使人类耗水维持现状水平,西线南水北调工程对保障相关区域枯水年经济社会可持续发展和维护黄河健康也是十分必要与迫切的。

流域生态系统是一个以生物为主体的生态功能整体,其物质循环包括水循环、碳循环、氮循环、磷循环、有毒物质循环和放射性元素循环,其中水循环是生命的基础元素、碳循环是生命的骨架元素、氮循环是生命的代谢元素、磷循环是生命的信息元素。天然情况下,流域生态系统的各物质循环基本按其自身的路径和规律运行,为流域生物的繁衍生息提供支撑,整个系统处于平衡状态。对照黄河天然径流量(535亿 m^3)、黄河健康用水需求235亿~280亿 m^3(表6-4)、黄河流域内省区现状耗用的黄河地表水量(190亿~210亿 m^3)、国务院"八七"分水方案确定的流域内省区分水指标(约270亿 m^3)可见,黄河流域水资源虽然不丰富,但还是能够基本支撑本流域生态系统(包括流域内人类及其所创造的农作物等)的用水需求。然而,根据国务院"八七"分水方案,黄河实际承担了向海河和淮河流域供水约100亿 m^3 的任务,即黄河有约100亿 m^3 的地表径流被人为改变了循环路径,进入其他的流域生态系统,这样的人为干预显然也违背了自然界的规律,进而打破了黄河流域水平衡,使黄河流域生态系统受损,海河和淮河流域生态系统中相关区域的生物则可能因接纳了黄河水体承载的碳、氮、磷、有毒物质和放射物质等发生改变。因此,从顺应自然规律角度,也可考虑解除黄河向外流域调水的任务,相关流域的缺水问题可采取其他方式解决。

7.3 小结

1986年以来,黄河兰州以下各河段均出现了不同程度的环境流不足问题,其中,除河口段外的其他河段突出表现为汛期水量、洪水流量及其历时的减少,河口段则各月都存在环境流不足问题。

水资源管理不到位、黄河供水负担过重、天然降水减少和水库调洪失当是造成20世纪后期黄河环境流量不足的主要因素,因此要保障黄河各断面的环境流,关键要做好四方面工作:①要强化省区用水总量控制、重要断面流量和水量控制,贯彻我国水法的"流域管理和区域管理相结合"原则。②大力推进节水型社会建设,提高各行业的用水效率。③科学调控河川径流,现阶段应优先满足4~9月的环境流要求。④通过实施外流域调水补黄以解决枯水年供水不足,或解除黄河向外流域调水的任务。

如何保障维护黄河健康对洪水(特别是漫滩洪水)的要求,可能是今后面临的最大困难,其解决措施仍需进一步探讨。

需要强调,本研究推荐的黄河各断面适宜环境流量和适宜环境水量是以"花园口来沙量5.5亿t左右"和"COD 45.28万 t/a,氨氮3.86万 t/a,主要支流入黄断面水质满足相应的水功能目标"为前提的,若入黄泥沙量和污染物量超过以上限额,实现黄河健康所需要的环境流必然增大。因此,在现阶段黄河供水任务仍难以有效减轻的情况下,必须严格控制进入下游的泥沙量和入黄污染物量,为此可采取的措施包括加强水土流失治理、修建干支流拦沙工程、流域污染源达标排放和入黄污染物总量控制等。

参 考 文 献

[1] 黄河水利委员会. 黄河近期重点治理开发规划[M]. 郑州:黄河水利出版社,2002.

[2] 倪晋仁. 论黄河功能性断流[J]. 中国科学 E 辑,2002(4).

[3] 马秀峰. 黄河流域水旱灾害[M]. 郑州:黄河水利出版社,1996.

[4] 李国英. 维持黄河健康生命[M]. 郑州:黄河水利出版社,2005.

[5] 汪岗,范昭. 黄河水沙变化研究[M]. 郑州:黄河水利出版社,2002.

[6] 张学成,潘启民. 黄河流域水资源调查与评价[M]. 郑州:黄河水利出版社,2007.

[7] 孙广生,乔西现,孙寿松. 黄河水资源管理[M]. 郑州:黄河水利出版社,2001.

[8] 中华人民共和国国务院. 黄河水量调度条例[M]. 北京:中国法制出版社,2006.

[9] 牛仁亮. 山西省煤矿开采对水资源的破坏影响及评价[M]. 北京:中国科学技术出版社,2003.

[10] 李倬. 黄河河口镇—龙门区间年输沙量变化原因分析[J]. 人民黄河,2008(8):41-42.

[11] 詹道江,叶守泽. 工程水文学[M]. 北京:中国水利水电出版社,2000.

[12] 董保华. 黄河水资源保护 30 年[M]. 郑州:黄河水利出版社,2005.

[13] 中国水利学会,黄河研究会. 黄河河口问题及治理对策研讨会论文集[M]. 郑州:黄河水利出版社, 2003.

[14] 黄河水利委员会. 黄河流域防洪规划[M]. 郑州:黄河水利出版社.2008.

[15] 黄河水利委员会. 黄河水资源公报.1998~2008 年.

[16] 黄河水利委员会. 黄河泥沙公报.2002~2008 年.

[17] Fred Pearce. When the rivers run dry. UK, 2006.

[18] Daniel P. Loucks and Eelco Van Beek. Water Resources Systems Planning and Management[M]. UNESCO publishing, 2006.

[19] Dyson M, Bergkamp G,Scanlon J. Flow, Essential of Environmental Flows[M]. IUCN, Gland, Switzerland and Cambridge, UK. 2003.

[20] Sandra Postel and Brain Richter. 河流生命—为人类和自然管理水[M]. 武会先,王万战,宋学东译. 郑州:黄河水利出版社,2005.

[21] Malin Falkenmark, Water Management and Ecosystems:Living with Change, Global Water Partnership TAC Background Paper 9,2003.

[22] Donald Leroy Tennant. Instream flow regimes for fish, wildlife, recreation and related environmental resources[J]. Fisheries, 1976,1(4):6-10.

[23] James M. Loar, Michael J. Sale, and Glenn F. Cada. Instream Flow needs to Protect Fishery Resources [J]. Water Forum,1986.

[24] Rebecca E. Tharme, Jachie M. King. Development of building block methodology for instream flow assessment and supporting research on the effects of different magnitude flows on reverine ecosystems(Cape Town, South Africa: Water Reserch Commission,1998).

[25] South African National Water Act No. 36 of 1998, Government Gazette Vol. 398,No. 19182,Cape Town, August 26,1998.

[26] Jackie King, Rebecca Tharme, Cate Brown. Definition and Implementation of Instream flows. 1999.

[27] King and Tharme, Environmental Flow Assessments for rivers:Manual for the Building Block Methodology Pretoria, South Africa: Water Reserch Commission,2000.

[28] I. G. Jowetl. Instream Flow Methods:Acomparison of Approaches. REGULATED RIVERS: RESEARCH

& MANAGEMENT, VOL. 13, 115-127 (1997).

[29] Tharme R E. A Global Prespective on Environmental Flow Assessment: Emerging Trends in the Development and Application of Environmental Flow Methodologies for Rivers. RIVER RESEARCH AND APPLICATIONS , 2003,19: 397-441.

[30] The Matic Network on Small Hydro-electric Plants Environmental Group. Reserved Flow-Short Critical Review of the Methods of Calculation. 2004.

[31] Brian D. Richter, Andrew T. Warner. A Collaborative and Adaptive Process for Developing Environmental Flow Recommendations. RIVER RESEARCH AND APPLICATIONS , 2006,22: 297-318.

[32] Abbaspour M, Nazaridoust A. Determination of environmental water requirements of Lake Urmia, Iran: an ecological approach. International Journal of Environmental Studies, 01 April 2007.

[33] The Nature Conservancy. Ecological Limits of Hydrologic Alteration. 2007.

[34] Murray-Darling Basin Ministerial, The Living Murray-Environmental Works and Measures Program, 2005.

[35] Murray Darling Basin Commission. Living Murray Business Plan. 2004.

[36] Government of South Australia. Environmental Flows for the River Murray. 2005.

[37] International Commission for the Protection of the Rhine. Salmon 2000. 1994.

[38] European Union Water Framework Inductive. 2000.

[39] 郝伏勤 黄锦辉. 黄河干流生态环境需水研究[M]. 郑州:黄河水利出版社,2005.

[40] 石伟, 王光谦. 黄河下游生态需水量及其估算[J]. 地理学报, 2002, 57(5): 595-601.

[41] 倪晋仁, 金玲, 赵业安, 等. 黄河下游河流最小生态环境需水量初步研究[J]. 水利学报, 2002(10).

[42] 唐蕴, 王浩, 陈敏建. 黄河下游最小生态流量研究[J]. 水土保持学报,2004,18(3).

[43] 刘昌明, 门宝辉, 宋进喜. 河道内生态需水量估算的生态水力半径法[J]. 自然科学进展,2006,16(11).

[44] 杨志峰, 刘静玲, 孙涛, 等. 流域生态需水规律[M]. 北京:科学出版社,2006.

[45] 崔丽娟, 鲍达明, 肖红, 等. 湿地生态用水计算方法探讨与应用实例[J]. 水土保持学报, 2005(2): 147-151.

[46] 王效科, 赵同谦, 欧阳志云, 等. 乌梁素海保护的生态需水量评估[J]. 生态学报,2004(10).

[47] 宋进喜, 曹明明, 李怀恩, 等. 渭河(陕西段)河道自净需水量研究[J]. 地理科学,2005,25(3).

[48] 严登华, 王浩, 王芳, 等. 我国生态需水研究体系及关键研究命题初探[J]. 水利学报,2007,38(3).

[49] 王西琴, 刘昌明, 杨志峰. 河道最小环境需水量确定方法及其应用研究(Ⅰ)——理论[J]. 环境科学学报,2001(9).

[50] 姚文艺, 李文学. 黄河下游河道萎缩致灾机理探讨[J]. 水利学报,2005, 36(3).

[51] 陈建国, 邓安军. 黄河下游河道萎缩特点及其水文学背景[J]. 泥沙研究,2003(4).

[52] 李文学, 李勇. 黄河下游河道行洪能力对河道萎缩的响应关系[J]. 中国科学,E辑,2004,34.

[53] 胡春宏. 黄河水沙过程变异及河道的复杂响应[M]. 北京:科学出版社,2005.

[54] 陈东, 张启舜. 河床枯萎初论[J]. 泥沙研究,1997(4).

[55] 胡春宏. 塑造黄河下游中水河槽措施研究[R]. 中国水科院,2005.

[56] 岳德军. 黄河下游输沙水量研究[J]. 人民黄河,1996(8).

[57] 刘继祥, 等. 黄河下游河道冲淤特性研究[J]. 人民黄河,2000(8).

[58] 申冠卿. 黄河下游河道输沙水量及计算方法研究[J]. 水科学进展,2006,13(3).

[59] 申冠卿,曲少军,等. 黄河下游洪水期断面调整对过洪能力的影响[J]. 泥沙研究,2001(6).

[60] 龙毓骞. 龙毓骞论文选集[M]. 郑州:黄河水利出版社,2006.

[61] 黄河水利委员会. 黄河调水调沙试验[M]. 郑州:黄河水利出版社,2005.

[62] 潘贤娣,李勇,张晓华,等. 三门峡水库修建后黄河下游河床演变[M]. 郑州:黄河水利出版社, 2006.

[63] 薛松贵,侯传河,王煜. 三门峡以下非汛期水量调度系统关键问题研究[M]. 郑州:黄河水利出版社,2005.

[64] 申冠卿,张原锋,尚红霞. 黄河下游河道对洪水的响应机理与泥沙输移规律[M]. 郑州:黄河水利出版社,2007.

[65] 钱宁,周文浩. 黄河下游河床演变[M]. 北京:科学出版社,1965.

[66] 姚文艺,李勇,张原锋,等. 维持黄河下游排洪输沙基本功能的关键技术研究[M]. 北京:科学出版社,2007.

[67] 李景宗. 黄河小浪底水利枢纽规划设计丛书——工程规划[M]. 北京:中国水利水电出版社,2006.

[68] 韩其为. 黄河下游河道巨大的输沙能力与平衡的趋向性[J]. 人民黄河,2008(12).

[69] 许炯心. 黄河三角洲造陆过程中的陆域水沙临界条件研究[J]. 地理研究,2002,21(2).

[70] 胡一三,张晓华. 略论二级悬河[J]. 泥沙研究,2005(5).

[71] 黄河水利委员会. 黄河下游二级悬河成因及治理对策[M]. 郑州:黄河水利出版社,2003.

[72] 杨根生,等. 风沙对黄河内蒙古河道泥沙淤积的影响[J]. 中国沙漠,2003(2).

[73] 杨忠敏,任宏斌. 黄河水沙浅析及宁蒙河段冲淤与水沙关系初步研究[J]. 西北水电,2004(3).

[74] 杨根生,等. 风沙对黄河内蒙古河段河道淤积泥沙的影响[J]. 西北水电,2004(3).

[75] 林秀芝,侯素珍. 万家寨水库运用后对桃汛洪水影响及调控措施[M]. 北京:中国水利水电出版社,2008.

[76] 吴青,张青云,等. 近十年黄河流域水质状况及变化趋势分析[J]. 安阳工学院学报,2006(4).

[77] 陈英旭. 环境学[M]. 北京:中国环境科学出版社,2001.

[78] 中华人民共和国水利部. 中国水功能区划(试行)[R]. 2002.

[79] 邹首民,王金南,洪亚雄. 国家"十一五"环境保护规划研究报告[M]. 北京:中国环境科学出版社,2006.

[80] 丁圣彦. 生态学[M]. 北京:科学出版社,2004.

[81] 李振基,陈小麟,郑海雷. 生态学[M]. 北京:科学出版社,2005.

[82] 高玉玲,连煜,朱铁群. 关于黄河鱼类资源保护的思考[J]. 人民黄河,2004(10).

[83] 刘建康. 高级水生生物学[M]. 北京:科学出版社,2006.

[84] 陆健健,何文珊,童春富. 湿地生态学[M]. 北京:高等教育出版社,2006.

[85] 全国自然保护区信息共享系统[OL]. www.sdinfo.net.cn/ziyuan/baohuqu/issnr.

[86] 韩兴国,黄建辉,娄治平. 关键种概念在生物多样性保护中的意义与存在的问题[J]. 植物学通报, 1995,12(生态学专辑):168-184.

[87] 葛宝明,鲍毅新,郑祥. 生态学中关键种的研究综述[J]. 生态学杂志,2004,23(6):102-106.

[88] 赵延茅,宋朝枢. 黄河三角洲自然保护区科学考察集[M]. 北京:中国林业出版社,1995.

[89] 河南省林业厅野生动植物保护处. 河南黄河湿地自然保护区科学考察集[M]. 北京:中国环境科学出版社,2001.

[90] 王华青,吴振海. 陕西黄河湿地自然保护区综合科学考察与研究[M]. 西安:陕西科学技术出版社,2006.

[91] 张平卿,贺西江,等. 黄河青铜峡水库湿地自然保护区综合考察报告[R]. 2003.

[92] 国家林业局调查规划设计院. 四川若尔盖湿地国家级自然保护区总体规划[R]. 2000.

[93] 国家环境保护总局. 优先保护17个生物多样性关键地区[J]. 生态经济, 2003(2).

[94] 黄河水系渔业资源调查协作组编. 黄河水系渔业资源[M]. 沈阳: 辽宁科学技术出版社, 1986.

[95] 国家海洋局. 中国海洋环境质量报告[R]. 北京: 国家海洋局, 2003~2008.

[96] 刘昌明, 何希吾. 中国21世纪水问题方略[M]. 北京: 科学出版社, 2001.

后记与致谢

历经 5 年左右的研究和滚动修正,项目基本实现了预期目标。

(1)在应用技术方面,以黄河的社会功能和自然功能取得基本平衡为指导思想,提出了现阶段黄河健康修复的目标、标志、指标及其标准,分析了各项自然功能对河川径流条件的要求,经耦合和综合平衡,提出了黄河重要断面环境流时空分布;分析了现阶段黄河环境流不足的主要原因和对策。

(2)在基本资料方面,项目组通过大规模查勘和调研,系统整理了黄河干流不同河段生态系统的结构和物种组成及演替过程、不同河段各类自然保护区的分布和保护对象,初步查明了各河段重要保护性物种的种类及其生态习性。

(3)在基本理论和基本方法方面,系统阐明了普遍意义上河流健康和环境流的科学内涵及其确定方法,并应用于黄河健康指标及其量化标准的确定;提出了黄河冲积性河段河槽合理规模和滩槽合理高差的确定方法、黄河生态健康指标及其标准的确定方法;提出了维持黄河冲积性河段良好主槽的需水计算方法、以水质目标为约束的黄河自净需水计算方法、黄河不同生态单元(水生、陆生和滨海)的生态需水计算方法、黄河环境流量和环境水量的确定方法。目前,项目提出的黄河各典型断面环境流量和环境水量成果已经被黄河水量调度、黄河流域水资源综合规划、黄河河口综合治理规划、黄河流域综合规划和南水北调西线工程项目建议书等使用。

需要指出的是,实现黄河各河段的环境流要求,是维护黄河健康的重要保障因素,但并非全部。从本书对影响河道、水质和水生态的主要因素分析可见,减少入黄泥沙量和入黄污染物量、合理配置入黄泥沙、合理布局河势约束工程等也是实现黄河健康的重要措施。

本项研究自 2005 年初启动以来,得到了国家"十一五"科技支撑计划、水利部水利科技创新计划和黄委科研专项的经费资助。项目研究中,得到了刘昌明、王浩、陈志恺、李国英、朱尔明、庞进武、薛松贵、陈效国、黄自强、董哲仁、刘恒、胡春宏、李原园、李义天、李文家、胡一三、洪尚池、李良年、高传德、安新代、李景宗、姚文艺等几十位国内知名专家的多次悉心指导和帮助;得到了黄河水利委员会水文局在水文资料方面一如既往的大力支持;得到了世界自然基金会(WWF 中国)李利锋、马超德先生在国外环境流研究调研、黄河环境流利益相关者研讨会组织和黄河环境流成果交流等方面的大力支持;更得到了黄河水利委员会领导及其机关相关部门的鼎立相助,他们不仅多次出面搭建成果咨询和研讨的平台,更提供了成果在生产中应用的机会。在此,作者一并致以最诚挚的感谢!

作　者
2009 年 8 月